宰相家训

成晓军 等编著

湘潭大学出版社

图书在版编目（CIP）数据

宰相家训 / 成晓军等编著. -- 湘潭 : 湘潭大学出版社，2017.6

ISBN 978-7-5687-0101-3

Ⅰ. ①宰… Ⅱ. ①成… Ⅲ. ①家庭道德－中国 Ⅳ. ①B823.1

中国版本图书馆 CIP 数据核字（2017）第 139043 号

宰相家训

ZAIXIANG JIAXUN

成晓军　等编著

责任编辑：唐思敏
装帧设计：周湘兰
出版发行：湘潭大学出版社
社　　址：湖南省湘潭大学工程训练中心
电　　话：0731-58298960 0731-58298966（传真）
邮　　编：411105
网　　址：http://press.xtu.edu.cn/
印　　刷：长沙市超峰印刷有限公司
经　　销：湖南省新华书店
开　　本：787 mm×1092 mm 1/16
印　　张：21.75
字　　数：370 千字
版　　次：2017 年 6 月第 1 版
印　　次：2017 年 6 月第 1 次印刷
书　　号：ISBN 978-7-5687-0101-3
定　　价：35.00 元

主　编　成晓军

副主编　谭松林　胡本文　唐兆梅

编写人员　成晓军　谭松林　胡本文　唐兆梅
宋素琴　朱志坚　林建曾　成　志
张世程　左正三　谢华平　成勇鑫

总　序

近年来，人们越来越多地呼唤社会主义核心价值观、良好家风家规与和谐人际关系的培育和弘扬。习近平总书记指出：“不论时代发生多大变化，不论生活格局发生多大变化，我们都要重视家庭建设，注重家庭、注重家教、注重家风。”注重家庭，是每个公民应尽的义务；良好家教，是家庭幸福的力量源泉；注重家风，是家庭家族兴旺发达的“魂”。中共中央办公厅、国务院办公厅也在2017年年初印发了《关于实施中华优秀传统文化传承发展工程的意见》，通过中华优秀传统文化这一桥梁，为建设社会主义文化强国，增强国家文化软实力，实现中华民族伟大复兴的中国梦助力。

如何培育和弘扬社会主义核心价值观、良好家风家规以及和谐的人际关系？换言之，如何解决好人的素质的提高这个关系到国家民族前途命运的问题？尽管解决的途径和方式多种多样，只要我们认真总结、利用中国传统思想文化中的优秀成分，也可以在某些方面收到成效。这是因为，历史具有连续性，思想文化也具有连续性，其中一些优秀成分，与现今中国人的思维方式、价值观念、道德情操、行为准则等，仍然直接或间接地存在联系，发生作用。而对博大精深的中国传统文化体系中诸多的家庭教育理论和方法，通过剔除其封建性的糟粕，梳理出有益成分，无疑可以为培育和弘扬社会主义核心价值观、良好家风家规、和谐的人际关系，解决好人的素质提高这个问题，提供历史借鉴。中国先哲们常说：家庭教育、学校教育、社会教育、自我教育四者缺一不可，而在这四者之中家庭教育既是最初的，也是最重要的。为什么先哲们会有这样一种认识呢？原因就在于，以农立国的自给自足的自然经济结构，导致传统中国私有制是建立在家庭和家族的基础之上的。在一个家庭或家族之内，各个个体成员在经济上的独立性一般是不存在的。个体成员只有依赖家庭或家族共同财产才能生活生存。家庭或家族的命运，与每个个体成员的命运密切相关；家庭或家族的利益，涉及每个家庭或家族成员的切身利益。因此，中国传统家庭或家族伦理在家庭或家族与个体成员之间的关系问题上，将家庭或家族作为核心、轴心，要求个体成员必须从属于家庭和家族，依存于家庭和家族，维护家庭和家族。在政治上，特别强调家庭和家族的完整性，把家庭和家族视为社会的基本构成单位和基础，家庭和家族成为一切人伦关系和人伦秩序设计的原点。古代众多思想家、政治家反复强调：一个人要步入社会，成为能处理好人际关系的人，从小就应在家庭及家族内部学会做人、做好人；一个人要能对他人讲道义、重情谊，首先应做到从小就在家庭及家族内部长辈身上学会善待他人、讲担当、敢负责任的道理；一个人如果没有从小在家庭和家族内部受到理想、信仰的育化，就很难关注国家民族前途命运，就很难具有热心公益、贡献社会的情怀；等等。事实上，中国古代众多思想家、政治家、教育家，运用不同方式阐述了家庭教育的必要性和重要性，留下了诸多实用性较强的家庭教育理论和方法。其内容虽然包含不少消极落后的成分，但大多涉及刻苦学习、安分知足、节俭持家、孝亲事长、谨慎处世、修养身心等做人处事、居家旅外方面的基本道理和方法，同时也反映出锐意进取、正道直行、重道义气节、敢担当负责任等更高层次做人处事的道理和方法。

鉴于上述理由，我们在多年前编著出版的几部家训的基础上，对其重新加以梳理筛选、增减编排，着重联系客观现状加强对评析文字的增补充实，以“中华家训百典”为丛书名，分《慈母家训》《宰相家训》《名臣家训》《名儒家训》四个分册精心编著，以期从一个侧面为当今家风家规建设提供参考借鉴的历史依据。

人们常说，母亲是人生的第一个老师。在传统家庭教育中，母亲扮演的角色至关重要。中国历史上许多名人的成长，与母亲对他们的言传身教极为密切。尤其有的人自幼失去了父亲，是母亲含辛茹苦将他们抚养教育成人，并且助其成为有人品、有学识、有才能的官吏或学者。如清代洪亮吉的母亲蒋氏年轻守寡，精心督教两个儿子读书、做人，长子洪亮吉进士出身，为官有政声，著述颇丰。清代汪辉祖的母亲年轻守寡，苦心督教儿子读书中举，秉公执法，为民请命。此外，刘晖吉的母亲刘氏，彭玉麟的母亲王氏等，其言传身教的典型事例，至今仍具借鉴意义。由于古代女子很少有机会享受上学读书的机会，而且其地位极其低下，所以她们的家训文字留存下来也就具有特殊性：一是其家训文字不多也不系统，大多散见于他人文集之中；二是她们在教育子孙后代的过程中，留下了不少实际事例。所以，名人之母在家庭教育过程中，其言传身教同时并举的特色是很突出的。《慈母家训》这个分册，从诸多文献资料中筛选出中国历史上五十多位名人母亲的家教文字，作为全书主体内容予以收入。同时，考虑到曾纪芬的《聂氏重编家政学》很具启发教育意义，可以首先视作对其子孙后代全方位的教育读本，故节录其部分内容，以供读者了解子女教育的必要性、重要性、特殊性。

中国历代封建朝廷中辅佐帝王总揽国政、统率群僚的最高行政长官，我们将其称作为宰相。他们作为一人之下、万人之上的朝廷重臣，拥有丰富的学识、才能和人生阅历，他们中的许多人在尽心国事的同时，重视对子孙后代的培养教育，对“齐家”问题的谋划解决。在这方面，他们留下了不少有关家诫、家规、家范等文字，值得认真梳理、总结，可资今人借鉴吸收其有益成分。如宋代欧阳修告诫其子：“汝于官下宜守廉，何得买官下物？吾在官所，除饮食外，不曾买一物，汝可安此为戒也。”清代倭仁训子说：“州县亲民，称职匪易，能造福亦能造孽。第一要将利心打破，莫作润身肥家之计。……必须发愤做好官。”清代曾国藩对家人明确表示：“予自三十岁从来即以做官发财为可耻，以官（宦）囊积金遗子为可羞可恨，故私心立誓，总不靠做官发财以遗后人。”诸如此类文字较多，体现出做官须清廉、必戒贪的有益成分。《宰相家训》分册选自中国历史上四十多位朝廷辅政重臣（张英因其文名更大，故其家训篇章收入《名儒家训》分册）的家训文字，其内容对于当今从政做官者尤其是居于高职高位者，具有明显的启发借鉴意义。

在中国封建社会，读书可以做官，做官的人一般是读书人。所以，那些通过科考获得秀才、举人、进士之类功名而做官的人，一般都对“经国济民”之学钻研颇深，知识面也比较宽广。同时，由于他们阅历丰富，对世事人情看得比较透彻，深知自身功名和家势兴盛来之不易，生怕子孙后代在复杂险恶的社会环境中遭遇倾覆之变，从而对于家庭教育特别重视，留下了许多情深意切而又针对性强的家训文字，内容涉及读书做人、修身齐家等方方面面。《名臣家训》分册选自西汉何武至晚清王鑫七十余位官宦名吏有关家训篇章，考虑到宰相这类高官的家训篇章已有专集，故此分册所收入的文字，主要坚持这两个标准：一是主要看训主从政做官颇有政绩、政声，而不单纯看其职位高低，权势大小；二是主要依据家训内容的重要性或可资借鉴的价值比较明显，而不注重文字的多寡。

有学问的人和读书人，在中国历史上具有重要影响者众多，我们将其称作为名儒。这些人大多从过政、做过官，有的还做过高官，但也有一部分人终生为一介书生。这些人大多饱读诗书，对中国传统文化理解、领悟、钻研颇深，用功既勤且成效较大。这些人阅历丰富，接触现实生活较多较直接，为人处事大都脚踏实地，很少有空洞说教，独立思考能力较强。从而，他们特别重视家庭教育理论和方法的研究和运用，子孙后代也就多有出息，传统“耕读”家风在这些家庭和家族中延续的生命力最为明显。他们留存于世的大量家训篇章，其内容除了反映出维护、阐扬封建纲常伦理，带有时代的阶级的局限性之外，又在较大程度上体现了读书明志、勤俭持家，尤其有关锐意进取、讲道义敢担当、渴望国富民安等中华民族优秀文化传统美德的成分。如颜之推的《颜氏家训》，吕本中的《童蒙训》，袁采的《袁氏世范》，孙奇逢的《孝友堂家训》，朱柏庐的《朱子家训》，张英的《聪训斋语》和《恒产琐言》，许汝霖的《德星堂家订》等家训专篇，以及众多学人名士的家训散篇，在这方面的特色也就十分明显。《名儒家训》分册收入自西汉东方朔至晚清严复近六十位学人名士有关家诫、家规、家范等方面的重要篇章，文字较多，内容也就更为丰富。

“中华家训百典丛书”按照“训主（撰主）简介”“原文”“注释”“译文”“评析”五个部分，进行严谨编译和针对性较强的点评导析，便于不同文化层次读者阅读以及对文史知识的了解掌握。

“中华家训百典丛书”以湖北人民出版社和重庆出版社两个版本为蓝本，在选编数量上作了增减调整，在注重译文准确性的同时，结合现实生活中事例就评析文字作了较大程度修改增减。本《丛书》各分册所收篇章，一般都增加了具体节录书目出处或版本来源，部分篇章则节录自喻岳衡所编《中国历代名人家训》（岳麓书社 1991 年版）一书。

“中华家训百典丛书”主要由主编成晓军负责修订编著。考虑到本“丛书”系在湖北人民出版社和重庆出版社两个版本的基础上修订编著而成，其成果属于原编著者所有，故各分册按照原参与程度分署姓名。为尊重和怀念已去世的原副主编胡本文、唐兆梅教授及其劳动成果，此次各分册出版仍署其姓名。

在编著“中华家训百典丛书”的过程中，中国方正出版社的王子君女士、冯超女士，给予了我们无私帮助指导，“丛书”名称即是根据王子君女士的建议最终确定下来的。湘潭大学出版社总编辑章育良教授以及编辑暴宏博先生，尤其是本“丛书”责任编辑唐思敏女士，为本“丛书”的编辑出版付出了更多辛劳。李超平、聂崇彬、黄鹤鸣、罗胜前、林清明、蒋炜、徐旭阳、关威、刘兰肖、彭小舟、郭平兴、包国滔、张小平、庄丽丽、孙凤英等师友，或是在资料版本出处的查阅认定上多有帮助，或是在精神鼓励上多有付出。如此厚德高谊，谨在此书稿付梓之际，一并恳致谢忱。

当今中国各类家庭教育方面的书籍问世众多，“中华家训百典丛书”作为中华家训百花丛中一朵小花，我要代表本“丛书”编著者们殷切期望读者诸君喜爱它，欣赏它。我更热切期盼我的孙子孙女成逸潇、成逸欢、成逸乐等心志正在成长过程中的儿童和青少年一代读者，能够从中获得诸多有益的感悟和启迪！

成晓军2017年5月于惠州学院困知书屋

目　录

孙叔敖家训

【撰主简介】

孙叔敖，春秋时楚国令尹。期思（今河南淮滨东南）人。姓芳，名敖，字孙叔，一字艾猎。曾在期思、雩娄（今河南商城东）兴修水利工程，又开凿芍陂（今安徽寿县安丰塘），蓄水灌田，发展农业生产。楚庄王十七年（前579），辅助庄王指挥楚军，大败晋兵于今河南郑州东部。相传他三任令尹而不喜，三次去职而不悔。

孙叔敖文韬武略，善于治国，也善于治家。他生前为政清廉，死后其子孙生活十分贫困，但能守节操。

居贫瘠之地可使子孙自食其力

【原文】

王封汝，必无居利地也。楚、越之间，有寝丘者[1]，甚恶，可长有以食也。

——节录自商务印书馆影印文津阁《四库全书》版（2006年）第247册，《后汉书》卷三十七《丁鸿传附注》

【注释】

［1］寝丘：春秋楚邑名。“寝”一作“沈”。在今河南固始、沈丘两县

之间。

【译文】

楚王分封你的时候，一定不要请求居住在条件便利的地方。楚国和越国之间，有一个叫寝丘的地方，土地贫瘠，条件非常险恶，分封在那里居住，子孙可以做到自食其力，长时间不会衰败。

【评析】

孙叔敖治国有道，治家亦有方。他身居掌握楚国军政大权的令尹一职，临终前能告诫自己的儿子，在楚王分封的时候，不要因父亲的功德而请求条件便利的城邑，而要居住在条件险恶的地方，自己去艰苦创业，子孙才可保长久兴旺而不衰败。这段话语虽短，但含义深厚，富有启发意义。这就是说，此则家训告诉我们：一个人生长在艰苦的环境条件下，能够体悟勤劳节俭的必要性和重要性；而在勤劳节俭的过程中，可以逐渐形成好的人品并珍惜得到的一切。

公孙侨家训

【撰主简介】

公孙侨（？—前522），春秋时政治家。郑国贵族子国之子，穆公之孙。姓公孙氏，名侨，字子产，一字子美。因居东里，又称东里子产。郑简公十二年（前554）为卿，二十三年（前543）执政，历郑简公、定公两朝。时晋、楚争霸，郑国弱小，他实行改革，整顿田地疆界和沟洫，有利农业生产，后又创立按“丘”征“赋”制度，将“刑书”（法律条文）铸在鼎上公布，不毁乡校，不禁止人们议论国政，重视听取“国人”意见。这些改革给郑国带来了新气象，使郑国处于晋、楚两强之间，卑亢得宜，平安无事多年。他还提出“天道远，人道迩，非所及也”的命题，反对当时某些迷信举动。

公孙侨治理郑国二十多年，史书记载，他死的时候，郑国“丁壮号哭，老人儿啼”；孔子闻其死，“为之出涕”，称他为“古之遗爱”。因他没有严格的家训传世，这里我们根据史书的记载，介绍他与外仆（官名）的一段对话以飨读者。

切戒 “作坛[1]以昭其祸”

【原文】

大适小[2]，则为坛；小适大，苟舍而已。焉用坛？侨闻之，大适小有五美：宥其罪戾[3]，赦其过失，救其灾患，赏其德刑[4]，教其不及[5]。小国不困[6]，怀服如归[7]，是故作坛以昭其功[8]，宣告后人，无怠于德[9]。小适大有五恶：说其罪戾[10]，请其不足，行其政事，共其职贡[11]，从其时命[12]。不然，则重其币帛[13]，以贺其福而吊其凶，皆小国之祸也，焉用作坛以昭其祸？所以告子孙，无昭祸焉可也。

——节录自商务印书馆影印文津阁《四库全书》版（2006 年）第 166 册，《左传》襄公二十八年

【注释】

［1］坛：土筑的高台，古代用于祭祀及朝会、盟誓等大事。

［2］大：大国。小：小国。适：往。

［3］宥（yòu）：宽宥；赦罪。其：代词，指小国。下四“其”字同。罪戾：罪过；过失。

［4］刑：法。

［5］不及：没做到的事。

［6］困：窘迫。

［7］怀：归向；来到。服：顺服。

［8］昭：彰明；显扬。

［9］怠：怠慢；轻慢。

［10］说：解说；解释。其，代词，指大国。

［11］共：“供”的古字。

［12］时命：不时之命。

［13］币帛：泛指一切贡赋。

【译文】

大国国君往小国去，就筑坛以受郊劳；小国国君往大国去，在郊外设个帷宫就够了，哪里用得着筑坛呢？我公孙侨听说过，大国国君往小国去有五个方面的美德：宽宥小国的罪过，赦免小国的过失，拯救小国的灾患，赞赏小国的德治，教导小国学会他们做不到的事。这样一来，小国的人就不仅不会感到窘迫，还可招来他们对大国的归顺，使他们就如同回到自己家里一样。因此，用筑坛来昭示大国的功德，宣告后人，不要怠慢了德行。

小国国君往大国去有五个方面不顺心的事应做到：向大国解释自己的过错，请其谅解自己的不足，明确表示要奉行大国的政事，供给大国的需要，顺从大国的不时之命。否则，就要加重对大国的贡赋，庆贺大国的喜事，吊问大国的祸事，这都是小国必须承受的灾祸，哪里用得着筑坛来昭示自己的灾祸呢？所以，我要告诉子孙们，不要用筑坛这样的方式给自己带来灾祸就可以了。

【评析】

作为一位政治家，公孙侨从外交的角度谈了如何处理小国和大国之间关系的问题。他认为，作为小国，不要轻易给自己招来祸害，这样才能保持小国的地位和尊严。在这里，他所谈的虽然是有关国家的大事，但对子孙后代如何处理好与他人之间的关系也有一定的启发。

萧何家训

【撰主简介】

萧何（？—前193），汉初大臣。沛县（今属江苏）人。曾为沛县吏。秦朝末年辅助刘邦起义。起义军入咸阳，诸将皆争取金帛，萧何独收秦相府律令图书，得以掌握全国山川险要、郡县户口和社会情况。楚汉战争中，力荐韩信为大将，自任丞相，留守关中，输兵馈饷，军需无乏，对刘邦战胜项羽建立汉王朝，立有大功。天下已定，以功第一封酂侯。定律令制度，协助刘邦削弱韩信、陈豨、英布等异姓诸侯王势力；推行“与民休息”的政策，对发展生产、巩固封建中央集权起了重要作用。所作《九章律》，今佚。

子孙贤能的根本在于一个“俭”字

【原文】

后世贤[1]，师吾俭[2]；不贤，毋为势家所夺[3]。

——节录自岳麓书社版《二十五史精华》一《史记精华·萧相国世家》

【注释】

［1］《汉书·萧何传》作“令后世贤”。

［2］师：效法。

［3］势家：指有权势的人家。

【译文】

子孙后代如果有才能，就要效法我的节俭；如果没有才能，也不要被有权势的人家所欺侮侵夺。

【评析】

萧何作为汉王朝开国丞相，手握重权，处于一人之下万人之上，经济宽裕，生活优越是不成问题的。但据史书证载：他一生勤劳节俭，“置田宅必居穷辟处，为家不治垣屋。”因此，他特别希望子孙后代以他为榜样，勤劳节俭，自立自强。

作为封建社会的“高级干部”，萧何不是千方百计为子孙后代积聚钱财，而是教给子孙后代一种生存之法，这就是勤劳节俭，自食其力。因为，子孙后代能做到勤劳节俭，即使没有大出息，也不至于被有权势的人所欺侮所侵夺。这一观点，至今仍具借鉴意义。

丙吉家训

【撰主简介】

丙吉（？—前55），西汉大臣。亦作邴吉。字少卿，鲁国（今山东曲阜）人。初为鲁狱史，累迁廷尉监。在“巫蛊之祸”中，因救护皇曾孙宣帝刘询有功，任大将军霍光长史，建议迎立宣帝。封博阳侯，后代魏相为丞相。为人宽大礼让，以知大体见称，与魏相并有时名，号为丙魏。

祭祀祖先之礼至关重要

【原文】

宗庙至重[1]，而显不敬慎[2]，亡吾爵者必显也。

——节录自商务印书馆影印文津阁《四库全书》版（2006年）第704册，《戒子通录》卷三，《汉书·丙吉传》

【注释】

［1］宗庙：古代帝王、诸侯或大夫、士祭祀祖宗的处所。《礼记·中庸》：“宗庙之礼，所以祀乎其先也。”

［2］显：丙吉的儿子丙显。

【译文】

祭祀祖先的事情至关重要，但是显儿却对这件事情极不敬肃慎重，将来丧失我家爵位的一定是显儿。

【评析】

这是丙吉对其夫人说的几句话。丙吉在这几句训言中，郑重强调祭祀祖先之礼不可忽略不可怠慢。因为，在农耕文明基础上形成的中国文化，促使人们对家庭和家长看得特别重要，崇老尚古、敬天法祖的观念深入人心，而注重祭祀祖先之礼的目的，则是通过这一方式让子孙后代懂得不忘祖先、尊敬长辈的必要性。与此同时，我们可以从中悟出这样一个道理：一个人做事情一定要认真、慎重，决不可草率对待。

韦玄成家训

【撰主简介】

韦玄成，生卒年不详，汉邹人。字少翁。其父韦贤为宣帝时丞相，精通《礼》《尚弗》，以《鲁诗》教授弟子，号称邹鲁大儒。玄成明经好学，继修父业，礼贤下士，敬爱贫贱，名誉日广。其父去世后，皇帝颁诏玄成继父嗣，但他佯病装狂不应召。后不得已受父爵，元帝时，官至丞相。

赋诗以诫子孙

【原文】

於肃君子[1]，既令厥德[2]，仪服此恭[3]，棣棣其则[4]。咨余小子，既德靡逮[5]，曾是车服[6]，荒嫚以队[7]。

明明天子[8]，俊德烈烈[9]，不遂我遗[10]，恤我九列[11]。我既兹恤，惟夙惟夜，畏忌是申[12]，供事靡惰。天子我监[13]，登我三事[14]，顾我伤队[15]，爵复我旧。

我既此登，望我旧阶，先后兹度，涟涟孔怀[16]。司直御事[17]，我熙我盛[18]；群公百僚，我嘉我庆。于异卿士，非同我心，三事惟鞻，莫我肯矜[19]。赫赫三事[20]，力虽此毕，非我所度，退其罔日[21]。昔我之队，畏不此居，今我度兹，戚戚其惧[22]。

嗟我后人，命其靡常，靖享尔位[23]，瞻仰靡荒[24]。慎尔会同[25]，戒尔车服，无嫡尔仪[26]，以保尔域。尔无我视，不慎不整；我之此复，惟禄之幸[27]。於戏后人[28]，惟肃惟栗[29]。无忝显祖[30]，以蕃汉室[31]！

——节录自商务印书馆影印文津阁《四库全书》版（2006年）第245册，《汉书》卷七十三《韦贤传》

【注释】

［1］於：叹词。肃：敬。

［2］令：善；美。厥：第三人称代词，同“其”。

［3］仪：仪表容止。服：服饰。

［4］棣棣（dì）：亦作“逮逮”，雍容闲雅的样子。《诗·邶风·柏舟》：“威仪棣棣。”则：效法。

［5］逮：及；赶上。

［6］车服：车和章服。《书·舜典》：“明试以功，车服以庸。”注：“功成则赐车服以表显其能用。”《国语·周语上》：“故为车服旗章以旌之。”注：“车服旗章，上下有等。”

［7］嫚：轻慢。队：“坠”的古字，掉下，坠落。下“顾我伤队”“昔我之队”句中“队”字同。

［8］明明：明智聪察，多用来歌颂帝王和神灵。

［9］俊：通“峻”，大。烈烈：威武的样子。

［10］遂：终。

［11］恤：安置。九列：九卿（古时中央政府的九个高级官职）之位。时韦玄成任九卿中少府一职，掌山海池泽收入和皇室手工业制造。

［12］申：自我约束。

［13］监：监视；督察。

［14］登：升。三事：三公（司徒、司马、司空）之位，此处指丞相。

［15］伤：忧愁；悲伤。

［16］涟涟：泪流不止的样子。孔：甚。

［17］司直：官名。汉代置司直，掌佐丞相检举不法行为。御事：治事之吏。

［18］熙：兴盛。

［19］矜：通“怜”。怜悯；同情。《诗·小雅·鸿雁》：“哀我矜人。”

毛传："矜，怜也。"

［20］赫赫：显耀盛大的样子。

［21］退：贬退。罔：无。

［22］戚戚：忧惧的样子。

［23］靖：图谋。享：享用。

［24］瞻仰：仰望。

［25］会同：古代诸侯朝见天子的通称。

［26］媠：通"惰"。懈怠；不整肃。

［27］禄：福。

［28］於戏：感叹词，同"呜呼"。

［29］栗：严肃。

［30］忝：辱；有愧于。显祖：对有功业的祖先的美称。

［31］蕃：通"藩"，屏障之意。

【译文】

啊！那高尚的君子，都做到言行肃敬庄重以使自己的德行美善，他们的仪表容止和服饰是那样的恭敬而雍容闲雅，足可为他人所效法。唉！我这个不中用的人，德行已是赶不上君子，还要荒嬉轻慢，竟然失去祖辈受赐的车服。

明智聪察的天子，伟大的德行，多么威武；不追究我的过失，委任我少府一职。我已经担任了这个职务，只有早晚警戒，小心谨慎，自我约束，恪尽自己的职责，不敢丝毫懈惰。天子督察我的工作，把我升上三公之位；又顾念我曾因贬职而忧伤，恢复我原有的爵位。

我已经登上三公之位，回望我原有的爵阶，我父亲也曾经担任丞相这个职务，我不禁泪流不止，忧思满怀。司直和治事之人尽心辅助我，让我日夜做到心情愉快而尽职责，朝廷中百僚们，也都来向我称赞庆贺。但是，这些人大都不与我一条心，丞相的职事非常艰难，却没有人对我表示同情。丞相的职事多么显耀盛大，我尽管倾尽全力来工作，但仍不是我所能胜任的，总是担心会贬退无日。从前我失去官职，害怕的不是担任了丞相职务，今天我身居丞相，却战战兢兢，非常恐惧。

啊！我的子孙呀，天命无常，你们要考虑如何恪守你们的职位，丝毫也不要荒怠懒散。朝见天子时要小心谨慎，不要看轻你们的车服，不要懈惰你们的仪容，用以保住你们的封邑。你们不要效法我，不谨慎，不严整；我之所以恢复了旧有的爵位，完全是幸运地得到了上天的恩赐。啊！我的子孙们，你们要严肃笃慎，不要辱没了你们的祖先，要一心一意尽力维护有恩于我们韦家的汉王朝！

【评析】

韦玄成在这首诗训文字中，先是认真地进行自我反省，然后对子孙提出了严格要求。这种勇于解剖自己，严格要求子孙的思想，至今仍对我们颇具教益。但诗中流露出的对封建帝王感恩戴德以及听天由命的思想，却是应当加以批判的。

平当家训

【撰主简介】

平当（？—前5），汉平陵（今陕西咸阳市西北）人。字子思。初为大行治礼丞。以明经为博士，升给事中。后升任丞相司直，因事被贬为朔方刺史。汉成帝时受命整治黄河，主持河堤工程。汉哀帝即位初，任命为光禄大夫，后升任丞相，赐爵关内侯。

不愿不劳而坐食

【原文】

吾居大位，已负素餐之责矣[1]，起受侯印，还卧而死，死有馀罪。今不起者，所以为子孙也。

——节录自商务印书馆影印文津阁《四库全书》版（2006年）第245册，《汉书》卷七十一《平当传》

【注释】

［1］素餐：不劳而坐食。

【译文】

我身居朝廷大位，已经是不劳而坐食了，勉强起来接受侯印，回到家中卧病死去，死了也有馀罪。我今天不起来接受侯印的原因，就是为子孙着想啊！

【评析】

平当官居丞相，汉哀帝打算封他为关内侯，派使者召他。当时，平当身患重病，没有应召。他的家人劝他为子孙考虑，强起应召，接受侯印，平当于是说了上面这番话。平当认为，自己尸位素餐，如果无功受禄，只能害了子孙。今天，我们一些年青人自己不努力奋斗，一心指望父母亲给他挣下家业，读了平当这段训诫，不是可以从中获取一些教益吗？

吴汉家训

【撰主简介】

吴汉（？—44），东汉初南阳宛县（今河南南阳）人。字子颜。新莽末，亡命渔阳（今北京密云），以贩马为业。后归刘秀，任偏将军，征发渔阳等郡骑兵，助刘秀消灭王郎的割据势力，并镇压铜马、重连等部农民起义军。刘秀即位后，任大司马，封广平侯，转战各地，镇压农民起义，并率军伐蜀，攻灭割据益州的公孙述。

不可多置田地房屋

【原文】

军师在外[1]，吏士不足，何多买田宅乎！

——节录自岳麓书社版《二十五史精华》一，《后汉书精华·吴汉传》

【注释】

[1] 军师：军队。

【译文】

军队在外征战，将吏士卒的供养尚且不足，你们为什么还在家里多买田地和房屋呢！

【评析】

吴汉率师出征在外期间，他的妻子和儿子就在后方置买田地和房屋。当他从前线返回家里后，发觉这种情况，就对他们进行了严厉的责备，并把所买田地房屋全部分予兄弟等亲近之人。

吴汉身居大司马高职，能够过着俭朴的生活，同时对家属也进行严格要求，这在封建社会是很了不起的。

张纯家训

【撰主简介】

张纯（？—56），东汉京兆杜陵（今陕西西安市东南》人。字伯仁。其父放放为汉成帝侍中，张纯得以少袭爵土，汉哀帝、汉平帝年间担任侍中官职。汉光武帝建武五年（29），拜太中大夫，封为武始侯，二十三年（47）又代杜林为大司空。卒谥节侯。

张纯身历数朝，熟习历代史实和旧日典章制度，东汉建武初，“自郊庙婚冠丧纪礼仪”，多为他所订定。他曾“上穿阳渠，引洛水为漕，百姓得其利”，称得上是一位重视民生的懂经济的高官。

死后不必传袭“爵土”于子孙

【原文】

司空无功于时[1]，猥蒙爵土[2]，身死之后，勿议传国[3]。

——节录自商务印书馆影印文津阁《四库全书》版（2006年）第247册，《后汉书》卷三十五《张纯传》

【注释】

[1] 司空：官名。西周始置，掌管工程。西汉成帝时改御史大夫为大司空，位同宰相。

［2］猥（wěi）：谦词。如同说“辱”。

［3］传国：古代天子、诸侯把国作为一家私产，世代传袭。这里指传袭爵位和封土。

【译文】

我作为大司空不仅无功于时代，反而辱蒙朝廷赐予的爵位和封土。我死了以后，子孙们不要考虑传袭我官职和领地的事情。

【评析】

在封建时代，帝位、爵位和领地等世代承袭，称为“世袭”。张纯年少时就承袭了父亲的爵位和封土，官至大司空。但他临终时能告诫家丞，嘱咐子孙不要无功受禄，传袭他的爵位和封土。张纯在当时能提出这种观点，确属难能可贵。

张霸家训

【撰主简介】

张霸，生卒年不详。东汉蜀郡成都（今属四川）人。字伯饶。他自幼接受过系统的家学熏陶，七岁就通晓《春秋》，后从长水校尉樊修受《严氏公羊春秋》，遂博览五经。汉和帝永元中为会稽太守，后官至侍中。

张霸饱读诗书，从政做官一身正气，坚持做到不私交权贵，为人明用信赏。

死后丧事不许铺张浪费

【原文】

昔延州使齐[1]，子死嬴、博[2]，因坎路侧[3]，遂以葬焉[4]。今蜀道阻远，不宜归茔[5]，可止此葬，足藏发齿而已。务遵速朽[6]，副我本心[7]。人生一世，但当畏敬于人，若不善加己[8]，直为受之[9]。

——节录自商务印书馆影印文津阁《四库全书》版（2006年）第247册，《后汉书》卷三十六《张霸传》

【注释】

[1] 延州：指春秋时吴季札，即延陵季子。

[2] 嬴、博：皆古县名。嬴为春秋齐邑，秦置县，治所在今山东莱芜

西北。博亦为春秋齐邑，在今山东省西部。

［3］坎：地洞。此处用作动词，“挖洞”之意。

［4］遂以葬焉：《礼记》载“延陵季子适齐，其长子死于嬴、博之间，因葬焉”。

［5］茔：墓地，这里指尸骨。

［6］速朽：《礼记》载“昔者，夫子居于宋，见恒司马自为石椁，三年而不成。夫子曰，‘若是其靡也，死不如速朽之愈也’”。

［7］副：符合。

［8］加：增益。

［9］直：特；但。

【译文】

从前吴季札出使齐国，他的儿子死在嬴、博之间，于是在路边挖了个洞，就把儿子埋葬在那里。现在回蜀地的道路遥远难行，我死去之后不宜把我的尸骨运回老家去，可以就近葬在这里，只要足够掩藏头发和牙齿就行了。你们一定要遵照孔子“速朽”的教导，这样才符合我本来的心意。人生一世，唯独应当敬服的是他人，如果不善于自重，就只会使自已害了自已。

【评析】

张霸临终前，嘱咐儿子在他死后，一定要遵循孔子“速朽”的教导安排丧事，不要铺张浪费。作为一个封建官吏，在一千多年以前就能够具有这样的认识，诚属难能可贵。

朱晖家训

【撰主简介】

朱晖（？—89），东汉南阳宛（治所在今河南省南阳市）人。字文季。出身世族之家，早孤。汉明帝时，官临淮太守，后官至尚书令。为官有政声，不自肥私；为人讲义气，重信诺。

受人之托须重信守

【原文】

堪尝有知己之言[1]，吾以信于心也[2]。

——节录自商务印书馆影印文津阁《四库全书》版（2006年）第247册，《后汉书》卷四十三《朱晖传》

【注释】

［1］堪：张堪，朱晖同县人。尝：曾经。张堪生前曾托朱晖在他死后照顾他的妻子儿女。

［2］信：信用；诚信。

【译文】

张堪把我当成知己，曾经对我说过以妻子儿女相托的话，我心中已经对他的话许下信诺了。

【评析】

朱晖的同县张堪生前曾以妻子儿女相托。张堪死后，其妻子儿女贫困，朱晖听说后，常常以钱粮接济他们。他的儿子朱颉感到奇怪，问他原因，朱晖于是对儿子说了这两句话。《论语》言："与朋友交而不信乎？"朱晖确实做到了对朋友诚信不欺，这一点是令人敬佩的。

丁鸿家训

【撰主简介】

丁鸿（？—94），东汉颍川定陵（今河南郎城西北）人。字孝公。十三岁时，从桓荣受《欧阳尚书》，持“天人感应”论。汉章帝时与诸儒于白虎观论定五经同异，他论难最明，时人叹曰：“殿中无双丁孝公。”深得汉章帝赏识，被提升为校书官，门徒众多。汉和帝永元四年（92），代袁安为司徒，后官至太尉。

丁鸿最初不愿承袭父爵为官，曾上书让官职于弟丁盛。汉章帝不允，逾加器重丁鸿的人品和才识。

兄弟情深不可忘

【原文】

鸿贪经书[1]，不顾恩义，弱而随师[2]，生不供养，死不饭唅[3]，皇天先祖，并不祐助[4]，身被大病[5]，不任茅土[6]。前上疾状，愿辞爵仲公[7]，章寝不报[8]，迫且当袭封。谨自放弃，逐求良医。如遂不瘳[9]，永归沟壑[10]。

——节录自商务印书馆影印文津阁《四库全书》版（2006年）第247册，《后汉书》卷六十七《列传·丁鸿传》

【注释】

［1］贪：贪恋；舍不得。

［2］弱：年少。

［3］饭唅（hàn）：古代以珠玉贝米之类纳于死者口中。《白虎通》："大夫饭以玉，唅以贝；士饭以珠，唅以贝。"

［4］并：都。

［5］被：遭受。

［6］任：堪；胜。茅土：古代皇帝社祭时的坛用五色土建成，东方青、南方赤、西方北、北方黑、中央黄。分封诸侯时，把一种颜色的泥土用茅草包好授给受封的人，作为分得土地的象征。后称封诸侯为授茅土。

［7］仲公：丁鸿弟弟丁盛的字。

［8］章：臣下的奏章。寝：停止。报：答复。

［9］瘳（chōu）：病愈。

［10］沟壑：溪谷。引申为野死之处。

【译文】

我丁鸿贪恋经书，不顾念恩义，年少时就跟随老师学习，在父母活着的时候不能尽到供养的责任，他们死了也不能为他们提供珠玉贝米之类陪葬物品，所以皇天先祖都不保佑帮助我，以致身染大病，担当不了受封的恩德。前不久我呈上自己染疾的奏章，希望把爵位辞让给弟弟你，不料呈上的奏章没有得到答复，朝廷又逼着我承袭父亲的封爵。我自己想谨慎地放弃受封，逐个去寻求良医治病。如果疾病不能痊愈，从此就永辞人世埋到荒郊野外算了。

【评析】

丁鸿在篇中坦诚告诉弟弟丁盛，自己不愿承袭父亲的封爵，想要辞让给他，却未能获得皇上的批准。他在这里强调的是，注重兄弟情谊是家庭伦理中一件天经地义的头等大事。尽管他的愿望未能实现，但他用辞让封爵这种行为，来熏陶感化弟弟及子孙们懂得兄弟情深、骨肉至亲不能淡漠轻视的必要性和重要性。

梁商家训

【撰主简介】

梁商（? —141），东汉安定乌氏（今甘肃平凉西北）人。字伯夏。其姑为汉和帝生母，女为汉顺帝皇后。他年少时就以外戚拜郎中，升黄门侍郎。汉永建三年（128），先后升侍中、屯骑校尉。后官至大将军。

梁商以戚属居大位，但为人谦让柔和，能虚己进贤，京师称他为“良辅”。

身死之后丧葬必从简

【原文】

吾以不德，享受多福。生无以辅益朝廷，死必耗费帑臧[1]，衣衾饭唅玉匣珠贝之属[2]，何益朽骨。百僚劳扰，纷华道路[3]，只增尘垢，虽云礼制，亦有权时[4]。方今边境不宁，盗贼未息，岂宜重为国损！气绝之后，载至冢舍[5]，即时殡敛[6]。敛以时服[7]，皆以故衣，无更裁制。殡已开冢，冢开即葬。祭食如存[8]，无用三牲[9]。孝子善述父志[10]，不宜违我言也。

——节录自商务印书馆影印文津阁《四库全书》版（2006 年）第 247 册，《后汉书》卷三十四《梁统传附梁商传》

【注释】

［1］帑臧（tǎng zàng）：国库。臧：通“藏”。积贮；库藏。

［2］饭晗（hàn）：古代以珠玉贝米之类纳于死者口中。《白虎通》："大夫饭以玉，晗以贝；士饭以珠，晗以贝。"

［3］纷华：繁华富丽；荣耀。

［4］权时：衡量时势。

［5］冢舍：古代墓旁的房舍，供死者子孙守墓居住。

［6］殡：殓而未葬。敛：通"殓"，给尸体穿衣下棺。

［7］时服：平时的衣服。

［8］存：活着。

［9］三牲：古代指用于祭祀的牛、羊、猪。

［10］述：顺行。

【译文】

我的品德不怎么样，却享受过多的福禄。活着辅助朝廷没有做出多大贡献，死了却要耗费国库。那些收殓的衣衾、口含的珠贝、陪葬的玉匣一类实物，对朽骨没有什么好处。死后弄得百官劳累忙扰，繁华富丽的道路上，只增多一些灰尘垢土而已。这样做虽然是礼制的要求，但也有权时度势的时候。现在边境不安宁，盗贼没有平息，哪里能够再给国家造成损失呢？我断气之后，你们做儿子的把我的尸体运到墓旁的房舍，就及时安葬。给我穿的衣服，都用我平时穿过的旧衣，不要再另外裁制。停葬完毕就开墓，墓开好以后就下葬。祭祀的食品如同我活着的时候，不要采用牛、羊、猪之类三牲。孝顺父母的儿子要好好听从我的志意，不应当违背我说的话呀。

【评析】

梁商虽然身居高位，不仅平时过着较为俭朴的生活，而且临终前还能要求儿子们在他死后丧事从简。尤其是他在遗言中提出在"边境不宁，盗贼未息，"军需浩繁，国库紧绌之际，"不循礼制，要审时度势而行"的观点，对我们更有启发意义。

诸葛亮家训

【撰主简介】

诸葛亮（181—234），三国蜀汉政治家、军事家。琅玡阳都（今山东沂南南）人。字孔明。东汉末，隐居邓县隆中（今湖北襄阳西）躬耕陇亩，善计谋，通兵法，留心世事，自比管仲、乐毅，人称“卧龙”。汉建安十二年（207），刘备三顾茅庐乃见。他向刘备提出占据荆（今湖北、湖南）、益（今四川）两州，和好西南各族，东联孙吴，北伐曹魏，统一全国的策略，即“隆中对”。从此他成为刘备的主要谋士。后佐备联孙攻曹，大败曹兵于赤壁，并占据荆、益，建立了蜀汉政权。曹丕代汉，他辅佐刘备称帝，任丞相。建兴元年（223），刘禅继位，他以丞相封武乡侯，兼领益州牧，并决以政事。当政期间，励精图治，整官制，修法度，任人唯贤，赏罚必信，推行屯田，并改善和西南各族的关系，有利于当地经济、文化的发展。曾五次率军北伐攻魏，争夺中原。建兴十二年（234），与魏司马懿在渭南相拒，病死于五丈原军中，葬定军山（今陕西勉县东南）。据传说，他曾革新连弩，能同时发射十箭。又制造“木牛流马”，有利于山地运输。著作有《诸葛亮集》。

静可以养身亦可以成学

【原文】

君子之行，静以修身，俭以养德；非淡薄无以明志[1]，非宁静无以致远。夫学欲静也，才欲学也；非学无以广才，非静无以成学。慆慢则不能研精[2]，险躁则不能理性[3]。年与时驰，意与岁去，遂成枯落[4]，悲叹穷庐[5]，将复何及也！

——节录自商务印书馆影印文津阁《四库全书》版（2006年）第704册，《戒子通录》卷三

【注释】

［1］淡薄：恬淡寡欲。

［2］慆慢：怠慢。研精：精深的研究。

［3］险躁：急躁。

［4］枯落：枯黄的落叶。喻人生易逝。

［5］穷庐：亦作“穹庐”，古代以称游牧民族居住的毡帐。

【译文】

君子的行为，宁静用来修养身心，卑谦用来培养品德；不恬淡寡欲就没有办法显明自己的志向，不宁静专心就没有办法达到远大的目的。学习需要内心宁静，才能需要通过学习获得。不学习就没有办法扩大自己的才能，内心不宁静就不能成就自己的学问。怠慢偷惰就不能进行精深的研究，内心急躁就不能理顺自己的性情。年华随着时光逝去，意志随着日子一天天消逝，就如同变成枯黄的落叶，只能悲哀地坐守在毡帐里面，那时再去后悔，还怎么来得及呀！

【评析】

诸葛亮这则家训重点谈的是静心专心的必要性和重要性。做人，修养人品，需要静心专心；读书学习，如何学习，怎样做到学业有成，需要静心专心。他郑重告诫子孙们，人生苦短，时光易逝，一定要在年少时用一个静字一个专字去解决修养心志与学业有成的问题，不要等到年老一事无成时，再去加以讲求。到那时即使后悔，也已经来不及挽回了。他的这一观点，至今仍然具有着启迪意义。

自少“志当存高远”

【原文】

夫志当存高远，慕先贤，绝情欲，弃凝滞[1]，使庶几之志揭然有所存[2]，恻然有所感[3]，忍屈伸，去细碎，广咨问，除嫌吝[4]，虽有淹留[5]，何损于美趣？何患于不济[6]？若志不强毅[7]，意不慷慨[8]，徒碌碌滞于俗[9]，默默束于情[10]，永窜伏于凡庸[11]，不免于下流矣[12]。

——节录自商务印书馆影印文津阁《四库全书》版（2006年）第704册，《戒子通录》卷三

【注释】

[1] 凝滞：粘着；拘牵。《楚辞·渔父》：“圣人不凝滞于物，而能与世推移。”

[2] 庶几：旧指贤者。《易·系辞下》：“颜氏之子，其殆庶几乎！”揭：高举。揭然：高高的样子。

[3] 恻然：诚恳的样子。恻，通“切”，诚恳。

[4] 嫌吝：仇隙和耻辱。

[5] 淹留：滞留；停留。

[6] 患：忧虑。济：成功。

[7] 强毅：坚强；果决。

[8] 慷慨：意气激昂。

[9] 碌碌：平庸貌；随众附合貌。滞：滞留。

[10] 默默：不得意的样子。束：拘束。

[11] 窜：伏匿。凡庸：平凡；平庸。

[12] 下流：河流接近出口的部分。比喻卑下的地位。

【译文】

一个人的志向，从小就应当保持高远。仰慕先贤，断绝情欲，不凝滞

于已得，使自己对贤者的志向高高地有所保存，诚恳地有所感受，能屈能伸，抛弃琐碎不关重要的事情，广泛地向他人咨问请教，抛弃一切仇隙和耻辱，能做到这样，即使收效缓慢，对于自己高远美好的志趣又有什么损害呢？还要去担忧你的志向不会成功吗？一个人如果意志不坚强，意气不激昂，徒然随众附和，滞留于世俗之中，不得意地拘束于私有情感，那么就只会一直生活于平凡人之中，终究难免处在卑下的地位。

【评析】

这是诸葛亮写给其外孙的一封家书。诸葛亮在此篇家训中，诚恳告诫他的外孙，一个人应当保存高远的志向。怎样才是保存高远的志向呢？这就是：既要做到意志坚强，意气激昂，广泛咨询请教，又要做到不随众附和，不滞留于世俗，不拘束于感情。只有这样，才能使自己不会成为平凡的人，才能使自己免于堕入卑下的地位。这段文字虽浅显易懂，但内涵却深厚丰富。更需值得今人借鉴的是，这篇家训不仅指明了做人的志向在于高远这个总体目标，同时又指明了为实现这个高远目标的方式方法。

陆逊家训

【撰主简介】

陆逊（183—245），三国吴郡吴县华亭（今上海市松江）人。本名议。字伯言。出身江南士族。孙策婿。初为孙权幕僚，后为海昌屯田都尉。有才识，善谋略。经吕蒙推荐，召拜偏将军、右都督。代吕蒙屯陆口，以功封娄侯。曾与吕蒙商定袭取关羽之计。黄武元年（222），刘备攻吴，他任大都督，坚守七八月不战，直待蜀军疲惫，利用顺风放火，取得彝陵之战的胜利，加拜辅国将军。黄武七年（228），又破曹魏扬州牧曹休于石亭（在今安徽怀宁、桐城间）。后任荆州牧，久镇武昌（今湖北鄂城），官至丞相。

官宦子弟 “不宜私出以为荣利”

【原文】

逊以为子弟苟有才[1]，不忧不用，不宜私出以要荣利；若其不佳，终为取祸。

——节录自岳麓书社版《二十五史精华》一《三国志精华·陆逊传》

【注释】

［1］苟：如果。

【译文】

我陆逊认为子弟如果真有才华，不用担忧不被任用，不应当私自外出为自己谋求荣誉和利益；如果子弟不成才，做官终究只会给他们带来祸害。

【评析】

陆逊这段家训很短，但却道出了一个深刻的道理：子弟自己有才华，终有被得到任用以施展才华的一天；如果没有本事，却千方百计为自己谋取荣誉和地位，只会自取其祸。今天，我们为人父母者尤其处于高官高位者，难道不可以从陆逊这段家训中获取一些教益吗？

王祥家训

【撰主简介】

王祥（185—269），晋琅邪临沂（今属山东）人。字休征。东汉末年动荡不安，他扶母携弟，避居庐江（治今安徽舒城）30余年。后徐州刺史吕虔檄为别驾，任温（今河南温县西南）令，累迁大司农、司空、太尉。晋代魏，官至太保。

王祥“性至孝”，早年丧母，事后母“笃孝纯至”。民间流传有王祥卧冰求鲤的故事。他虽身居高位，但一生节俭，“高洁清素，家无宅宇。”

遗令五则诫子孙

【原文】

“夫生之有死，自然之理。吾年八十有五[1]，启手何恨[2]？不有遗言，使尔无述[3]。吾生值季末[4]，登庸历试[5]，无毗佐之勋[6]，没无以报[7]。气绝[8]，但洗手足，不须沐浴[9]，勿缠尸，皆浣故衣[10]，随时所服。所赐山玄玉佩、卫氏玉玦、绶笥[11]，皆勿以敛[12]。西芒上土自坚贞[13]，勿用甓石[14]，勿起坟陇[15]。穿深二丈，椁取容棺[16]。勿作前堂，布几筵[17]，置书箱镜奁之具[18]，棺前但可施床榻而已[19]。糒脯各一盘[20]，玄酒一杯[21]，为朝夕奠[22]。家人大小不须送丧，大小祥乃设特牲[23]。无违余命！高柴泣血三年，夫子谓之愚[24]。闵子除丧出见，援琴切切而哀，仲尼谓之孝[25]。故哭泣之哀，日月降杀；饮食之宜，自有制度。夫言行可复，信之至也[26]；推美引过，德之至也[27]；扬名显亲，孝之至也；兄弟怡怡，宗族欣欣，悌之至也[28]；临财莫过乎让；此五者，立身之本。颜子所以为命[29]，未之思也，夫何远之有？

——节录自岳麓书社版《二十五史精华》二《晋书精华·王祥传》

【注释】

［1］有（yòu）：作“又”解，用于整数与零数之间。

［2］启手：古人将启手作为善终的代称。恨：遗憾。

［3］述：遵循；顺行。

［4］季末：末世；衰微的时代。

［5］登庸：选拔重用。

［6］毗（pí）佐：辅佐。

［7］没：通“殁”，死亡。

［8］气绝：断气。

［9］沐浴：洗发澡身。

［10］浣：洗濯。故衣：以前的衣服；旧衣服。

［11］玉玦：佩玉的一种，其形如环而有缺口。绶：古代系帷幕或印纽的丝带。笥：盛饭食或衣物的方形竹器。

［12］敛：通“殓”，给尸体穿衣下棺。

［13］西芒：当为地名。坚贞：坚硬。

［14］甓（pì）：砖。

［15］坟：古代坟、墓有别，墓指墓穴，坟是高出地面的土堆。陇：通“垄”，坟墓。

［16］椁（guǒ）：棺外的套棺。

［17］几：矮或小的桌子，用以搁置物件。筵：竹席。

［18］奁（lián）：古代盛放梳妆用品的器具。镜奁：镜匣。

［19］榻：无顶无框的小床。

［20］糒（bèi）：干粮。脯：干肉。

［21］玄酒：古代称行祭礼时当酒用的水。

［22］奠：祭；向鬼神献上祭品。

［23］祥：丧祭名。大祥：古代父母丧二周年的祭礼。小祥：古代父母丧后周年的祭礼。牲：供祭祀及食用的家畜。

［24］高柴：孔子弟子，字子羔。泣血：谓因亲丧而哀伤之极。《礼记·檀弓上》："高子皋之执亲之丧也，泣血三年。"高子皋，即高柴。《论语·先进》："柴也愚。"

［25］闵子：闵子骞，孔子弟子，名损。除丧：也叫"除服"。守孝期满，除去丧服。《论语·先进》："孝哉闵子骞！人不间于其父母昆弟之言。"切切：形容声音的凄厉。

［26］复：答复。信：诚信。至：极；最。

［27］推：推诿。引：自承。

［28］怡怡：和悦貌。宗族：同宗同族之人。欣欣：喜乐貌。悌：敬爱兄长，引申为顺从长上。

［29］颜子：颜回，字子渊，孔子弟子。

【译文】

一个人有生就有死，这是自然之理。我活了八十五岁，在我离开人世之前，我有什么感到遗憾吗？如果没有遗言，将会使你们没有可顺从的。我生逢末世，被朝廷选拔重用，历经考试而做官，生前没有辅佐朝廷的功劳，死了也没有用来报答朝廷的。我断气以后，只要洗洗手和脚，不须洗发澡身。不用缠身，把旧衣服都洗干净，随时令给我穿上就行了。朝廷所赐的山玄玉佩、卫氏玉玦以及绶笥等物，都不要拿来下葬。西芒山上的土质本来就坚硬，不要用砖石，不要起坟造势。墓穴挖深二丈，套棺能容下棺材就行了。不要作前堂，只要陈设一张小桌子，铺上竹席，摆上书箱、镜盒等物，棺材前面只要能够施放床铺就行了。干粮、干肉各一盘，玄酒一杯，作为早晚的祭品。家人大小不须为我送丧，我死后一周年、两周年为我举行祭礼时才陈设一头家畜。你们不要违反我的遗命。高柴亲人死了，哀伤了三年，孔子说他愚昧；闵子骞守丧期满，就除去丧服，出来会见客人，弹琴时声音凄厉哀切，孔子说他至孝。所以，家人哭泣的哀伤程度，日月也会感到压抑；供奉死人的食物尽到心意，自有一定规制的。一个人言行可以做到有始有终，就是最诚信的表现；能做到推让美事，自承过错，就是一种最美好的品德；能使自己的名声被人传播和称颂，使亲人也同时受到显扬，就是一种极孝顺的行为；兄弟之间和睦共处，同族之间欢欢乐乐，就是一种敬爱兄长、顺从长上的最好表现；而一个人如果面对财物，能做到推辞不受，那就没有比这样做更好的了，这五种行为，是一个人立身的根本道理。颜子把它视作生命，你们没有想过啊，这几种行为就从日常生活中做起，而且长久坚持，那么离做人的准则还有什么长远的哩！

【评析】

旧时民间传说中的王祥是以卧冰求鲤、孝敬后母朱氏而著称于世的。历史上的王祥，位至三公，但一生“高洁清素，家无宅宇”，过着比较清贫的生活。从他临终前给子孙的这则遗训中我们可以看到，他不仅反对厚葬，主张薄葬，而且更重要的是，他对子孙后代提出的“言行可复”“推美引过”“扬名显亲”“兄弟怡怡，宗族欣欣”“临财莫过乎让”的五条“立身之本”，涉及到为人处世的重要方面，至今依然值得借鉴。

荀勖家训

【撰主简介】

荀勖（？—289），西晋颍阴（今河南许昌）人。字公曾。初仕魏，累任中郎。入晋为侍中，封济北郡公，后领秘书监，进位光禄大夫，专管朝廷机要事务，官至尚书令。他为人慎密，博学多识。晋武帝时得汲郡冢中古文竹书，受命编撰为《中经》，列在秘书监。又通音律，在其所制十二笛中，实际上已应用“管口校正”法。

人生应注重“慎密”二字

【原文】

人臣不密则失身[1]，树私则背公，是大戒也。汝等亦当宦达人间[2]，宜识吾此意。

——节录自商务印书馆影印文津阁《四库全书》版（2006年）第704册，《戒子通录》卷一，《晋书·荀勖传》

【注释】

［1］密：慎密。《韩非子·说难》：“夫事以密成，语以泄败。”失身：丧失生命。《易·系辞上》：“君不密则失臣，臣不密则失身。”

［2］宦达：仕宦显达。

【译文】

做人臣的如果不慎密，就会丧失生命；树立了私心，就会背离公正。这是做人臣的大戒。你们活在世上，也应当设法使自己仕宦显达，但一定要体会到我强调的慎密二字的深厚用意。

【评析】

荀勖为人处事小心谨慎，因此皇帝让他专管朝廷机密。朝廷每有诏令大事，即使已经公开宣布，他都始终不泄露半点内情，就是为了不让别人知道他已经预先闻知。从这几句家训可以看出：在封建时代，做人臣的伴君如伴虎，稍有不慎密之处，就有丧失生命的危险。

这段家训又告诉我们，荀勖虽然对儿子们谈的是如何使自己宦途显达的诀窍，但其中有关保守国家机密、树立公心等道理，却是从政做官者应有的基本素质。

王僧虔家训

【撰主简介】

王僧虔（426—485），南朝齐书法家。琅邪临沂（今属山东）人。晋王羲之四世族孙。南朝宋时任秘书，官至尚书令。入齐，转侍中、湖州刺史。喜文史，善音律，工正楷、行书。其书继承祖法，丰厚淳朴而有气骨，为时人所推崇，影响及于唐宋。书迹有《王琰帖》等，著有《论书》等篇。

人生要靠自已努力

【原文】

知汝恨吾不许汝学，欲自悔厉[1]，或以阖棺自欺[2]，或更择美业，且得有慨，亦慰穷生。但亟闻斯唱[3]，未睹其实。请从先师听言观行，冀此不复虚身。吾未信汝，非徒然也。往年有意于史，取《三国志》，聚置床头百日许[4]，复徙业就元[5]，自当小差于史，犹未近仿佛。曼倩有云[6]：“谈何容易！”见诸元志[7]，为之逸肠[8]；为之抽专一书，转通数十家注；自少至老，手不释卷，尚未敢轻言。汝开《老子》卷头五尺许，未知辅嗣何所道[9]，平叔何所说[10]，马、郑何所异[11]，指例何所明[12]，而便盛于麈尾[13]，自呼谈士，此最险事。设令袁令命汝言《易》[14]，谢中书挑汝言《庄》[15]，张吴兴叩汝言《老》[16]，端可复言未尝看邪[17]？谈故如射[18]，前人得破，后人应解不解，即输睹矣。且论注百氏，荆州八帙[19]；又才性四本[20]，声无哀乐，皆言家口，实如客至之有设也。汝皆未经拂耳瞥目[21]，岂有庖厨不修[22]，而欲延大宾者哉[23]？就如张衡思侔造化[24]，郭象言类悬河[25]，不自劳苦，何由至此？汝曾未窥其题目，未辨其指归，六十四卦未知何名[26]，《庄子》众篇何者，内外八帙所载凡有几家[27]，四本之称以何为长，而终日欺人，人亦不受汝欺也。由吾不学，无以为训，然重华无严父[28]，放勋无令子[29]，亦各由己耳。汝辈窃议[30]，亦当云："阿越不学，在天地间可嬉戏，何忽自课谪[31]？幸及盛时逐岁暮，何必有所减？"汝见其一耳不全尔也。设令吾学如马、郑，亦必甚胜；复倍不如今，亦必大减。致之有由，从身上来也。今壮年自勤数倍许胜劣及吾耳，世中比例举眼是，汝足知此，不复具言[32]。吾在世虽乏德素，要复推排人间数十许年，故是一旧物人，或以比数汝等耳。即化之后[33]，若自无调度，谁复知汝事者？舍中亦有少负令誉、弱冠越超清级者[34]，于时王家门中，优者则龙凤，劣者犹虎豹，失荫之后[35]，岂龙虎之议？况吾不能为汝荫政，应各自努力耳！或有身经三公[36]，蔑尔无闻[37]；布衣寒素[38]，卿相屈体；或父子贵贱殊，兄弟声名异，何也？体尽读数百卷书耳。吾今悔无所及，欲以前车诫尔后乘也[39]。汝年入立境[40]，方应从官，兼有室累牵役情性，何处复得下帷如王郎时邪[41]？为可作世中学取过一生耳。试复三思，勿讳吾言！犹捶挞志辈[42]，冀脱万一未死之间望有成就者[43]，不知当有益否？各在尔身已切身，岂复关吾邪？鬼唯知爱深松茂柏，宁知子弟毁誉事？因汝有感，故略叙胸怀。……

——节录自商务印书馆影印文津阁《四库全书》版（2006年）第254册，《南齐书》卷三十三《王僧虔传》

【注释】

［1］厉：通"励"，勉励。

［2］阖：关闭。

［3］但：只。亟（qì）：屡次。

［4］许：约许的数量。百日许：百来天。

［5］徙：迁移。徙业：改变学业。元：通"玄"。此处指玄学，魏晋时期的一种哲学思潮。

［6］曼倩：东方朔，字曼倩，西汉文学家。

［7］诸："之于"的合音。

［8］逸：安闲。逸肠：指心情愉快。

［9］辅嗣：王弼，字辅嗣。三国魏玄学家。

［10］平叔：何晏，字平叔。三国魏玄学家。

［11］马、郑：马融与郑玄。马融：字季长，东汉经学家、文学家。郑玄：字康成，东汉经学家。

［12］指例：体例，即著作的体裁凡例。

［13］麈（zhǔ）尾：拂尘。魏晋人清谈时常执的一种拂子，用麈（一种野兽）的尾毛制成。

［14］袁令：袁宏，字彦伯，东晋文学家、史学家。

［15］谢中书：即谢灵运，南朝宋诗人，其诗带有"玄言"余习。

［16］张吴兴：人名，生平不详，吴兴人，故称。叩：询问。

［17］端：真正。

［18］射：有所指。

［19］帙：包书的套子，用布帛制成。因而谓书一套为一帙。

［20］才性：三国魏末清谈命题之一。指才能与性格的相互关系。四本：《世说新语·文学》："钟会作《四本论》。"刘孝标注引《魏志》："会尝论才性同异，传于世。四本者言才性同、才性异、才性合、才性离是也。"当时傅嘏、钟会、李丰、王广分别代表才性同、才性异、才性离、才性合四种主张。

［21］拂耳瞥目：耳闻目睹。

［22］庖厨：厨房。

［23］延：邀请。

［24］张衡：东汉科学家、文学家。侔（móu）：齐等。造化：指天地、自然界。

［25］郭象：西晋哲学家。好老庄，善清谈。悬河：形容说话滔滔不绝。

［26］六十四卦：《周易》中的八卦，两卦相重成为六十四卦。

［27］凡：共。

［28］重华：虞舜名。

［29］放勋：唐尧的称号，一说是尧的名。令：善；美。令子：犹言佳

儿，旧时多用于称美他人之子。

［30］窃议：私下议论。

［31］课：考查；考核。谪：责备。

［32］具：通“俱”。都；完全。

［33］化：死。

［34］令誉：美誉。越超：超出；胜过。

［35］荫（yìn）：封建时代子孙以先代官爵而受封之称。

［36］三公：东汉时，太尉、司徒、司空合称三公，又称三司。

［37］蔑：无；没有。尔：词尾。

［38］布衣：平民，后来多以称没有做官的读书人。寒素：家世清贫的人。

［39］前车：比喻可以引为教训的往事。

［40］立境：指人过三十岁。《论语·为政》：“三十而立。”

［41］下帷：帷，室内悬挂的幕。“下帷”常用作闭门读书的代辞。

［42］捶挞：鞭策。志：王僧虔的儿子。

［43］冀：希望。

【译文】

我知道你怨恨我不许你闭门读书学习，打算自我勉励，或者凭借闭门拒外以潦草人生来欺骗自己，或者你另有打算去选择好的学业，并且能够有所感触，也可安慰自己这一生了。只是我屡次听到你的这种高调，却未看到实际效果。你请求让你跟从原先的老师，听取你的言论，观察你的行动，希望自己不再这样虚度一生。我没有听信你的话，并不是没有原因的啊！我往年有意从正史中选取《三国志》聚置床头百来天，接着又改变学业，去亲近玄学，自认为应当与对史学的了解不会太大差异，但还是没有达到我预期的目标。东方曼倩有话说：“谈何容易！”见之于玄志，为之心情畅快；为之从中抽出专一部书，能够转通数十家注解；从年少至年老，手不释卷，还不敢轻易说我对这方面已经很精通了，你打开《老子》一书卷头五尺左右，不知道王弼说的是什么，何晏说的是什么，马融和郑玄的学问有什么不同，体例怎样辨明，就汲汲于清谈，自称为谈士，这是最危险的事情。假设让东晋文史学家袁令要你谈论《易经》，南朝诗学家谢中书指定你谈论《庄子》，张吴兴问你有关《老子》的义理，你真正可以再说不曾看过吗？谈起往事如同有所指归，但如果前人能够破解，后人却应解不解，这就输得很明白了。况且，有关这类书的论注一百家，荆州就占有八套；又有才性“四本”，表面看起来无明显哀乐之情，说的都如同谈家事一样平平淡淡，实际上就如同客人来了家中有了足够准备一样。你对这些都没有经过耳闻目睹又没下功夫了解，就轻易说我都懂了。哪有不整治厨房，就打算邀请宾客的呢！就如同东汉科学家张衡想着和大自然齐等，西晋哲学家郭象谈论世事人情来滔滔不绝，如果他们不亲自勤劳辛苦，又怎么能达到这种地步呢？你未曾窥视其题意所在，未曾辨明其宗旨所向，对《易经》六十四卦不知道是哪些卦名，《庄子》一书有些什么篇名，内外八帙所记载的共有几家，“四本”的名称以谁为长，却成天自欺欺人，到处吹嘘，但别人是不会受到你欺骗的啊！由于我学识不够，没有什么用来教训你的，但是虞舜无严父，唐尧无佳儿，也各自由他们自己罢了。你在私下议论时，也一定会说：“阿越不学习，在天地间可以自由嬉戏，为什么忽然自我谴责呢？幸亏赶上盛时来追逐人生快乐，何必有所控制减少这种快乐呢？”你的这种见解就像是一个人只有一只耳朵而不周全罢了。你要认识到，假如我的学业如同马融、郑玄那样，也一定很不一般；如果更加不如现在这样所为，那么我的学业就一定会更加减退。导致这种结果是有一定缘由的，它是从自己身上引起的啊！现在壮年人自己勤劳数倍，超过我的不如我的，世上这样的例子到处都是，你是完全知道这一点的，用不着我再详细说了。我活在世上虽然才德不足，但要再去推究人世间数十来年，已经去世了的人物，有可能比你强的人多得多了。就是我死了以后，如果你还是不自我约束，那么又有谁再过问你的事情呢？从前，我们王氏家族中，从小就有人负有美好的名声，到了十岁左右就远远超过一般人的优秀人才，那时的王氏子弟中的优秀者不是龙就是凤，差一点的也还如同虎豹一样，失去生人福荫以后，哪里还谈得上有龙虎一样的人才呢？何况我不能为你等带来福荫，你们应该各自努力呀！或许有人担任三公之类要职，最终默默无闻于世；而有些虽然出身平民，家世清贫的人，达官贵人却要对他弯腰致意；或许父子两代贵贱悬殊，兄弟两人声名有异，原因在哪里呢？这是一生读数百卷书所了解到的。我现在后悔已经来不及了，打算用一些可以作为教训的往事来警诫你等今后的所作所为。你现在步入而立之年，正好又加入了从政做官的行列，加之有家室拖累而牵涉到你的情感指向，从什么地方入手能静心闭门读书像王郎时那样呢？只能成为人世间那些进过学问门径而不能专深做学问的人罢了。你试着再三思考，不要忌讳我说的直话。同时鞭策你的志弟等人，希望他们能在有生之年在学业上有所成就，万一我说的话对他们可能会有益处呢？这就都在你们自身体悟而已，哪里会再与我相关呢？鬼神只知道喜爱深松茂柏，哪里知道人世间子弟毁誉的事情呀？因为你的行为而使我有所感受，所以通过这段话稍微抒发我自己的胸怀。……

【评析】

王僧虔在这篇家训中，运用古今事例，直言勉励儿子专心读书，不能只求一知半解。他认为张衡思侔造化，郭象口类悬河，是他们刻苦力学的结果。所以，他主张儿子们应当各自努力，发挥个人内因的积极作用，做一个有学识有才能的人。

徐勉家训

【撰主简介】

徐勉（466—535），南朝梁东海郯（治今山东郯城北）人。字修仁。幼孤贫，六岁即能率尔为文。年长好学，宗人徐孝嗣称之为“人中骐骥”。梁武帝即位，拜中书侍郎，进领中书通事舍人。官至左仆射中书令。为武帝掌书记，梁朝朝章仪制，皆参与其议。曾与客夜坐，有一客人向他求官，他正色说：“今夕止可谈风月，不宜及公事。”

徐勉虽官居显职，但不营产业，家无蓄积。自称；“人遗子孙以财，我遗之清白。子孙才也，则自致辎联；如不才，终为它有。”

愿以“清白遗子孙”

【原文】

吾家本清廉[1]，故常居贫素[2]，至于产业之事，所未尝言，非直不经营而已[3]。薄躬遭逢[4]，遂至今日，尊官厚禄，可谓备之。每念叨窃若斯[5]，岂由才致，仰借先门风范[6]，及以福庆，故臻此耳[7]。古人所谓“以清白遗子孙，不亦厚乎”[8]。又云：“遗子黄金满籝[9]，不如一经。”详求此言，信非徒语[10]。吾虽不敏[11]，实有本志，庶得遵奉斯义[12]，不敢坠失[13]。所以显贵以来[14]，将三十载，门人故旧，承荐便宜[15]，或使创辟田园，或劝兴立邸店[16]；又欲舳舻运致[17]，亦令货殖聚敛[18]。若此众事，皆距而不纳[19]。非谓拔葵去织[20]，且欲省息纷纭[21]。中年聊于东田开营小园者[22]，非存播艺以要利政[23]，欲穿池种树[24]，少寄情赏[25]。又以郊际闲旷[26]，终可为宅，倘获悬车致事[27]，实欲歌哭于斯。慧日、十住等[28]，既应营昏[29]，又须住止。吾清明门宅，无相容处，所以尔者，亦复有以。前割西边施宣武寺，既失西厢[30]，不复方幅[31]。意亦谓此逆旅舍尔[32]，何事须华[33]？常恨时人谓是我宅，古往今来，豪富继踵[34]，高门甲第[35]，连闼洞房[36]，宛其死矣，定是谁室？但不能不为培塿之山[37]，聚石移果，杂以花卉，以娱休沐[38]，用托性灵[39]。随便架立，不存广大，唯功德处[40]，小以为好，所以内中逼促[41]，无复房宇。近修东边儿孙二宅，乃借十住南还之资，其中所须犹为不少。既牵挽不至，又不可中途而辍[42]，郊间之园遂不办。……寻园价所得，何以至此？由吾经始历年，粗已成立，桃李茂密，桐竹成阴，塍陌交通[43]，渠畎相属[44]。华楼迥榭[45]，颇有临眺之美[46]；孤峰丛薄[47]，不无纠纷之兴[48]。渎中并饶荷获[49]，湖里殊富芰莲[50]。虽云人外，城阙密迩[51]，韦生欲之，亦雅有情趣[52]。追述此事，非有吝心，盖是事意所至尔。忆谢灵运《山家诗》云[53]：“中为天地物，今成鄙夫有。”[54]吾此园有之二十载，今为天地物，物之与我，相校儿何哉[55]？此直所馀，今以分汝营小田舍，亲累既多，理亦须此。且释氏之教[56]，以财物谓之外命，外典亦称“何以聚人曰财”[57]。况汝常情，安得忘此？闻汝所买湖熟田地，甚为舄卤[58]，弥复可安[59]，所以如此，非物竞故也[60]。虽事异寝丘[61]，聊可仿佛[62]。孔子曰：“居家理事，可移于官。”[63]既已营之，可使成立，进退两亡，更贻耻笑[64]。若有所收获，汝可自分赡内外大小[65]，宜令得所，非吾所知，又复应沾之诸女尔[66]。汝既居长，故有此及。凡为人长，殊复不易，当使中外谐缉[67]，人无间言[68]，先物后己，然后可贵。老生云：“后其身而身先。”若能尔者，更招巨利。汝当自勖[69]，见贤思齐，不宜忽略，以弃日也。弃日乃是弃身。身名美恶，岂不大哉！可不慎欤！今之所敕[70]，略言此意。政谓为家以来[71]，不事资产，暨立墅舍[72]，似乖旧业[73]，陈其始末，无愧怀抱。兼吾年时朽暮，心力稍单[74]，牵课奉公[75]，略不克举[76]，其中馀暇，裁可自休[77]。或复冬日之阳，夏日之阴，良辰美景，文案间隙，负杖躡履[78]，逍遥陋馆，临池观鱼，披林听鸟，浊酒一杯，弹琴一曲，求数刻之暂乐，庶居常以待终[79]，不宜复劳家间细务。汝交关既定[80]，此书又行，凡所资须，付给如别。自兹以后，吾不复言及田事，汝亦勿复与吾言之。假使尧水汤旱，岂如之何？若其满庾盈箱[81]，尔之幸遇。如斯之事过，并无俟令吾知也[82]。《记》云[83]：“夫孝者，善继人之志，善述人之事。”[84]今且望汝全吾此志，则无所恨矣[85]。

——节录自商务印书馆影印文津阁《四库全书》版（2006 年）第 261 册，《南史》卷六十《徐勉传》

【注释】

［1］清廉：清正廉洁。

［2］贫：不足；缺乏。素：质朴。

［3］直：特；但。

［4］薄：语助词。躬：自身；亲自。遭逢：遇到。

［5］叨窃：不当得而得。

［6］仰借：凭借；依靠。风范：风度；规矩。

［7］臻：至。

［8］厚：深；重。

［9］籝（yíng）：竹笼。

［10］信：确实。徒语：空话。

［11］敏：聪敏。

［12］庶：有幸，希冀之词。

［13］坠失：丧失。

［14］显：高贵；显赫。

［15］门人：门生；弟子。便宜：利益；好处。

［16］邸店：亦称“邸舍”或“邸阁”。中国旧时城市中供客商堆货、寓居、进行交易的行栈。东晋、南朝时已有，隋唐更多。

［17］舳舻（zhú lú）：泛称船只。舳：船后舵。舻：船头。

［18］货殖：经商。聚敛：剥削；搜括。

［19］距：通“拒”。

［20］拔葵去织：《汉书·董仲舒传》：“故公仪子（休）相鲁，之其家见织帛，怒而出其妻，食于舍而茹葵，愠而拔其葵，曰：‘吾已食禄，又夺园夫红女利虖！’”后以拔葵去织或拔葵为居官者不与民争利的典故。

［21］纷纭：扰乱。

［22］聊：姑且。

［23］艺：种植。要：通“徼”，求取。

［24］穿：凿通。

［25］少：稍；略微。情赏：犹言心赏，谓心意所爱好。

［26］闲：大貌。旷：空阔。

［27］悬车：谓辞官居家。致事：同“致仕”，旧谓交还官职，即辞官。

［28］慧日：佛教语。谓佛之智慧有如太阳普照人间。十住：佛教语，也叫十地。指参悟佛理而修行进入渐近于佛的十种境界（欢喜地、离垢地等）。

［29］营昏：心志自然、超然物外。

［30］厢：正房两边的房子。

［31］方幅：方正；长宽相等。

［32］逆：迎。逆旅：客舍，迎止宾客之处，犹后来的旅馆。

［33］须：通“需”，需要。

［34］踵：脚后跟。继踵：足踵相继，形容人多，接连不断。

［35］高门：指显贵之家。魏、晋、南北朝时，重门第，有高门、寒门等称。甲第：本指封侯者的住宅，这里意谓贵显的宅第。

［36］闼（tà）：门楼上的小屋。洞房：深邃的内室。

［37］培塿（lóu）：小土丘。

［38］休沐：休息沐浴，指古代官吏的例假。

［39］性灵：性情。

［40］功德：佛教用语，指诵经念佛布施等。

［41］逼促：狭窄。

［42］辍（chuò）：中止；停止。

［43］塍（chéng）：田间的界路。陌：田间的小路

［44］畎（quǎn）：田间小沟。属（zhǔ）：接连。

［45］迥（jiǒng）：远。榭：建在高土台上的敞屋。

［46］临眺：登高远望。

［47］丛：丛生的树木。薄：草木茂密。

［48］纠纷：杂乱。

［49］渎（dú）：小沟渠。饶：丰富。荻：多年生水本草木，形状像芦苇，茎可以编席箔。

［50］芰（jì）：即菱，俗称“菱角”。

［51］城阙：城门两边的楼观。密迩：贴近。

［52］雅：很；甚。

［53］谢灵运：南朝诗人。

［54］鄙夫：自称的谦词。

［55］校：差。

［56］释氏：佛姓释迦氏，略称释氏。

［57］外典：佛教徒称佛书以外的典籍为外典。

［58］舄（xì）卤：土地含有过多的盐碱成分，不适宜耕种。

［59］弥：更加。

［60］物竞：互相竞争。

［61］寝丘：春秋楚邑名，在今河南固始、沈丘两县之间。楚庄王封孙叔敖子于此。

［62］聊：略。仿佛：好象；相似。

［63］移（yì）：使人羡慕。

［64］贻：留下。

［65］赡（shàn）：供给。

［66］沾：分润；分得。

［67］谐缉：和谐；和睦。

［68］间言：闲话。

［69］勖（xù）：勉励。

［70］敕：告诫。

［71］政：通“正”。

［72］暨：到。墅：田野的草房。

［73］乖：违背。

［74］稍：逐渐。单：通“殚”。尽；竭尽。

［75］奉公：奉行公事。

［76］略：稍微。克：能够。举：胜任。

［77］裁：通“才”。

［78］蹑（niè）：踩；踏。履：鞋。

［79］居常：平时；时常。

［80］交关：交通；来往。

［81］庾：古容量单位，一庾等于十六斗。

［82］俟：等待。

［83］《记》：儒家经典《礼记》。

［84］述：顺行；如旧。

［85］恨：遗憾。

【译文】

我家本来就清白廉洁，所以常常过着质朴的生活。至于个人的财物、家产之类事情，从未在口里说及，而不只是没有特别去用心经营罢了。我通过自己努力，才有了今天。尊贵的官爵，丰厚的俸禄，可说是全都有了。我每每想到本来不应当得到而得到了这一切，难道这是由我自身的才力所能获得的吗，应当说主要是依赖祖先的恩德懿行，加上上天的福庆，才达到了这种地步。古人所谓“把清白留给子孙，这种遗产不也是很厚重的吗”？古人又说；“留给子女一竹笼子黄金，不如传给他们一部经书。”详细推求这些话，确实不是空话。我虽然不聪敏，但实际上也具有这种志向，希望能够遵循、奉行古人这个道理，不敢抛弃丢失它。所以自从我显贵以来的近三十年间，承蒙我的一些门生和从前的熟人心怀好意向我提出建议，有的人让我开辟、创建田园，有的人劝我开办行栈，有的人想要我用船只运送货物，从事商业来聚敛财物。对于这样一些建议，我都拒绝而不采纳。我这样做，不仅是为了做到像古人那样不去与老百姓争利益，而且也是想减少和平息一些不必要的纷争和矛盾。我中年时姑且在东田开辟、营建了小园，并不是存心用播种和植物来求取利益，只是想通过挖池种树，稍微寄托自己的兴趣爱好。又因为郊野空旷阔大，最终可以建造住宅，倘若被准许辞官居家，确实想在这里尽情抒发内心深处的喜怒哀乐。佛学最高境界要求我们，按照慧日、十住等佛学义理既做到随心所欲、超然物外，又做到心志安然、静止有度。我坚持以清明整饬家庭，偏离了这个原则是不容许的，所以你做儿子的，也应有这个思想准备。以前舍弃了西边施宣武寺，既然失去西厢房，那么整个住宅也就不再方正了。我的意思是这里成为迎送宾客的处所罢了，何必要弄得高大华丽呢？我常常讨厌别人说这个房子是我的住宅，古往今来，豪门富户接连不断，那些显贵的宅第，门楼上的小屋，深邃的内室，都静悄悄地消失了，这一定就是谁家能够长久拥有的住室呢？只不过是堆砌成培𪣻似的小山，聚集石头，移来果木，搀杂一些花卉，以使自我快乐地度过休假，同时寄托自己的心性情趣。简单架立，不追求广大，唯一作为诵经念佛布施的地方，以小为好。所以内中狭窄也无妨，没有必要建有纵横多样的房间。我近来修建东边儿孙两所住宅，主要还是借助做佛事的资金，其中所需自己付出的费用仍然不少。既然东拉西凑还不到位，又不能中途停止建造，所以郊野之园也就不再建造了。……盘算园价所得，怎么会只有这样的收入呢？由我开始营建至今有好几年了，已经粗具规模，桃李茂密，桐竹成阴，田间小路纵横交错，渠道和小沟紧密相连。华丽的楼房，高远的敞屋，颇有登高远望之美景；孤独的山峰，茂密的草木，不无原生自然生态的兴致。沟渠中长满了荷花和荻草，湖面上铺满着菱莲。虽然说这里处在人群密集以外，但城阙贴近，韦生想它，也是很有情趣的。追述这种境况，不是私心所致的缘故，而是客观现状影响的结果罢了。回忆谢灵运《山家诗》中说："这些东西本来就是天地所拥有的，而今却成为了我个人的东西。"我拥有这座家园已经有了二十年之久，今天回归为大自然，此天地之物与我自已的私利相比较相距不是很远吗？停造这座家园所余下的钱财，今天拿来分给你去经营小田舍，亲戚既多，按道理就应当这样做。况且按照佛学义理，分人以财物叫做外命，佛学以外的典籍亦称拿什么凝聚人心叫做财物。何况根据你的常情，怎么能够忘掉钱财二字呢？听说你所买湖熟田地含有过多的盐碱成分，不适宜耕种，心情更加不安。所以如此，并不是互相竞争的缘故。虽然你的事和孙叔敖告诫他的儿子，在他死后求封条件较差的寝丘一事有所不同，但大致上是近似的。孔子说："居住在家里能把家事处理得好，可以使做官的人都感到羡慕。"你既然已经经营这片田地，就应当在这方面有所成就，如果进退两失，就会更加让别人耻笑。如果有所收获，你可以自己分配供给大家中内外大小，最好让他们各得其所，但这并不是我所能看到的了。同时，我又认为应当分润给你的几个女儿。你既在子女中居长，因此我才对你说了这段话。凡是作为家中长子者，实在不容易，应当使家中内外和睦，别人没有闲话，先人后己，这样才难能可贵。年老长者说："有好处先人后己，做事情以身作则。”如果能够做到这样，就会招来更大的利益！你应当勉励自己，见到有才能的人，就向他看齐，不应当忽略了这一点，以免白白地荒废了时光。因为，荒废时光就是荒废自身。这对一个人的声名美恶，关系难道不是很大吗！可以不慎重对待吗！我今天所告诫你的，大略谈的就是这个意思。我自成家以来，不注重财产的聚集，等到建造起墅舍，又觉得和原来的所作所为相违背，但在回顾治家的始末时，我还是感到内心无愧的。然而，我年纪日益衰老，心力逐渐耗尽，以及奉行公事要付出我的精力，都使我感到有些力不从心了，这其中稍有空闲，才可以自我休息。在冬季的晴朗日子或者夏天的阴凉日子里，趁着这样的良辰美景，利用处理好公文案卷的间隙时间，拄着拐杖，踏着鞋子，在简陋狭小的馆舍里逍遥自得。站在池塘旁边，观看鱼儿自由自在地游泳；披开茂密的树林，听着鸟儿无忧无虑地歌唱。饮一杯浊酒，弹一曲琴，求得数刻的短暂欢乐，希望时常过着这样的日子来度过晚年，不再需要操劳家中琐细的事务了。你动身的日子已经定下，这封信又已发出，凡所需要的行资，如同分别一样交付与你。从这以后，我不再谈到田地的事情，你也不要再和我提起这方面的事情。假使让唐尧遇上水灾，让商汤遇上旱灾，又会怎么样呢？如果你今年的收获能够满庾盈箱，这是你的幸遇。像这样的事情过后，一并不必让我知道，一切由你自己作主。《礼记》上说：“孝顺的人，善于继承先人的志向，善于顺行先人的事业。”我今天也希望你保全我这个志向，那么我就没有什么遗憾的了。

【评析】

徐勉告诫儿子，作为家中长子，“当使中外谐缉；人无间言，先物后已”，同时要“见贤思齐，不宜忽略，以弃日也”。信中所谓“以清白遗子孙”，“遗子黄金满籝，不如一经”的告诫，注重的是对精神遗产的传承。今天，不少为人父母者过分疼爱自己的子女，对子女奢华浪用不仅不加以约束制止，反而百求百应，从而养成了子女从小就大手大脚花钱而不思勤劳节俭的坏习惯，最终害了儿女也害了整个家庭。从而，年轻的父母们有必要从这则家训中受到启发。

李勣家训

【撰主简介】

李勣（594—669），本姓徐，名世勣，字懋功。唐曹州离狐（今山东境内）人。曾参加隋末瓦岗寨起义军。后降唐，赐姓李，因避太宗李世民名讳，单名勣。后跟随唐太宗灭王世充，擒窦建德，破刘黑闼；又同李靖一道打败了东突厥，封英国公。曾任并州都督达十六年之久，突厥不敢南向。唐高宗时任尚书左仆射（宰相），位居司空（三公之一）。卒赠太尉，谥号“贞武”。

李勣病危时，其弟李弼赶来省视。他命奏乐宴饮，列子孙于庭下。宴饮快结束时，对李弼说了一段意味深长的话，并把自己子孙日后的教育工作托付给他。这是一篇极具时代特色的家训，在旧社会很具影响力。

嘱弟凡遇不肖子即予“打杀”

【原文】

我自量必死，欲与汝一别耳[1]，恐汝悲哭，诳言自差[2]，可未须啼泣听我约束。我见房玄龄[3]、杜如晦[4]、高季辅辛苦作得门户[5]，亦望垂裕后昆[6]，并遭痴儿破家荡尽[7]。我有如许伅犬[8]，将以付汝，汝可防察。有操行不伦，交游非类[9]，急即打杀，然后奏知。又见人多埋金玉，亦不须尔。唯以布装露车，载我棺柩中，敛以常服[10]……

——节录自商务印书馆影印文津阁《四库全书》版（2006 年）第 266 册，《旧唐书》卷六十七《李勣传》

【注释】

［1］汝：你。

［2］诳（kuáng）言：昏乱的话语。诳：迷惑。

［3］房玄龄：唐初政治家。身死后，长子遗直继承爵位，次子遗爱娶太宗女合浦公主为妻，拜驸马都尉，后公主与遗爱谋反，遗爱被处死，公主被赐死，遗直也被废为平民。

［4］杜如晦：唐初政治家。其子杜荷，娶太宗女城阳公主，与太子承乾谋反被杀，其兄杜构受株连被流放。

［5］高季辅：唐初政治家。其子正业因受上官仪案的牵连，被贬于岭表。

［6］后昆：子孙后代。

［7］痴儿：愚蠢的儿子。

［8］伅（dùn）犬：愚昧的儿子。

［9］非类：不正派的人。

［10］敛：通“殓”，给尸体穿衣下棺。

【译文】

我自己估量一定会不久于人世了，要与弟弟你再也不能相见了。我担心你悲伤痛苦，使我语无伦次、神情恍惚。你不必悲哀哭泣，听我把嘱托的话跟你说清楚。我看到房玄龄、杜如晦、高季辅等人都费尽千辛万苦建立门户，并希望能把恩泽传递给子孙后代，却都被愚蠢的儿子给败坏掉了。我家里有如此等愚昧无知的儿子，将他们托付给你，你要慎重地考察他们的言行，如操守品行不符正道，与那些不正派的人混在一起，你就将他们马上打死，再报告朝廷。我又看到不少人死了以后，金玉等物作为陪葬品埋到地下，我死了以后不必这样。只要以一辆布装的露天的车把我的灵柩放入其中，穿上平常穿的衣服就可下葬……

【评析】

据史籍记载，李勣临终前不让儿孙们哭哭啼啼，而是奏乐宴饮，临结束时对弟弟说出了这么一段毫不含糊的治家遗训。他极其严肃地以房玄龄、杜如晦、高季辅等三位朝臣子孙后代家破人亡的惨痛教训教育自己的子孙，并郑重托咐其弟对他的儿孙们严加管教，不要有半点心慈手软。同时，他明确主张薄葬。这明显体现出李勣堪称一位不可多见的，封建社会有人品有才识的政治家。

娄师德家训

【撰主简介】

娄师德（630—699），字宗仁，唐郑州原武（今河南境内）人。进士出身。唐高宗时任监察御史，以功迁殿中侍御史。曾与吐蕃战，八战八捷。武后时，官至同凤阁鸾台平章事（宰相），掌理朝政，曾多次主持屯田积谷等事，卓有成就。

诫弟唾面让“自干”

【原文】

未也，洁之，是违其怒[1]，正使自干耳！

——节录自商务印书馆影印文津阁《四库全书》版（2006 年）第 270 册，《新唐书》卷一百八《娄师德传》

【注释】

［1］违其怒：使对方越发大怒。

【译文】

你所说的别人唾口水到你的脸上面，你自己揩拭干净还不行，这是因为当着别人揩拭会使对方越发大怒，还不如让它自已干了为好。

【评析】

娄师德是唐代著名政治家。他十分清楚自家兄弟均官居要职，荣宠已极，易为他人所嫉妒，因而平时再三叮嘱弟弟要以忍耐为事。这次是因为，其弟被朝廷任命为代州（今山西代县）刺史，临出发前向其兄长告别赴任所，师德又一次告诫他凡事多忍耐些。弟弟说："如果有人唾面，我揩干净就算了。"师德说：这样还不行，"不如使它自干为好。"在今天，唾面"自干"本身没有必要去仿效，但这种"凡事多忍耐一些"的精神却是十分可取的。现实生活中有些年轻人碰到芝麻大的小事就彼此拳脚相加，甚而动刀动枪的，造成悲剧惨案，教训是深刻的。从而，心志正在成长中的青少年，如果能多学点历史，特别是多了解"唾面自干"之类典故，或许在人与人交往过程中就会减少不必要的纠纷和矛盾。

李义琰家训

【撰主简介】

李义琰，生卒年不详。唐魏州昌乐（今河北境内）人。进士出身，博学多识。历任太原尉（太原县长官的副职，管理一县的武职甲卒）、白水县令、中书侍郎（中书省副长官）、太子右庶子（太子官属）、同中书门下三品（宰相）等职。

李义琰身居高位，执意不营私第美室，并且作为一则家训，要求自家兄弟严格执行。

不可营置私第美室

【原文】

以吾为国相，岂不怀愧，更营美室，是速吾祸，此岂爱我意哉[1]？

事难全遂，物不两兴。既有贵仕，又广其宇，若无令德[2]，必受其殃。……

——节录自商务印书馆影印文津阁《四库全书》版（2006年）第266册，《旧唐书》卷八十一《李义琰传》

【注释】

［1］此：指其弟李义琎建议营造私第美室一事。

［2］令德：美德。

【译文】

朝廷委任我为国家的宰相，我已经感到惭愧了。如果再营建美室，那就是加速我的祸患到来，弟弟你这个建议难道是爱我之意吗？

任何事情很难完全称心如意，一切生物也不可能始终欣欣向荣。既身居高官，又广其居室，如果没有美德，必然遭受灾祸。……

【评析】

李义琰的居室因没有正屋，在外做官的弟弟义琎于是购买上好的木材给他送去，并劝他对自己的居室进行营造扩建，但李义琰执意不从，对弟弟说了上面这番道理。

李义琰官居宰相而不营私第，身任枢要而惧获罪戾，并以此来开导、启发和教育自己的弟弟。这种做官不胡作非为、做官仍警饬自己行为的品德，是值得肯定和称赞的。

张嘉贞家训

【撰主简介】

张嘉贞，生卒年不详。唐猗氏（今山西境内）人。武后时任监察御史。唐玄宗开元年间，任中书侍郎（中书省副长官）、同中书门下平章事（唐中叶以后宰相之职），迁中书令（中书省长官，亦是宰相之职）。

张嘉贞虽身居显贵，为人平和低调，生活俭朴，不事铺张奢华。

不为子孙立田园

【原文】

吾尝相国矣，未死，岂有饥寒忧？若以谴去[1]，虽富田产，犹不能有也[2]。近世士大夫务广田宅，为不肖子酒色费，我无是也[3]。

——节录自商务印书馆影印文津阁《四库全书》版（2006年）第270册，《新唐书》卷一百二十七《张嘉贞传》

【注释】

[1] 谴：贬迁；谪降。

[2] 犹：仍然；还是。

[3] 是：作“此”解。

【译文】

我已经做到宰相了，倘若不死，难道还会有饥寒之忧吗？如果因谪降而去，虽拥有大量田产房屋，仍然不能拥有也。近世士大夫一心想的是广置田地房屋，其结果只不过是为不肖子孙作为酒色之费消耗殆尽。我不会这样做的。

【评析】

子孙有出息，不需父祖辈广置田宅；子孙如果没有出息，即使为他们广置田产房屋，也只不过是为这些不肖子孙作酒色之费而已。张嘉贞在这方面的认识，超出了一般封建官僚之上，时至今日仍具启迪意义。

姚崇家训

【撰主简介】

姚崇（651—721），唐陕州硖石（今河南陕县境内）人。本名元崇，武后令他改为元之，唐玄宗又令他改为崇。少时倜傥尚气节，好学不倦。武后时，历任兵部郎中、兵部侍郎、中书侍郎、礼部尚书等职。在张柬之诛武后党羽张昌宗、张易之和迎立唐中宗的过程中，曾参与谋议。唐睿宗时，历衽兵部尚书、同中书门下三品（宰相）、中书令，居宰相之首。后因奏请太平公主出居洛阳，被贬职。唐玄宗开元初年，复任宰相，协助玄宗削弱诸王权柄，规定戚属不担任中央要职；任人唯贤，整顿吏治，用法不避权贵，后世誉为唐代“救时之相”，史书称其主政时期为“开元之治”。死后谥“文献”。三个儿子分别名彝、异、弈，皆官至卿、刺史。

姚崇在临终前，先析其资产田园，令诸子侄各守其份。又作临终遗令以戒子孙。

力戒厚葬以崇节俭

【原文】

古人云：富贵者，人之怨也。贵则神忌其满，人恶其上；富则鬼瞰其室[1]，虏利其财。自开辟已来，书籍所载，德薄任重而能寿考无咎者[2]，未之有也。故范蠡、疏广之辈[3]，知止足之分，前史多之。况吾才不逮古人，而久窃荣宠，位逾高而益惧，恩弥厚而增忧。往在中书，遘疾虚惫[4]，虽终匪懈，而诸务多阙。荐贤自代，屡有诚祈，人欲天从，竟蒙哀允。优游园沼[5]，放浪形骸，人生一代，斯亦足矣。田巴云："百年之期，未有能至。"王逸少云[6]："俯仰之间，已为陈迹。"诚哉此言！

比见诸达官身亡已后，子孙既失覆荫，多至贫寒，斗尺之间，参商是竞，岂惟自玷，仍更辱先，无论曲直，俱受嗤毁。庄田水碾，既众有之，递相推倚，或致荒废。陆贾、石苞[7]，皆古之贤达也，所以预为定分，将以绝其后争，吾静思之，深所叹服。

昔孔子大圣，母墓毁而不修；梁鸿至贤[8]，父亡席卷而葬。杨震[9]、赵咨[10]、卢植[11]、张奂[12]，皆当代英达，通识今古，咸有遗言，属以薄葬。或濯衣时服，或单帛幅巾，知真魂去身，贵于速朽，子孙皆遵成命，迄今以为美谈。凡厚葬之家，例非明哲，或溺于流俗，不察幽明，咸以奢厚为忠孝，以俭薄为悭惜，至令亡者致戮尸暴骸之酷，存者陷不忠不孝之诮。可为痛哉！可为痛哉！……

且五帝之时，父不葬子，兄不哭弟，言其致仁寿、无夭横也。三王之代，国祚延长，人用休息。其人臣则彭祖、老聃之类[13]，皆享遐龄[14]。当此之时，未有佛教，岂抄经铸像之力，设斋施物之功耶？且死者是常，古来不免，所造经像，何所施为？夫释迦之本法，为苍生之大弊，汝等各宜警策，正法在心，勿劳儿女子曹，终身不悟也。吾亡后必不得辄用馀财，为无益之枉事；亦不得妄出私物，徇追福之虚谈[15]。

汝等身没之后，亦教子孙依吾此法。

——节录自商务印书馆影印文津阁《四库全书》版（2006 年）第 704 册，《戒子通录》卷一，《旧唐书·姚崇传》

【注释】

［1］瞰：窥看。

［2］咎：灾祸。

［3］范蠡：字少伯，春秋楚人。仕越为大夫，辅佐越王勾践发奋图强，最终灭掉了仇敌吴国。因认为勾践为人可与共患难，不可与同安乐，去越入齐，改名鸱夷子皮。到陶这个地方称朱公，经商致富。十九年中，治产三致千金，一再分散与贫交和远房兄弟，不为子孙治产业。疏广：西汉时

人。宣帝时为太傅，不为子孙治产业。曾经认为，子孙贤而多财，则损其志；愚而多财，则益其过。一时传为名言。

［4］ 遘：相遇。

［5］ 园沼：园池。

［6］ 王逸少：即王羲之。

［7］ 陆贾：西汉初年人。有辩才。曾两度出使南越，招谕尉佗。劝丞相陈平深结太尉周勃，合谋诛吕后、立文帝。石苞：晋朝人。晋武帝时累官大司马，封乐陵郡公，加侍中。

［8］ 梁鸿：东汉平陵人。家贫，尚节介，娶同县孟氏女，名光，貌丑而贤，共入霸陵山中，以耕织为业，咏诗弹琴以自娱。妻为具食，举案齐眉。

［9］ 杨震：东汉人。通晓诸经。任荆州刺史时，有入夜赠金十斤，说“夜无知者”；杨震拒而不收，并且回答说：“天知，神知，我知，子知，何谓无知?”后官至太尉。死前令子薄葬。

［10］ 赵咨：东汉人。汉灵帝时任敦煌太守。为官清简。临终，令子薄葬。时称明达。

［11］ 卢植：东汉人。能通古今之学。曾师事马融。为官清简。后以反对董卓免官，避卓祸隐于上谷。临终，令子薄葬。

［12］ 张奂：东汉人。举贤良对策第一。累迁至大司农。临终，令子薄葬。

［13］ 彭祖：传说中颛顼帝玄孙陆终氏第三子，姓篯名铿，尧封之于彭城，因其道可祖，故谓之彭祖，年八百岁。老聃：俗称老子。春秋战国时楚国苦县人。传说为道教始祖，著《老子》又名《德道经》五千余言。

［14］ 遐龄：高龄；长寿。

［15］ 徇：此处可作“顺从”解。

【译文】

古人说过：富裕与尊贵的人，容易引起众人对他产生怨恨。地位高贵的人，则神灵也会忌其太满，众人则怨恨他高高在上；家中豪富，则鬼怪就会窥视他的居室，盗贼就会贪图他的钱财。自有人类以来，根据文献记载，凡是德行浅薄而职责繁重又能高寿无灾祸的人，从来是没有过的。所以范蠡、疏广这些人知道满足，及早辞官而避免过失，前史多有称赞。何况我才不及古人，而久受荣誉恩宠，地位越高越发感觉害怕，恩泽越厚越发增加忧虑。以前我在中书省做官，因患病身体虚弱而感到困倦，虽然始终努力不懈，而各项政务仍多有缺失。我曾经多次推荐贤能的人来替代我，屡有请求，天从人愿，这次终于允许我辞去宰相职务。从此我可以优游田园湖池，身体不受约束，人生一世，也就可以满足了。田巴说过："百岁之寿，没有几个能达到的。"王羲之也说过："转眼间，现实社会里许多东西就成了历史陈迹。"这话说得很对！

近来我见到一些达官贵人死后，子孙既失去了依靠和庇护，大多沦落到了贫寒的境地，而且还为斗米尺布相争不已，这不只是玷污了自己的品行，而且更使先人受到耻辱，无论曲直，都受人笑骂。庄田水碾，虽然每个人都拥有，但互相推诿，时而导致田地荒废。汉、晋时的陆贾、石苞等人，都是古代最有才能的人，所以他们在去世前对家产预为定分，以此杜绝子孙为争家产发生纠纷。我经过仔细考虑，对他们的做法深表叹服。

古代的大圣人孔子，母亲的坟墓毁坏了并不再修；梁鸿是位最贤达的人，父亲死了用席子卷着就安葬了。东汉时的杨震、赵咨、卢植、张奂，都是当时的英才贤达，通今识古，他们都在去世前留有遗言，嘱咐子孙对他们予以薄葬。他们要求死后下葬或只穿洗过的平时衣服，或只裹着一层丝织品的头巾，他们知道真魂去身，贵在速朽，子孙都照着办了，至今传为美谈。那些实行厚葬的人家，都不明智，或者沉湎于流俗而不察是非，都以奢侈厚葬为忠孝，以节俭薄葬为吝惜，致使先人坟墓被盗、尸骨暴露，使死者尸体受到摧残，生者陷于不忠不孝而受到人们的讥笑。实在使人感到悲痛啊！实在使人感到悲痛啊！……

况且五帝在位的时候，人们做到了父不葬子，兄不哭弟，人人善终长寿，没有夭折于世的。三王在位的时候，国运长久，人们得以休养生息。其人臣如彭祖、老聃之类，都得长寿。当时并无佛教之说，难道这也是抄佛经铸佛像的效力、设斋醮布施财物的功用吗？而且人死是很平常的事情，自古以来谁都不可避免，所造佛经佛像又会有什么作用呢？释迦牟尼创造佛教本法，成为天下百姓一大弊病，你们各人务必对此弊加以警惕，不要终身不觉悟。我死后，一定不得动用钱财去做那些无益的佛事，一定不得出私物去追求那些所谓福泽的空谈。……

你们将来死了以后，也务必要教好你们的子孙依照我这个办法去做。

【评析】

姚崇在去世之前写好遗令，以古代先贤先哲为例，指出薄葬被后世传为美谈，厚葬对后世危害极大；指出人死是不可抗拒的必然规律，自古以来不可避免；指出佛学的说教，纯属虚妄空谈，不可相信；嘱咐子孙在他死后，不许作无益之佛事，而且要求后世子孙世世代代都得这么做。这些见解，自是高人一筹，时至今日仍有一定的借鉴和启迪意义。

韩滉家训

【撰主简介】

韩滉（723—787），字太冲，唐京兆长安（今陕西境内）人。宰相韩休之子。历任吏部员外郎、给事中，以户部侍郎判度支等职。唐德宗时，历任镇海军节度使、加检校左仆射、同中书门下平章事（宰相）、江淮转运使，封郑国公。谥“忠肃”。

不准增建堂屋

【原文】

先君容焉[1]，吾等奉之，常恐失坠[2]，若摧圮[3]，缮之则已，安敢改作以伤俭德？

——节录自商务印书馆影印文津阁《四库全书》版（2006年）第270册，《新唐书》卷一百二十六《列传·韩滉传》

【注释】

［1］先君：指已故的父亲，即亡父

［2］失坠：落下；丧失。

［3］摧圮：即摧毁。

【译文】

我们死去的父亲容纳、允许我们居住的房屋，我们一定要谨守，常常害怕失去。如有破旧损毁，缮修一下就可以了，怎么敢随意加以改建而以损伤了先人的俭德呢？

【评析】

据文献记载，韩滉性节俭，平常所穿的是普通衣服和皮衣，用的是寝褥和卧席，而且十年才更换一次；居室简陋，仅蔽风雨。堂屋原先并无左右灵廊和廊屋，其弟韩洄略加增补，韩滉见了即令撤除，并且说了上述一番意味深长的话。

韩滉作为封建朝廷高官，为了保持祖先的传统俭德，衣普通之衣，用平常之物，居仅蔽风雨之室，而且不许增补堂屋。这都是难能可贵的，时至今日仍有一定的借鉴和启迪意义。

元稹家训

【撰主简介】

元稹（779—831），字微之，唐河南（今河南洛阳市）人。少时家贫，刻苦力学。唐宪宗元和元年（806），对策举制科第一，先后任左拾遗、监察御史，不畏权贵，敢于斗争，因而得罪于宦官和守旧官僚，被贬为江陵士曹参军（地方参佐的官吏）。因受了几次沉重打击后，就由早期的反对权贵宦官，到了晚期转而依附于宦官。唐穆宗长庆年间，借宦官崔潭峻之力，官至知制诰（唐代起草文书之官），继而晋升为同中书门下平章事（宰相）。后被裴度奏劾而罢相。唐文宗大和年间，复官至武昌军节度使，最后死于任所。

元稹是著名诗人，与白居易齐名，世称“元白”。著有《元氏长庆集》一百卷，今存六十卷。所作传奇《会真记》，记张生与崔莺莺事，为后来《西厢记》蓝本。

元稹十分重视对子侄晚辈的教育，常常用自己走过来的经验教训启迪后人，鼓励后人奋发努力。

饱读诗书　“以求荣达”

【原文】

吾家世俭贫，先人遗训，常恐置产怠子孙，故家无樵苏之地[1]，尔所详也。吾窃见吾兄自二十年来，以下士之禄，持窘绝之家，其间半是乞丐羁游，以相给足。……有父如此，尚不足为汝师乎？

吾尚有血诚将告于汝[2]：吾幼乏岐嶷[3]，十岁知方。……是时尚在凤翔，每借书于齐仓曹家，徒步执卷就陆姊夫师授，栖栖勤勤[4]，其始也若此。至年十五，得明经及第[5]，因捧先人旧书于西窗下，钻仰沉吟[6]，仅于不窥园井矣。

今汝等父母天地，兄弟成行，不于此时佩服诗书，以求荣达，其为人耶？其曰人耶？吾又以吾兄所职易涉悔尤[7]，汝等出入游从，亦宜切慎。

——节录自商务印书馆影印文津阁《四库全书》版（2006 年）第 1083 册，《元氏长庆集》卷三十《诲侄等书》

【注释】

[1] 樵苏：樵，指取薪；苏，指取草。樵苏，即打柴割草。

[2] 血诚：出自内心深处的诚意。

[3] 岐嶷：峻茂之貌，后借以形容幼年聪慧。

[4] 栖：忙碌奔波。勤：勤奋。

[5] 明经：唐代科举考试，以经义取者为明经，以诗赋取者为进士。

[6] 钻仰沉吟：钻仰，指深入研究；沉吟，指深思。

[7] 悔尤：悔恨和过失。

【译文】

我们元氏家族世世代代节俭贫困，先人告诫我们，常恐多置田产会使子孙懒惰松懈，所以我们家连可供打柴割草的山地也没有，这是你们所熟知的。我曾见到我老兄自二十年来，以低薄之禄俸赡养和维持我们这个贫穷家庭，其间有一半是靠老兄求人资助和在外劳碌奔波，才能勉强维持这个家的开支用度。……有父亲如此，难道还不能作为你们的师表吗？

我还有出自内心深处的话要告诉你们：我小的时候并无高超的见识、聪明的头脑，十岁时才懂得作文。……初读书之时我尚在凤翔，常到齐仓曹家去借书看，徒步远行求陆姊夫讲解，劳碌奔波，勤奋于学。自始至终如此。我在十五岁时，考取了明经及第，因捧着先人之书于西窗下就读，深入研究和深思，其用功之勤几乎足不出户。

你们现在父天母地，兄弟成行，不于此时发愤攻读诗书，以求荣耀发达，怎可成人呢？怎可叫做人呢？你们平日交友结伴，也应当谨慎从事才对。

【评析】

元稹在此篇家训中，一方面用“家世俭贫”“家无樵苏之地”等典型例证来启发子侄不要忘记过去；另一方面，又采取现身说法，以自己刻苦用功的实例来鼓励子侄发愤攻读诗书，不要浪费大好时光。同时，还勉励子侄辈交友结伴一定要特别谨慎从事。这种教育后代的做法，时今日仍然值得借鉴。

令狐楚家训

【撰主简介】

令狐楚（765—836），字壳士。唐华原（今陕西境内）人。五岁时即能辞章，唐德宗贞元七年（791）进士及第，以文学知名海内。唐宪宗时为中书舍人、中书侍郎、同中书门下平章事（宰相）。唐穆宗时，任门下侍郎（门下省长官）。唐敬宗时，内为尚书左仆射，外领诸镇节度使，所至皆有善政。卒谥“文”。

我死后须低调治丧

【原文】

吾生无益于时，无请谥[1]，勿求鼓吹[2]，以布车一乘葬[3]，铭志无择高位[4]。

——节录自商务印书馆影印文津阁《四库全书》版（2006年）第271册，《新唐书》卷一百六十六《令狐楚传》

【注释】

［1］谥：古代帝王、贵族、大臣、士大夫死后，依其生前事迹给予相应的称号，称作“谥”。

［2］鼓吹：宣扬。

［3］一乘：兵车一辆、马四匹，称作“一乘”。

［4］铭志：刻于墓碑的文字。

【译文】

我生前无益于时世，死后也就不要请谥了。我死后丧事不要张扬，以布车一乘送葬就行了。刻于墓碑上的文字，也不要请地位高的人撰就。

【评析】

令狐楚身居宰相，却谦称自己生前无益于时世；位极人臣，却要求儿孙们在他死后丧事从简。这一观点，对于当今那些位高权重但以权谋私者、家富于财但铺张浪费者，仍然起着警策作用。

范质家训

【撰主简介】

范质（911—964），字文素，宋大名宗城（今河北大名县）人。后唐长兴年间进士。历任后唐、后晋、后汉、后周四朝。后周时官至左仆射兼门下侍郎、平章事（宰相），兼参知枢密院事（最高军事长官）。后周世宗病重时，受顾命辅佐恭帝继位，加开府仪周三司（一品文散官），封萧国公。北宋王朝建立后，加侍中，仍担任宰相，罢参知枢密，封鲁国公，所以世人又称范鲁公。

范质为人质直廉介，所得官俸赏赐，多给孤贫。侄儿谢课（《宋史》作谢果）已经得了个六品官，仍感到不满足，要求范质替他调职升官。范质深感问题严重，“省之再三叹之，不觉泪满盈眸”，因而“抒古诗一首以晓之”，对侄儿严肃地提出了“六戒”和交友、任侠、节俭等必须注意的问题。《宋史》本传中记载说：“从子校书郎果请奏迁秩，质作诗晓之，时传诵，以为劝戒。”可见，他这首戒子侄长诗无论在当时或者在后世都曾产生过很大的影响。

修行戒欲最要紧

【原文】

戒尔学立身，莫若先孝弟。怡怡奉亲长[1]，不敢生骄易。战战复兢兢[2]，造次必于是[3]。

戒尔学干禄[4]，莫学勤道艺。尝闻诸格言，学而优则仕。不患人不知，惟患学不至。

戒尔远耻辱，恭则近乎礼。自卑而尊人，先彼而后己。《相鼠》与《茅鸱》[5]，宜鉴诗人刺。

戒尔勿放旷[6]，放旷非端士。周孔垂名教[7]，齐梁尚清议。南朝称八达[8]，千载秽青史。

戒尔勿嗜酒，狂药非佳味。能移谨厚性，化为凶暴类。古今倾败者，历历皆可记。

戒尔勿多言，多言众所忌。苟不慎枢机[9]，灾厄从此始。是非毁誉间，适足为身累。

举世重交游，拟结金兰契[10]。忿怨从易生，风波当时起。所以古人疾，籧篨与戚施[11]。

举世重任侠，俗呼为义气。为人赴急难，往往陷囚系。所以马援书[12]，勤勤告诸子。

举世贱清素，奉身好华侈。肥马衣轻裘，扬扬过闾里。虽得市童怜，还为识者鄙。

尔曹当怜我，勿使增罪戾。闭门敛踪迹，缩首避名势。势位难久居，毕竟何足恃。物盛则必衰，有隆还有替。速成不坚牢，亟走多颠踬。灼灼园中花，早发还先萎。迟迟涧畔松，郁郁含晚翠。

——节录自商务印书馆影印文津阁《四库全书》版（2006年）第704册，《戒子通录》卷五

【注释】

［1］怡怡：和顺。

［2］战战复兢兢：恐惧戒慎。

［3］造次：急遽；匆忙。

［4］干禄：追求俸禄。

［5］《相鼠》：《诗经·鄘风》篇名。本意是讥讽当时贵族统治者的贪浊无礼，后来引申为讽刺无礼。《茅鸱》：古逸诗篇名。讽刺不敬。

［6］放旷：旷达不拘礼俗。

［7］名教：以正名定分为中心的封建礼教。

［8］八达：指八个通达之士。

［9］枢机：旧指朝廷的重要职位或机构；近要之官。

［10］金兰契：金兰，指交友相投合。契，合。

［11］籧篨（qú chú）：本意为粗竹席，后引申比喻专事观人颜色而为辞的人。戚施：本意为驼背，后引申比喻专事谄谀献媚的人。

［12］马援：东汉时人，王莽篡位时为新城太守，后依附于隗嚣，复归汉光武帝刘秀。建武十一年（35）任陇西太守，建武十七年（41）任伏波将军。曾谓宾客曰："丈夫为志，穷当益坚，老当益壮。"又言："男儿要当死于边野，以马革裹尸还。"

【译文】

告诫你学做有品行的人，最重要的是先从孝顺父母、友爱兄弟开始。如能和顺地侍奉双亲和长辈，就不敢产生任何骄傲情绪。平时要常怀恐惧戒慎之心，即使急遽之时也必须这样做。

告诫你学会求取俸禄，不如勤勉地钻研治国理民的道理和技能。曾经听说过有这么一句格言：学而优则仕。不要担心人家不知道、不了解自己，只要担心自己学问不到家。

告诫你远离羞耻和侮辱，恭顺庄重就接近于礼了。自我谦逊又能尊重别人，随时随事做到先人而后己。《相鼠》和《茅鸱》诗篇是用来讽刺无礼和不敬的，宜以古代诗人这种讽刺作为鉴戒。

告诫你不要自我放纵而不拘礼教，放纵不拘礼教的人不是正直之士；周公和孔子以正名定分为中心制定的封建礼教代代相传，南北朝时代的齐、梁两朝士大夫彼此以清议相尚。南朝的所谓八个通达之士并不通达，实际上使千百年来的书籍蒙受污浊。

告诫你不要嗜酒贪杯，酒是狂药并非佳味。酒饮多了就能移去人的谨厚本性，并且易于转化为凶暴之人。自古至今那些遭到倾败的人们，历历在目全都可以记录下来。

告诫你不要随便乱说话，乱说话最为众人所忌恨。身居朝廷重心之官倘有言语不慎，灾厄就会从此开始。是非毁誉之间，很容易使你终身受累。

全世间的人都注重交游，而且往往交结互相投合、互相默契的朋友。

这样，就容易产生风波和忿怨。所以，古人最憎恨的是那些察颜观色、看人说话和谄谀献媚的人。

全世间的人都重视负气仗义、打抱不平，世人习惯地称之为义气。一些帮助别人赴急难的人，往往使自己也被禁锢起来。所以，东汉人马援就经常写信回去，殷勤地告诫自己的子侄。

全世间的人都很轻视寒素，均以豪华奢侈为荣。他们喜欢身着绫罗绸缎、骑着高大的肥马，夸耀于乡里民间。虽也曾得到市井人们的称慕，却为真正有见识的人所鄙视。

你们这些晚辈们也得怜恤我这位长者，不要使我再增加罪戾。你们要闭门在家收敛踪迹，要约束自己的行为而远避名势。历来势位是难以长久的，决不可有恃无恐。历来万事万物发展到了顶点就必然要衰落下去，也就是说有盛就一定会有衰。一个人的学识事业要力求打好坚实基础，速成是不坚牢的，走快了是会要跌倒的。开得很茂盛的园中鲜花，早发还会要先枯萎的；而生长在涧畔间的青松，虽然发达较迟但却能郁郁葱葱。……

【评析】

在范质看来，自己过去在前朝做高官，如今又在宋朝做显要的官职，自己不小心谨慎不行，不叫儿侄们“闭门敛踪迹，缩首避名势”也不行。

在范质看来，范家前后有九人做官，有的还做了大官，这决不是范家的人有什么特别的能耐，纯属侥幸。他提醒子侄们，无才无功，四体不勤，得此荣誉，岂无旁人议论，能不畏惧谨慎吗？因而在提出“六戒”的同时又提出了解决交友、任侠、节俭诸问题的方式方法，告诫子侄们恪遵不渝。

全诗深入浅出，情理兼备，说服力强，时至今日仍有积极的教育意义！

李沆家训

【撰主简介】

李沆（947—1004），字太初。宋洺州肥乡（今属河北）人。宋太宗太平兴国年间进士及第。曾通判潭州（州长官的副职），迁著作郎（主管著作局的官职）、直史馆（史馆官署的官员），授右补阙（掌侍人讽谏之官）、知制诰（官名，起草诏令等），迁翰林学士，擢参知政事（副宰相）。宋真宗继位，由参知政事加平章事、监修国史、累加尚书右仆射（宰相）。

李沆为相常以四方艰难奏闻，以戒帝王奢侈之心。家人劝治居第，又作家训戒之。

不许新建美宅

【原文】

身食厚禄，时有横赐[1]，计囊装亦可以治第，但念内典以此世界为缺陷[2]，安得圆满如意，自求称足？今市新宅，须一年缮完，人生朝暮不可保，又岂能久居？巢林一枝，聊自足耳[3]，安事丰屋哉？

——节录自岳麓书社版《二十五史精华》三《宋史精华·李沆传》

【注释】

［1］横赐：遍赐；广赐。

［2］内典：佛教徒称佛经为内典。

［3］聊：姑且。

【译文】

我身食皇家厚禄，又常常得到朝廷的恩赐，估计一下袋子里所装的钱财是可以治理住所的，但一想起佛经上说的人生在世会有许多不足的观点，我们又怎么能够做到事事都圆满如意，去自求称足呢？现今购买新宅，必须一年时间才能整治完毕。人生从早到晚不可自保，又怎么能够久居长安呢？巢林一枝能够容身，姑且可以自足了，哪里用得着宽大的房屋呢？

【评析】

李沆位居一人之下，万人之上，却不治理居第；既身食厚禄，又时有恩赐，却不治理居第。这种节约俭朴的为官风范，在封建社会确属难能可贵！

王旦家训

【撰主简介】

王旦（957—1017），字子明。北宋大名莘县（今山东境内）人。宋太宗太平兴国年间进士及第。初仕著作佐郎，参与编撰《文苑英华》；继而又升任知制诰、同判吏部流内铨等职。宋真宗即位，擢翰林学士兼知审官院、通进银台封驳司。咸平四年（1001）任副宰相。景德三年（1006）任宰相。卒谥“文正”。

王旦为相，能知人，多提拔厚重之士。宾客不敢以私事相求，自己也坚持不置田宅。后来病重时，宋朝廷赐他白金五千两，他作表辞谢，命人把白金退还给朝廷。家训告戒兄弟子侄务必保持俭朴家风，不宜多用民财。

务必保持俭朴家风

【原文】

我家盛名清德，当务俭素，保守门风，不得事于泰侈[1]，勿得厚葬，以金玉置柩中[2]。……

子孙当各念自立，何必田宅，徒使争财为不义尔[3]。

——节录自岳麓书社版《二十五史精华》三《宋史精华·王旦传》

【注释】

[1] 泰侈：极其奢侈浪费。

[2] 柩：装有尸体的棺材。

[3] 尔：如此；这样。

【译文】

我家素来就具有美好名声和清高德行，一定要注意节俭朴素，保持这种家风，不可骄纵奢侈。我死以后，你们不得将我厚葬，不得把金银珠宝放在棺材里。……

子孙应当各自考虑着如何自立自强，没有必要老是想着田宅，徒使相互之间为了争夺钱财而干出不义的事情来呢！

【评析】

王旦作为一位位极人臣的宰相，在那盛行厚葬、竞尚骄奢的封建社会里，能以身作则，崇尚节俭，并谆谆告戒儿子，不可骄纵奢侈，不可以金玉置柩中，不可老是想着田宅，不可因争财为不义，自是难能可贵！

范仲淹家训

【撰主简介】

范仲淹（989—1052），字希文，宋苏州吴县（今江苏苏州市）人。少时贫困，刻苦力学。宋真宗大中祥符年间进士。宋仁宗天圣初年，任泰州兴化令，主持修筑捍海堰，世称“范公堤”。天圣六年（1028），任秘阁校理，后出任判河中府，移陈州，擢右司谏。因忤宰相吕夷简，出知睦州、苏州。曾主持疏浚太湖入海水道，解除江南涝灾。旋召还判国子监，迁权知开封府。景祐三年（1036），又因得罪权臣，出知饶、润、越三州。康定初年，与韩琦同任陕西经略安抚副使兼知延州，负责防御西夏重任，与韩琦齐名，时称“范韩”。庆历三年（1043），入为枢密副使，旋拜参知政事（副宰相），与富弼、欧阳修等人推行“庆历新政”，为夏竦等中伤，出知邠州兼陕西四路安抚使等。范仲淹为官清正，生活俭朴。曾用自己的薪俸买田千亩，赡养族中穷人。工诗词散文，晚年所作《岳阳楼记》，有“先天下之忧而忧，后天下之乐而乐”之语，为千古所传诵。卒谥“文正”。

范仲淹有四个儿子：纯祐、纯仁、纯礼、纯粹，都有名于时。他对诸子及弟侄要求严格，家训论述也比较全面深刻。著有《范文正公集》。

要做清官　“莫营私利”

【原文】

吾贫时，与汝母养吾亲，汝母躬执炊而吾亲甘旨[1]，未尝充也。今得厚禄，欲以养亲，亲不在矣。汝母已早世，吾所最恨者，忍令若曹享富贵之乐也。

吴中宗族甚众，于吾固有亲疏，然以吾祖宗视之，则均是子孙，固无亲疏也。苟祖宗之意无亲疏，则饥寒者吾安得不恤也。自祖宗来积德百馀年，而始发于吾，得至大官，若享富贵而不恤宗族[2]，异日何以见祖宗于地下？今何颜以入家庙乎？

京师交游，慎于高议，不同当言责之地。且温习文字，清心洁行，以自树立平生之称。当见大节，不必窃论曲直，取小名招大悔矣。

京师少往还，凡见利处，便须思患。老夫屡经风波，惟能忍穷，故得免祸。

大参到任，必受知也。惟勤学奉公，勿忧前路[3]。慎勿作书求人荐拔，但自充实为妙。

将就大对，诚吾道之风采，宜谦下兢畏，以副士望。

青春何苦多病，岂不以摄生为意耶[4]？门才起立，宗族未受赐，有文学称，亦未为国家用，岂肯循常人之情，轻其身汩其志哉[5]！

贤弟请宽心将息，虽清贫，但身安为重。家间苦淡，士之常也，省去冗口可矣。请多著工夫看道书，见寿而康者，问其所以，则有所得矣。

汝守官处小心不得欺事，与同官和睦多礼，有事只与同官议，莫与公人商量，莫纵乡亲来部下兴贩，自家且一向清心做官，莫营私利。

——节录自商务印书馆影印文津阁《四库全书》版（2006 年）第 704 册，《戒子通录》卷六

【注释】

［1］甘旨：味之美者。

［2］恤：周济。

［3］前路：即前途。

［4］摄生：指养生。

［5］汩：灭也。

【译文】

我过去贫贱的时候，与你们的母亲共同奉养你们的老祖母，你们的母亲亲自烧火而我亲自做点什么好吃的，食物并不充足。今得厚禄，再想要

好好地奉养祖母，她老人家早已不在世了。你们的母亲也早已去世，这是我所最感遗憾的，我怎忍心看着你们坐享富贵之乐。

苏州这个地方范氏宗族甚多，于我固然有亲疏之别，然而从我们共同祖先的角度看，则都是范氏子孙，当然就没有亲疏可分了。如果按祖宗之意无亲疏，则饥寒者我怎能不周济呢？自祖宗以来积德百年，开始在我这里发迹，使我得做高官。但如果我独享富贵而不周济宗族，将来有何面目见祖宗于地下呢？今天又有何面目进入家庙呢？

在京师交游，不要随便发表带政治色彩的高论，你们现在所处的地位不同于当言官、居言责之地。你们只须温习文字，清心洁行，以树立自己平日的形象。一个人当见大节，不必计较小的是非曲直，不可因得小名而招致大大的悔恨。

在京师生活要少和别人往来，凡见到有利的地方，便要想到后患。我这一生虽然屡经风波，惟能忍穷，因此能够免祸。

大参到任之后，一定会受人之知。但只须勤学奉公，不必担心自己的前途。切切不要写信求人荐拔，还是以自己充实为妙。

将就大对，确实是吾道之风采，适宜于谦虚谨慎，以副士望。

年纪轻轻的为什么会这样多病，难道是平时没有留意于养生吗？家庭里出现人才，而宗族未得到好处；个人有文学修养，并未为国家效力。难道你们愿意遵循平常人的情理，不注重身体而使自己的志向淹灭吗？

至于弟弟，请你放心休息。家虽清贫，但身体康健要紧。家庭间的苦与淡，乃士之常事，省去多余闲散之口是可以的。多花工夫看看道书，多向健康长寿的人请教，一定会有收获的。

你在外做官要小心谨慎不得做欺心之事，与同事要和睦多礼，有事只与同事讨论，不要与衙役商量。不要放纵乡亲来部下兴贩取利，一辈子要做到出以公心做官，不要去谋取私利。

【评析】

范仲淹是北宋著名政治家、文学家。他不仅自己为官清廉，生活节俭，关心人民疾苦，而且对儿子及弟侄要求严格。这篇家训对于宗族的周济、个人的修养、交游的谨慎、学问的取得、健康的注意等方面都作了全面的论述，言简意赅，深刻生动。

贾昌朝家训

【撰主简介】

贾昌朝（998—1065），字子明，北宋真定（今河北正定）人。宋真宗天禧元年（1017），赐同进士出身。历任国子监说书、崇政殿说书、天章阁侍讲，权御史中丞兼判国子监。宋仁宗庆历三年（1043），任参知政事（副宰相）。庆历四年（1044），改任枢密使（枢密院长官，主兵事）。庆历五年（1045），拜同平章事（宰相）兼任枢密使。后封许国公，死后谥“文元”。著有《群经音辨》及奏议、文集百余卷。长子贾章，次子贾青，分别任馆阁校勘（史馆属官）和朝请大夫（从五品文散官）。

贾昌朝从政数十年，历任显要职务，熟悉官场习气。他的两个儿子都在朝廷做官，因而言传身教，撰写家训对他们进行告诫。

“仕宦之法” 以 “清廉为最”

【原文】

今诲汝等，居家孝，事君忠，与人谦和，临下慈爱。众中语涉朝政得失，人事短长，慎勿容易开口。仕宦之法，清廉为最，听讼务在详审，用法必求宽恕。追呼决讯，不可不慎。吾少时见里巷中有一子弟，被官司呼召证人詈语[1]，其家父母妻子见吏持牒至门，涕泗不食，至暮放还乃已。是知当官莅事，凡小小追讯，犹使人恐惧若此；况刑戮所加，一有滥谬，伤和气、损阴德莫甚焉。传曰：上失其道，民散久矣，如得其情，则哀矜而勿喜。此圣人深训，当书绅而志之[2]。

吾见近世以苛剥为才，以守法奉公为不才；以激讦为能[3]，以寡辞慎重为不能。遂使后生辈当官治事，必尚苛暴，开口发言，必高诋訾[4]。市怨贾祸[5]，莫大于此。用是得进者有之矣，能善终其身，庆及其后者，未之闻也。

复有喜怒爱恶，专任己意。爱之者变黑为白，又欲置之于青云；恶之者以是为非，又欲挤之于沟壑。遂使小人奔走结附，避毁就誉。或为朋援，或为鹰犬，苟得禄利，略无愧耻。吁，可骇哉！吾愿汝等不厕其间[6]。

……

又见好奢侈者，服玩必华，饮食必珍，非有高资厚禄，则必巧为计划，规取货利，勉称其所欲。一旦以贪污获罪，取终身之耻，其可救哉！

——节录自商务印书馆影印文津阁版（2006 年）《四库全书》（2011 年）第 704 册，《戒子通录》卷六

【注释】

［1］詈（lì）语：骂人的话。

［2］书绅：把要牢记的话写在绅带上。

［3］讦：揭发他人隐私。

［4］诋訾（zī）：毁谤。

［5］贾祸：自招祸患。

［6］厕：参加。

【译文】

我今天要教诲你们，居家要做到孝顺父母双亲，做官对待君王要竭尽忠心，对待他人要谦和，对待下属要慈爱。凡是众庭广座之中有语涉朝政得失、人事短长者，千万小心谨慎而不要随便开口说话。做官最重要的是清白廉洁，办案一定要仔细慎重，用法执法必求宽宥体谅，追呼传讯，不可不慎。我小的时候见里巷中有一子弟，被官司呼召证人时说了一些骂人的话，他家里的父母、妻子儿女见差吏持牒至门抓人，一把眼泪一把鼻涕，饭也吃不下，直至傍晚放还家人才安心。由此可知，当官临事，官府小小

的传讯，还常使人害怕惊恐到这个地步，况且刑戮相加，如果有弄错了的，伤和气、损阴德没有比这更厉害的了。《左传》上就说过：在上者失其道，人民逃散就会很长久，如获得这种实情，则要多哀怜同情而不要高兴。这是古代圣人深刻的教训，一定要牢牢记住并把它写在绅带上。

我见近来人们往往以苛刻为有本事，以守法奉公为没有本事；以揭人短处和发人阴私为能干，以少言慎重为无能。致使一些年青人当官治事，一定崇尚于苛刻暴虐，开口说话一定高声诋毁别人。招惹怨恨和招致灾祸，没有比这更大的了。以此而暂时升官发财者是有的，但是自己能有善终，其福庆能延及后代的，还没有听说过。

另外还有一种人，喜怒爱恶专凭一己之私意。对自己所喜爱的人则变黑为白、黑白颠倒，尽量提拔；对自己所嫉恶的人则以是为非、是非混淆，排挤到沟壑之中而不顾。这样就使得一些无耻小人，奔走结纳，避毁就誉。或为朋援，或为鹰犬。只要能得到荣利，就什么廉耻也不顾了。真可怕呀！我希望你们一定不要侧足、参与到这当中去啊！

……

我又看到有一些喜爱豪华奢侈的人，衣服玩好必讲求华丽，吃的食物则讲究贵重珍奇。如果不是有高资厚禄等高额收入，势必去设法弄钱，规取货利，勉强满足其欲望。一旦因贪污犯罪，招来终身耻辱，这还有救吗？

【评析】

在这篇家训中，贾昌朝意味深长地告诫自己的子孙做人要正直，为官要清廉，办案要慎重。并勉励他们奉公守法，少言慎行，对人对事不要凭私人爱恶，尤其不能因挥霍无度而导致贪污犯罪，给自己招来终身的耻辱。这些内容，尽管不过是封建社会为官从政的道德规范，但对今天的人们（特别是对今天从事公务的人们）来说，仍然具有一定的启迪和借鉴意义。

欧阳修家训

【撰主简介】

欧阳修（1007—1072），字永叔，号醉翁，晚年又号六一居士。北宋吉州庐陵（今江西吉安）人。幼年贫而好学，曾以荻杆画地练字。年龄稍长，得唐朝韩愈遗稿，立志治古文。宋仁宗天圣八年（1030）进士及第。景祐年间任馆阁校勘，因得罪权臣，曾一度被贬为夷陵令。庆历三年（1043），知谏院，擢知制诰，辅助范仲淹主持“庆历新政”。新政失败，亦被贬出知滁、扬、颍等州十一年。召回后，迁翰林学士。嘉祐二年（1057），知贡举。六年（1061），任参知政事（副宰相）。宋神宗即位，因议新法，与王安石意见不合，坚请退休。卒谥“文忠”。

欧阳修一生博览群书，以文章著名。反对宋初西昆体的浮艳文风，主张文学须切合实用。生平喜奖掖后进，曾巩、王安石、苏洵父子等都受到他的提携和称誉。撰有《毛诗本义》《新五代史》《集古录》等，并与宋祁合修《新唐书》。

人不学无以成材

【原文】

“玉不琢[1]，不成器；人不学，不知道。”然玉之为物，有不变之常德[2]，虽不琢以为器，而犹不害为玉也；人之性，因物则迁，不学，则舍君子而为小人，可不念哉！

——节录自商务印书馆影印文津阁《四库全书》版（2006 年）第 704 册，《戒子通录》卷五

【注释】

[1] 琢：雕琢。

[2] 常德：常性。

【译文】

“玉石不经过雕琢，就不能成为器具；人不经过学习，就不明白事物的道理。”然而作为物体的玉石，有着不可改变的常性，虽不雕琢成器，可仍然还是玉。人的品性则不同了，常会随着环境的改变而改变，如果不学习，就不能成为有高尚品行的君子而会变成品行不好的小人，危害极大。可不引起注意吗？

【评析】

欧阳修借《礼记·学记》上的话加以很好的发挥，认为玉不琢不磨，虽不成器物，仍不失为玉；人如不学习，就会沦为下流，变成小人。因而勉励儿子要努力学习，力求上进，成为品学兼优的人。这种家训叙述生动而富有哲理，时至今日仍具有一定的启迪和借鉴意义！

为官宜清廉

【原文】

欧阳氏自江南归，累世蒙朝廷官禄，吾今又被荣显，致汝等并列官品[1]，当思报效。偶此多事，如有差使，尽心向前，不得避事[2]。至于临难死节，亦是汝荣事，但存心尽公，神明亦自祐汝，慎不可思避事也。昨书中言欲买朱砂来，吾不阙此物。汝于官下宜守廉，何得买官下物？吾在官所，除饮食物外，不曾买一物，汝可观此为戒也。

——节录自商务印书馆影印文津阁《四库全书》版（2006 年）第 704 册，《戒子通录》卷五

【注释】

［1］官品：官职。

［2］避事：躲避。

【译文】

我们欧阳家族从江南来归，累世蒙朝廷赐以官禄爵位，我现在又被授以荣耀显赫的高官，相应的也使你们得到一官半职，要时常想到报效国家才对。值此多事之秋，如有差使，要尽心向前，不可躲避。至于临难死节，也是你们的光荣。只要存心尽公，神明亦自然会保佑你们，千万不可考虑躲避。你在昨天的信中说想买朱砂来，我不缺这个东西。你在官位应清廉自守，怎么能随便买下属的东西呢？我在官署，除日常饮食之物外，不曾买一件其他的物件，你们要以此为戒。

【评析】

这是欧阳修写给其侄子的一封信。

欧阳修在朝为官、为相，“论事切直，人视之如仇”，执政不徇私情，风节凛然。他在家训中要求侄子遇事“尽心向前，不得避事”“任官宜守廉”。这实际上是他自己早已这么做的，也要求侄子这么做罢了。像这样的家训内容，时至今日仍可品味借鉴。

司马光家训

【撰主简介】

司马光（1019—1086），字君实，北宋陕州夏县（今属山西）人。少聪颖好学。宋仁宗宝元年间进士及第，授武成军签书判官、用知礼院、天章阁待制兼侍讲、知谏院。宋英宗继位后，进龙图阁直学士、判吏部流内铨。宋神宗继位后，擢翰林学士，任权御史中丞。因极力反对王安石变法，于熙宁四年（1071）判西京（洛阳）御史台，自此退居洛阳十五年。宋哲宗继位，太皇太后高氏临朝，司马光又以旧党领袖被任命为门下侍郎，继而又授以尚书左仆射兼门下侍郎（宰相职务），数月间废除新法略尽。卒赠太师、温国公，谥“文正”。著有《切韵指掌图》《潜虚》《稽古录》《涑水纪闻》等传世。与刘恕、刘邠、范祖禹等所编修的《资治通鉴》二百九十四卷，是我国重要的编年史著作。

司马光下面这封写给儿子司马康的家书，历来为人们所传诵。其子司马康不负父亲所望，自幼品行端正，不苟言笑，聪敏好学，博古通今，历任校书郎、著作佐郎兼侍讲，为人廉洁，口不言财，恪守祖、父家风而不移。

节俭二字为立身之本

【原文】

吾家本寒族，世以清白相承。吾性不喜华靡，自为乳儿时，长者加以金银华美之服，辄羞赧弃去之[1]。二十忝科名[2]，闻喜宴独不戴花[3]。同年曰[4]：“君赐不可违也。”乃簪一花。平生衣取蔽寒，食取充腹，亦不敢服垢蔽以矫俗干名[5]，但顺吾性而已。众人皆以奢靡为荣，吾心独以俭素为美，人皆嗤吾固陋，吾不以为病，应之曰：“孔子称‘与其不逊也宁固’。”又曰：“以约失之者鲜矣。”又曰：“士志于道而耻恶衣恶食者，未足与议也。”古人以俭为美德，今人乃以俭相诟病。嘻！异哉！

近世风俗尤为侈靡，走卒类士服，农夫蹑丝履。吾记天圣中先公为群牧判官，客至未尝不置酒，或三行五行，多不过七行。酒沽于市，果止梨枣栗柿之类，肴止于脯醢菜羹[6]，器用瓷漆。当时士大夫家皆然，人不相非也。会数而礼勤，物薄而情厚。近日士大夫家，酒非内法，果肴非远方珍异，食非多品，器皿非满案，不敢会宾友，常数日营聚，然后敢发书。苟或不然，人争非之，以为鄙吝。故不随俗靡者盖鲜矣。嗟呼！风俗颓敝如是，居位者虽不能禁，忍助之乎？

又闻李文靖公为相[7]，治第于封邱门外，厅事前仅容旋马，或言其太隘。公笑曰：“居第当传子孙，此为宰相厅事诚隘，为太祝奉礼厅事已宽矣。”参政鲁公为谏官[8]，真宗遣使急召之，得于酒家。既入，问其所来，以实对。上曰：“卿为清望官，奈何饮于酒肆？”对曰：“臣家贫，客至无器皿、肴、果，故就酒家觞之。”上以其无隐，益重之。张文节为相[9]，自奉养如为河阳掌书记时，所亲或规之曰：“公今受俸不少，而自奉若此，公虽自信清约，外人颇有公孙布被之讥，公宜少从众。”公叹曰：“吾今日之俸，虽举家锦衣玉食，何患不能？顾人之常情，由俭入奢易，由奢入俭难。吾今日之俸，岂能常有？身岂能常存？一旦异于今日，家人习奢已久，不能顿俭，必致失所。岂若吾居位去位、身在身亡，常如一日乎？”呜呼！大贤之深谋远虑，岂庸人所及哉！

御孙曰[10]：“俭，德之共也；侈，恶之大也。”共，同也，言有德者皆由俭来也。夫俭则寡欲。君子寡欲，则不役于物，可以直道而行；小人寡欲，则能谨身节用，远罪丰家。故曰：“俭，德之共也。”侈则多欲。君子多欲，则贪慕富贵，枉道速祸；小人多欲，则多求妄用，败家丧身。是以居官必贿，居乡必盗。故曰：“侈，恶之大也。

昔正考父饘粥以糊口[11]，孟僖子知其后必有达人。季文子相三君，妾不衣帛，马不食粟，君子以为忠。管仲镂簋朱纮[12]，山粢藻棁[13]，孔子鄙其小器。公叔文子享卫灵公[14]，史鳝知其及祸[15]。及戌[16]，果以富得罪出亡。何曾日食万钱[17]，至孙以骄溢倾家。石崇以奢靡夸人[18]，卒以此死东市。近世寇莱公豪侈冠一时[19]，然以功业大，人莫之非，子孙习其家风，今多穷困。其余以俭立名、以侈自败者多矣，不可遍数，聊举数人以训汝。汝非徒身当服行，当以训汝子孙，使知前辈之风俗云。

——节录自商务印书馆影印文津阁《四库全书》版（2006 年）第 704 册，《戒子通录》卷五

【注释】

［1］羞赧（nǎn）：羞惭。

［2］忝：辱；有愧于。

［3］闻喜宴：开始于唐。宋太宗端拱元年明确规定进士放榜，由朝廷置宴，皇帝及大臣赐诗以示宠异。

［4］同年：科举考试同榜的人称同年。

［5］干名：求名。

［6］脯：干肉。醢（hǎi）：肉酱。

［7］李文靖公：指宋真宗时宰相李沆。

［8］鲁公：指北宋人鲁宗道。曾任参知政事，所以称参政鲁公。

［9］张文节：指北宋人张知白，后官至宰相。

［10］御孙：春秋时鲁国的大夫。

［11］正考父：春秋战国时宋国上卿。

［12］镂簋（guǐ）朱纮（hóng）：镂：雕刻，雕花。簋：祭祀宴享用的器皿，引申为食器。朱纮：红丝线。

［13］山楶：雕成山形的斗拱。藻棁（zhuō）：画着水草的短柱。山楶和藻棁，都是天子的庙饰。

［14］公叔文子：春秋时期卫国人。

［15］史鳝（qiū）：春秋时期卫国人。

［16］戌：指春秋时期公叔文子的儿子公叔戌。

［17］何曾：晋代人，任太尉，性奢华，日食万钱，仍说“无下箸处”。

［18］石崇：晋代人，奢靡成风，与贵戚王恺、羊琇等斗富。

［19］寇莱公：北宋时名相寇准，封莱国公，故史称“寇莱公”。

【译文】

我本来出身清寒之家，世世代代以清白相传。我本性就不喜爱奢侈华丽。记得还是乳儿的时候，年长的人把饰有金银的华美的衣服给我穿，我就羞惭地丢掉了。二十岁的时候侥幸考中了进士，在闻喜宴上唯独我一人不肯戴花。同年录取的进士对我说："这是皇上的旨意和恩赐，不可违背。"于是才插上一花。我平生穿衣只求御寒，饮食只求饱腹，但也不敢故意穿得破破烂烂用以沽名钓誉，只求顺着我的习性而已。现在大家都以奢侈为荣，我的内心独以节俭朴素为美，因此人们嘲笑我太寒伧，我却不以为然。我对他们说："孔子讲过'与其倨傲，宁可寒伧'。"我又说："因为谨慎俭约而造成损失是极少的。"我还说："读书人有志于追求真理，却以穿得差、吃得差为羞耻，这种人是不值得和他谈论学问的。"古代的人以节俭为美德，现今的人却对节俭相讥议。唉！多奇怪啊！

近年来社会风气越发奢侈浪费，走卒穿上士人的衣服，农夫穿上丝绸做的鞋子。我记得仁宗天圣年间你们的祖父为群牧判官时，客人来了，不曾不设置酒宴，但只给客人倒三五次酒，最多也不过七次。酒是从市场上买的，果品只有梨、枣、栗、柿之类，菜只有干肉、肉酱、菜汤，用的是瓷器、漆器。如果当时士大夫家都是这样，人们就不会互相非议。聚会次数多显得礼节殷勤，招待客人的东西少一点也会情谊深厚。近日士大夫家却不然，如果酒不是按宫中酿造方法所造，果肴不是远方珍异，食品不多样化，器皿不是摆满几桌，就不敢宴请客人，常常要经过几天的准备，然后才敢发信邀请客人。如果不是这样，就会遭到别人的非议，会被别人指责为鄙吝。所以能不随大流而奢靡者就很少的了。唉！风俗败坏到了这个地步，当权的人虽然不能禁止，可是还要忍心助长这种风气蔓延吗？

听说过去李文靖公沆在真宗时任宰相，在封丘门内造住宅，可是厅堂前小得仅仅能容一匹马转过身子，有人说这太狭窄了。他笑着说："住宅是要传给子孙的。这是宰相办事的厅堂，看起来是小了一点，但如用来作为太祝、奉礼郎一类小官办事的厅堂已算是够宽的了。"曾担任过参知政事的鲁公鲁宗道在原来任谏官的时候，一次真宗派人紧急召见他，最后在酒店里找到了他。真宗问他从哪里来，他照实回答。真宗问："你作为家世清白、人所共仰之官，为什么饮于酒家呢？"他回答说："为臣我家里不富裕，客人来了没有可用的器皿、上桌的菜肴和吃的水果，因此就到酒家招待他们。”真宗因他诚实不说假话，就越发器重他。还有张文节知白为相时，生活如同在河阳作节度判官时一样的俭朴，有些亲友有时曾规劝他随俗一点：“您天今得到的俸禄实在不算少了，而生活却这般俭朴，您虽自奉清约，外人免不了要讥讽您如汉时丞相公孙弘，是在装穷。您应当稍微随大流一些。”他叹息着说：“以我今天的俸禄收入，即使全家锦衣玉食，哪里用得着担忧不能做到呢？然而按照人之常情，由俭入奢容易，由奢入俭就很难了。像我今天这样优厚的俸禄，怎么能够常常拥有呢？自身的生活又怎么能够长久保存呢？一旦情况发生变化，家人已长期习惯于奢侈的话，就很难马上转到勤俭节约的道路上来，一定会沦落流离失所而不能自存，哪里会比得上我在位或去位、身在或身亡时生活天天如常的呀？”唉！这些大贤人的深谋远虑，岂是那些平庸的人所能赶得上的！

春秋时期鲁国大夫御孙说得好：“节俭，是所有德行中共同的、首要的；奢侈，是所有邪恶中最大的。”共，同也，言有德者皆由俭来也。凡是节俭，则少嗜欲。有高尚道德品质的的人少嗜欲，就不会为外物所役使支配，可以直道而行；普通的人少嗜欲，就能持身谨慎，节约用度，不去犯罪而使家境丰裕。所以说：“节俭，是所有德行中共同的、首要的。”与此相反，奢侈则多嗜欲。有高尚道德品质的人多嗜欲，就会贪图富贵，不走正道，招致祸患；普通的人多嗜欲，则多求钱财，滥用钱财，以致丧身败家。所以凡是奢侈多欲的人，做官一定会贪污受贿，居乡则一定会沦为盗贼。所以说：“奢侈，是所有邪恶中最大最突出的。”

春秋时期，宋国上卿正考父每天以稀饭糊口，孟僖子由此就知道他的后代一定会出现明达的人。季文子做过三个鲁君的宰相，可是他的妾不穿绸丝衣服，马不喂食粟米，有高尚道德品质的人都称赞他的忠诚。齐国的管仲的食器雕着花，系帽子的带子用红丝，居室雕成山形的斗拱和画着水草的短柱。孔子鄙视他没有出息。卫国的公叔文子大肆铺张宴请卫灵公，史鳍预知他会惹出祸来，后来他的儿子公叔戍果真因大富而得罪了国君，只身逃到国外去了。晋朝的何曾一天的吃食费用就花去一万钱，传到孙子何绥那里，果真因骄奢无度家破人亡。晋朝的石崇以奢侈浪费夸耀于他人，其结果是身死于刑场。本朝的莱国公寇准豪华奢侈超过他人，因他功劳大，没人敢非议他，但其子孙继承奢侈家风，今多穷困。此外以节俭立声名、以奢侈而自我毁坏的人很多，不可能在这里一一列举出来，只是略举数例以警醒你。你不但自己要照着做，还要用它去训戒子孙后代，使他们个个都知道前辈们崇尚节俭的风尚。

【评析】

司马光为了教育其子司马康，特意写了一篇长长的家训。其文义、其意旨，系教育司马康不求豪华奢靡，培养节俭朴素的美德。他举出三件自己亲身经历的实例教育儿子：其一是自己童年时，就性“不喜华靡”，引导儿子不饰金银，朴素自然。其二是自己进士及第时，在闻喜宴上“独不戴花”，引导儿子自谦自让，不炫不耀。其三是平日里自己“衣取蔽寒”“食取充腹”，引导儿子以俭为荣，以俭为乐。司马光以童年、青年和平日的三件事，形象地阐释了“要节俭”的修身道理。

在司马光言教、身教、情染的陶冶下，其子司马康从小严谨聪颖、崇尚节俭、勤奋好学、博古通今，被世人誉为“口不言财”的贤人。司马光这种提倡俭朴，反对奢侈，无论在过去、现在和将来都是值得肯定的，特别是在今天更应大力提倡。我们坚信：古人且能为之，今人应该做得更好！

应做到“以义方训其子”

【原文】

今之为后世谋者，不过广营生计以遗之，田畴连阡陌，邸肆跨坊曲，粟麦盈囷仓，金帛充箧笥[1]，慊慊然求之犹未足[2]，施施然自以为子子孙孙累世用之莫能尽也[3]。然不知以义方训其子[4]，以礼法齐其家。自于十数年中，勤身苦体以聚之，而子孙以岁时之间，奢靡游荡以散之，反笑其祖考之愚，不知自娱，又怨其吝啬无恩于我而厉之也。始则欺绐攘窃以充其欲，不足则立约举债于人，以俟其死而偿之。观其意惟患其祖考之寿也。然则向之所以利后世者，适足以长子孙之恶而为身祸也。顷尝有士大夫，其先亦国朝名臣也，家甚富而尤吝啬，斗升之粟，尺寸之帛，必身自出纳，锁而封之。昼则佩钥于身，夜则置钥于枕下。病甚困绝，不知其子孙窃其钥，开藏室，发箧笥，取其资财。其人复苏，即扪枕下求钥不得[5]，愤怒遂卒。其子孙不哭，相与争匿其财，遂致斗讼，其处女亦蒙首执牒自呈诉于府庭，以争嫁资，为乡党笑。盖由子孙自幼及长，惟知有利，不知有义故也。夫生生之资，固人所不能无，然勿求多馀，多馀希不为累矣[6]。使其子孙果贤耶，岂疏粝布褐不能自营，死于道路乎？若其不贤耶，虽积金满室，又奚益哉！故多藏以遗子孙，吾见其愚之甚也！

——节录自商务印书馆影印文津阁《四库全书》版（2006 年）第 704 册，《戒子通录》卷五

【注释】

［1］箧笥：藏物之竹器。

［2］慊慊：内心不满足的样子。

［3］施施（yí yí）然：喜悦自得的样子。

［4］义方：立身行事的准则；做人的正道。

［5］扪：抚摸。

［6］希：“稀”的古字。稀少；罕见。

【译文】

现今那些凡是为子孙后代打算的人，不过是广求生财之道以留给子孙，田地连成片，铺屋跨街坊，粮食堆满仓，黄金绸布装满箱。一方面，其心思还不感到满足；另一方面，又自以为子孙世代都会用不完，从而又十分得意。但这些人不知道以立身行事、处事做人的道理去教育子孙，不知道以传统的礼仪法度去整肃家庭，以致自己数十年勤身苦体积聚起来的资财，没过多久的时间就被子孙们挥霍掉了，反过来子孙们还讥笑他不会享受，或者埋怨他吝啬，对自己没有留给什么恩惠。这些子孙们开始以欺骗偷窃的办法满足自己的私欲，不够花销的话又订立契约向他人借债，等上辈死去以后再偿还。从这些人的心思看惟恐祖辈父辈长寿也。然后那些一向想给子孙后代造福的人，其结果反而助长了子孙的恶行，并祸及自身。比如前不久就有这么一位士大夫，祖先是本朝名臣，家庭很富足而本人却很吝啬，斗升之粟、尺寸之帛，都要自己经手，锁而封之。白天把钥匙放在身上，夜里则把钥匙藏在枕头底下。病重时，不知道子孙已经偷了他的钥匙，

打开储藏室，开箱取走了钱财。当他苏醒过来后，寻找枕下的钥匙不得，愤怒而死。其子孙不仅不感到悲伤，不哭泣，不准备丧事，反而大家争着藏起钱财，以致斗殴打官司。就连尚未出嫁的闺女，也蒙着脸投状到官府争取嫁资，为乡里人所耻笑。这是因为，子孙们自小到大，只知有利，不知有义。人们为了生活，钱财是少不了的，但也不应该贪多求余。钱财剩余太多，很少不成为累赘和负担。如果其子孙果然有出息，难道其布衣粗食都不能自谋而会死于道路吗？如果其子孙的确没有出息，虽然为他们积金满室又有什么用呢？所以，多藏钱财遗留给子孙的人，我看他是愚蠢到了极点的了！

【评析】

司马光在这篇家训中，以某一士大夫为例，生动地说明了一个道理：积聚资财留给子孙后代，以为可以使子孙世代富有，其结果事与愿违，徒然养成子孙骄奢淫佚的恶习，甚或危及自身。因此，他本人不仅为官不聚财，死后屋子里“床箦萧然”。并且，他在家训中将不以钱财遗子孙，而明确强调要“以义方训其子、以礼法齐其家”的道理教诫子孙后代。所以，他的后辈能够继承他的家风，都能以清廉自守。这种以做人为主体对子孙教导成材的见解和作法，时至今日仍有一定的借鉴和启迪意义。

刘挚家训

【撰主简介】

刘挚（1030—1097），字莘老，北宋东光（今属河北境内）人。宋仁宗嘉祐年间进士及第，任馆阁校勘（史馆属官）。宋神宗时迁监察御史里行，因反对王安石新法，遂责监衡州盐仓。元丰年间，历右司郎中、知滑州。宋哲宗继位，任吏部郎中，擢侍御史。元祐元年（1086）任尚书右丞，六年（1091）任右仆射（宰相）。著有《忠肃集》传世。

刘挚对子孙要求严格，教育得体。他引导子孙先学为人，后学书学文，对后世颇具影响。

读书先要做人

【原文】

士当以器识为先[1]，一号为文人，无足观矣。

——节录自商务印书馆影印文津阁《四库全书》版（2006年）第281册，《宋史》卷三百四十《刘挚传》

【注释】

［1］器识：指度量见识。

【译文】

士人当以度量见识为先，一旦号称为纯粹的文人，则就没有什么可说的了。

【评析】

刘挚教诫子孙后代，为人应以器识为先。即先做政治家，然后才做讲求学问的学问家；先学为人，然后才学书学文。这一看法是颇有见地的，时至今日仍可资借鉴。如果单看学习成绩，业务能力，人品不佳，以自我为中心，智商高情商低下，最终有可能成不了对社会对国家有用的人，甚至成为害人又害己的人。现今社会，这方面的例证是很多的，不得不引起为人父母者的高度警觉。

范纯仁家训

【撰主简介】

范纯仁（1027—1101），字尧夫，北宋苏州吴县（今江苏苏州）人。著名政治家范仲淹的次子。宋仁宗皇祐年间进士及第。从胡瑗、孙复、石介、李觏等学。父亲去世后，才开始出任朝廷官职。知襄城县，劝民蚕桑。宋英宗时，累迁侍御史，因反对追尊濮王，被迫离开朝廷通判安州。宋神宗时，迁同知谏院。因反对王安石新法，出知河中府。宋哲宗时，累迁至尚书右仆射兼中书侍郎（元丰改制，以右仆射兼中书侍郎执行中书令职务为宰相）。后以忤章惇，贬永州。宋徽宗继位，诏为观文殿大学士。死后谥“忠宣”。著作有《范忠宣公全集》传世。

范纯仁自称“平生所学，得之忠恕二字，一生用不尽”。因此，在家训中告诫子弟重在一个“恕”字。

忠恕二字最要紧

【原文】

吾平生所学，得之忠恕二字，一生用不尽。以至立朝事君，接待僚友，亲睦宗族，未尝须臾离此也[1]。

人虽至愚，责人则明；虽有聪明，恕己则昏[2]。苟能以责人之心责己，恕己之心恕人，不患不至圣贤地位也。

惟俭可以助廉，惟恕可以成德。

——节录自商务印书馆影印文津阁《四库全书》版（2006 年）第 280 册，《宋史》卷三百十四《范纯仁传》

【注释】

［1］须臾：片刻。

［2］恕己：宽恕自己。

【译文】

我平生所学，得益于“忠恕”二字，一生受用不尽。以至在朝廷做官事君，在家里接待同僚好友，在平时亲善和睦宗族，都未曾片刻离开过它。

有些人看起来虽然愚笨，但责备别人时却很明白；有些人看起来虽然聪明，但宽恕自己时却显得十分糊涂。如果能以责备别人的心去责备自己，用宽恕自己的心去宽恕别人，就不用担心达不到圣贤的境界了。

只有节俭才可以帮助一个人廉洁清明，只有宽恕才可以培养一个人应有的良好品德。

【评析】

范纯仁在做人的问题上，特别重视一个“俭”字，所以史载“自为布衣至宰相，廉俭如一”；又特别重视一个“恕”字，所以自称“平生所学，得之忠恕二字”。

范纯仁一生起居饮食，注意节俭；以责人之心责己，恕己之心恕人。九百年前的封建官僚能够做到的，我们今天的人们不能做得更好些吗?

张居正家训

【撰主简介】

张居正（1525—1582），字叔大，号太岳，明湖广江陵县（今属湖北境内）人。明世宗嘉靖年间进士及第。明穆宗时与高拱并任宰相，明神宗时代高拱为首辅（首相），为相达十年之久。饬吏治，整边备，信赏必罚，令行禁止，海内称治。又大力整顿赋税，使国库收入大增。是中国历史上著名的政治家和改革家之一。

张居正的文章简洁有力，锋芒棱厉。著有《张江陵集》流传后世。将要叙述的这篇家训，是张居正写给他的第四个儿子懋修的一封书信，在帮助儿子总结科举考试失利的原因后，鼓励儿子努力改进过去学习上的缺点。

为学切忌好高骛远

【原文】

汝幼而颖异，初学作文，便知门路。居尝以汝为千里驹，即相知诸公见者，亦皆动色相贺[1]，曰："公之诸郎，此最先鸣者也。"乃自癸酉科举之后[2]，忽染一种狂气，不量力而慕古，好矜己而自足，顿失邯郸之步[3]，遂至匍匐而归[4]。丙子之春[5]，吾本不欲汝求试，乃汝诸兄咸来劝我，谓不宜挫汝锐气，不得已黾勉从之[6]，竟至颠蹶[7]。艺本不佳，于人何尤？……又意汝必惩再败之耻，而俯首以就矩矱也[8]。岂知一年之中，愈作愈退，愈激愈颓。以汝为质不敏耶？固未有少而了了[9]，长乃懵懵者[10]，以汝行不力耶？固闻汝终日闭门，手不释卷。乃其所造尔尔，是必志骛于高远，而力疲于兼涉，所谓之楚而北行也，欲图进取，岂不难哉！

夫欲求古匠之芳躅[11]，又合当世之轨辙[12]，惟有绝世之才者能之。明兴以来，亦不多见。吾昔童稚登科，冒窃盛名，妄谓屈、宋、班、马[13]，了不异人；区区一第，唾手可得，乃弃其本业，而驰骛古典[14]。比及三年，新功未完，旧业已芜。今追忆当时所为，适足以发笑而自点耳[15]。甲辰下第[16]，然后揣己量力，复寻前辙，昼作夜思，殚精毕力，幸而艺成，然亦仅得一第止耳。……今汝之才，未能胜余，乃不府寻吾之所得，而蹈吾之所失，岂不谬哉！

……但汝宜加深思，毋甘自弃，假令才质驽下，分不可强。乃才可为而不为，谁之咎与？己则乖谬，而徒诿之命耶！惑之甚矣。且如写字一节，吾呶呶谆谆者几年矣[17]，而潦草差讹，略不少变，斯亦命为之耶？区区小艺，岂磨次岁月乃能工耶？吾言止此矣，汝其思之。

——节录自岳麓书社版《历代名人家训》

【注释】

［1］动色：颜色改变。

［2］癸酉：癸酉年，即明神宗万历元年（1573）。

［3］邯郸之步：比喻仿效别人不成，反而丧失原有本领。

［4］匍匐：伏地而行。

［5］丙子：丙子年，即明神宗万历四年（1576）。

［6］黾勉：尽力；努力。

［7］颠蹶：倾跌。

［8］俯首：低头。矩矱（yuē）：规则法度。

［9］了了：聪明伶俐，明白事理。

［10］懵懵：无知。

［11］芳躅（zhú）：指前代贤哲的行迹。

［12］轨辙：比喻法则、途径。

［13］屈、宋、班、马：分别指屈原、宋玉、班固、司马迁。

［14］驰骛：奔走。

［15］点：污辱；玷污。

［16］甲辰：甲辰年，即明世宗嘉靖二十三年（1544）。

［17］呶呶：多言；唠叨。谆谆：教诲不倦。

【译文】

你从小就聪明异常，初学作文，便知门路。我曾经认为你是我家的千里驹，就是一些要好的朋友诸公见到你，也都动色向我祝贺，并且说："您的几位公子当中，这个当最先闻名。"可是你自癸酉科举之后，忽染一种狂气，不量力而慕古，自负贤能而自足，反而连自己原有的本领都丢掉了，遂至伏行低头而归。丙子年的春天，我本不想让你再去应试，只因你的几位老兄都来劝我，都说不能挫伤你的锐气，我不得已勉强从之，遂至再次倾跌。你的技能原本不扎实，对于他人有什么抱怨的呢？……我心想你一定会吸取再次失败的耻辱，而低头按照规矩去发奋读书学习了。谁知道一年之中，愈振作就愈退步，愈鼓劲就愈衰败。这是由于你的禀性不聪敏吗？事实上，世上本来就没有年幼而聪明伶俐、明白事理，长大以后反而无知的人；是你在实行过程中不努力吗？听说你本来整天闭门读书，手不释卷，那末之所以收效如此，必定是你好高骛远，贪多务速而用力不专的缘故，所谓要到南边的楚国去，可是老是往北走，这样一来欲图进取，难道不是很难的吗？

想要追踪前代文豪巨匠的足迹，又想符合当世的法则要求，只有绝顶聪明的人才能做得到。自明朝开国以来，这样的人还不多见。我过去年少登科，窃取盛名，错误地认为屈原、宋玉、班固、司马迁等人，没有什么了不起；区区一进士及第，唾手可得。于是，就抛弃原来的学业而去钻研古典。等到三年过去，结果新功未成，旧业已废。如今回忆当年的所作所为，实在是使人发笑、令己自污了。甲辰年我科考落榜以后，我忖度自己并估量自己的力量，复寻前车之迹，昼作夜思，用尽全身力气，有幸获得成功，然而亦仅仅得一进士及第而已。……今天你的才学，并未超过我，可是不去俯寻我之所得，而去重蹈我之所失，难道不是很荒谬的吗？

……但你应当加以深思，不可自暴自弃。假如是才质低劣，则天分如此不可勉强。如果是其才可为而不为，那又是谁的罪过呢？自己行为荒谬，而一定要委之于命，太使人不理解了。就拿写字一节来说吧，我唠唠叨叨、教诲不倦已有好几年了，而你仍写得潦草差谬，并没有多少变化，这难道也是命中注定的吗？像写字这样的小事，难道也要磨炼多少岁月以后才能写好吗？我就说到这里，你好好想想吧。

【评析】

在这篇家训中，张居正认为其子两次科考失利的原因，在于“志骛于高远，而力疲于兼涉”，也就是好高骛远，贪多务得，用力不专。于是他以自己走过来的经验教训教育儿子，鼓励儿子努力改正自己学习上的缺点。儿子认真听了父亲的教诲，再接再励，后来终于在二十六岁时中了头名状元。

由此可见，治学也好，做别的事情也好，如果是一味好高骛远而不是脚踏实地、量力而行，如果是一味分散精力而不是用心专一、精力集中，那就不可能取得成就，不可避免地要走弯路、这就是政治家、改革家张居正这篇家训给我们留下的最有益的启迪。

瞿式耜家训

【撰主简介】

瞿式耜（1590—1650），字伯略，一字起田，明江苏常熟人。明神宗万历四十四年（1616）进士及第，任永丰知县。明思宗崇祯初年擢户科给事中，后坐事罢官废居。崇祯皇帝自杀后，福王立于南京，任右佥都御史，巡抚广西。福王政权覆灭后，又在桂王政权中任吏部尚书、兵部尚书、天渊阁大学士（宰相）等职务。桂王奔走全州后，他自请留守桂林以抗击清军。清顺治七年（1650）清兵攻下桂林，城破与总督张同敞皆被执，不屈而死。著有《瞿忠宣公集》传世。

瞿式耜的这篇家训，是他写给儿子瞿玄锡的一封家书。书中责怪儿子在清兵压境并蹂躏家乡时，不仅没有避开清兵，反而接受了清统治者剃发的命令，“亏体辱亲”，有损名节。

名节攸关不可权宜行事

【原文】

得汝昨年九月二十二日书，知家乡去年七月已遭蹂躏，家中寸筋不留，止剩空屋数间。汝母闻之，益添忧闷，吾虽百方解劝，而终是难开，缘其子女之念关切，知汝与若妹如此受苦，不容不肠断耳。吾自念若非西抚出门，遭此劫中，自然性命不保。今天公委曲方便[1]，留此一线余生，虽为靖逆受磨，而名节犹彰，残躯犹在。以视家乡被难者，相去何如？以此转自排拨。虽家中所有罄完，总以空华身外譬之[2]，只汝等暨一门眷属无恙，便是大福矣！

可恨者，吾家以四代甲科[3]，鼎鼎名家[4]，世传忠孝，汝当此变故之来，不为避地之策，而甘心与诸人为亏体辱亲之事。汝固自谓行权也[5]，他事可权，此事而可权乎？邑中在庠诸友[6]，轰轰烈烈，成一千古之名，彼岂真恶生而乐死乎？诚以名节所关，政有甚于生者[7]。死固吾不责汝，第家已破矣，复何所恋？不早觅隐僻处所潜身，而反以快仇人之志，谓清浊不分，岂能于八斗槽中议论人乎[8]？别处起义，亦博一名，亦奉有旨，独我常熟起义，原做不成而反受累；受累矣，而又博不得一起义之名，岂不笑杀！痛杀！恨杀！

——节录自岳麓书社版《历代名人家训》

【注释】

[1] 委曲：即曲折辗转之意。

[2] 空华：虚幻的花，比喻妄念。

[3] 甲科：明清通称进士为甲科，称举人为乙科。

[4] 鼎鼎：盛貌。

[5] 权：姑且；暂且；权宜之计。

[6] 庠：古代乡学名。

[7] 政：通“正”。

[8] 八斗：旧时很有才学的人称为才高八斗。

【译文】

收到你去年农历九月二十二日的来信，得知家乡于去年七月已遭沦陷和蹂躏，家中被洗劫一空，只剩空屋数间。你母亲听说这一消息后，越发增加忧闷，我虽千方百计解劝，而最终还是难以摆脱，这大概是因为对子女的思念关切，知你和你妹妹如此受苦，不容得不极端悲痛了。我自念如果不是担任广西巡抚远离家门，遭此浩劫，自然也会性命难保。而今天公曲折辗转给予方便，留此一线余生，虽为靖逆受磨，而名节仍然显明，残躯仍然存在。同家乡的被难者相比，相去怎么样呢？我常用此来自我安慰。

虽然家中所有被抢劫罄尽，总以空外、身外之物安慰自己，只要你们及一门眷属平安无事，便是大福了。

遗憾的是，我家以四代进士出身，家门很盛，世代忠孝相传，你面对此一变故，不去考虑避地之策，而甘心与其他人作有亏自己人格和辱没祖宗的事情。你竟然自称是不得已权且这么办，然而他事可以变通，此事名节攸关，难道可以权宜对待吗？邑中在乡学中的朋友们，轰轰烈烈，名芳千古，他们这些人难道是真的讨厌生存而愿意死去吗？这实在是名节攸关所在，正是死甚于生的时刻。我并不是严求你一定要去死，但家已破灭，还有什么值得留恋的呢？你不及早寻觅隐僻处潜身，而反快仇人之志，清浊不分，难道还有脸面与那些很有才学的人去议论他人得失吗？别处的反清起义，亦博得一名，亦奉有谕旨，唯独我们家乡常熟的起义，不仅不能成功而反而受累了，又博不得一起义之名，难道不值得笑杀、痛杀、恨杀吗？

【评析】

瞿式耜在这篇家训中责备儿子没有避开清兵，反而接受了清统治者剃发的命令，有损名节。当儿子强调他这么做是不得不权宜行事时，瞿式耜反驳说，他事可“权”，有关名节的事难道也可以权宜吗？这就等于告诉自己的儿子：在坚持民族气节这样的原则问题上，绝对不能含糊。

李光地家训

【撰主简介】

李光地（1641—1718），清代福建安溪人。字晋卿，号厚庵。康熙年间进士。选庶吉士，授编修，历任内阁学士、兵部侍郎、顺天学政、直隶巡抚、文渊阁大学士（宰相）等职。在回籍省亲时，适逢耿精忠反，曾间道与清廷通消息，并陈破敌之策。又力举施琅“习海上形势”，可重用。朝廷用其言，“卒平台湾”。在直隶巡抚任上，曾倡导、组织治理漳河、滹沱河等水患，颇有治绩。于理学尤有研究，曾校理《御纂朱子全书》《周易折中》《性理精义》等书。著有《周易通论》《尚书解义》《洪范说》《孝经全注》《论语孟子札记》《二程遗书》《朱子语类》《韩子粹言》等。

为学不应存“求名射利”之念

【原文】

“口不绝吟于六艺之文[1]，手不停披于百家之篇[2]；纪事者必提其要[3]，纂言者必钩其玄[4]。贪多务得[5]，细大不捐[6]，焚膏油以继晷[7]，恒兀兀以穷年[8]。”此文公自言读书事也[9]。其要诀却在“纪事”“纂言”两句。

凡书，目过口过，总不如手过。盖手动则心必随之。虽览诵二十遍[10]，不如钞撮一次之功多也[11]。况必提其要，则阅事不容不详；必钩其玄，则思理不容不精。若此中更能考究同异[12]，剖断是非[13]，而自纪所疑，附以辨论[14]，则浚心愈深[15]，着心愈牢矣[16]。

近代前辈当为诸生时[17]，皆有经书讲旨及《纲鉴》《性理》等钞略[18]，尚是古人遗意，盖自为温习之功，非欲垂世也[19]。

今日学者亦不复讲，其作为书、说、史、论等刊布流行者[20]，乃是求名射利之故[21]，不与为己相关，故亦卒无所得[22]。盖有书成而了不省记者，此又可戒而不可效[23]。

——节录自商务印书馆影印文津阁《四库全书》版（2006 年）第 1328 册，《榕村集》卷二十一《摘韩子读书诀课子弟》

【注释】

［1］绝：断；停。吟：吟诵。六艺：原指礼、乐、射、御、书、数六种技能。汉以后指儒家的六经：《诗》《书》《礼》《乐》《易》《春秋》。

［2］披：翻阅。百家：原指先秦诸子。这里可作各种典籍解。

［3］纪事：同“记事”。

［4］纂（zuǎn）言：纂集言词，有所述作之意。钩其玄：探索它的精微。

［5］务：必须。

［6］细：小。捐：舍弃。

［7］膏：油脂。继晷：夜以继日。

［8］兀兀：勤勉不止的样子。

［9］文公：指韩愈。上述引文为他的《讲学解》中一段文字。

［10］览诵：阅读；诵读。

［11］钞：同“抄”。撮：摘取。功：作用。

［12］考究：考证研究。

［13］剖断：分析。

［14］辨：辨别。论：论证。

［15］浚：深。

［16］着：附着。

［17］诸生：指入府、州、县学的生员。

［18］经书：经学书籍，指儒家经典著作。讲旨：讲解要点。《纲鉴》：

明清人取宋代朱熹《通鉴纲目》体例编撰历代史。如：明王世贞的《纲鉴》，袁黄（了凡）的《纲鉴》和《纲鉴易知录》等。

［19］垂世：留传后世。

［20］书：写作；书法；书信；尺牍。说：讲解经文的一种体裁。刊布：刊行发布。

［21］求名射利：即追名逐利。

［22］卒：最终。

［23］了不：完全不。

【译文】

“口不断地吟诵《诗》《书》《礼》《易》《乐》《春秋》中的篇章，手不断翻阅诸子百家的著作。阅读历史书籍，一定要摘录其中的重要事件。看了别人的著述，一定要探求作者的主要思想及精微、深刻之所在。读书可以多多益善，读了书一定要长见识。不论是名家之作，还是无名之辈的著述；也不管是大部头，还是小册子，都决不放过。夜以继日，燃烛苦读。一直都是这样刻苦攻读、勤奋学习，度过一年的光阴。”在这里，韩文公（韩愈）说的是自己如何读书、学习的情形。而其中的要点和诀窍，却在“纪事”“纂言”这两句里面。

大凡读书，看过或诵读过，都不如读书时也动手，更会有效果。这是因为，动手之时势必动脑筋。虽然你看过或读诵过20遍，其收效就不如摘抄过一遍大。况且，你要摘录书中的要点，那你阅读事件的始末时，就不得不详尽、认真；你要探索书中的精微，那你就不能不深入思考，殚精竭虑。倘若你在此过程中还能做到研究、考查其相同或差异之处，分析有关的是非问题，同时把自己有疑惑之处记下来，顺便加以辨析、论证。那末，你越深入思考、钻研，你就越记得牢固。

近代的学术前辈还在府、州、县学做生员时，他们都写过经书的要点讲解和《纲鉴》《性理》等书的略抄，他们这种做法保存有古代圣贤流传下来治学意蕴。因为，他们这样做是为了便于自己温习功课，而并非是想以此留传于后世。

今天的学者再也不讲究这种学风了，他们编写书籍、讲解经籍的说文、史著、论文，等等，并大量印刷发行、流传于世，只不过是追名逐利而已，这些书与他们自己的思想修养、学术追求毫无关系，所以，看这类书最终是一无所获的。正是这个原因，有的人写成了书，却什么东西也不懂得，什么知识也未记住，像这样的人和这类作法，应该引以为戒，切记不可效仿呀！

【评析】

李光地介绍给儿子的是这样一种学习方法：他要求儿子在读书时，要找出基本观点、线索，将要点摘写出来，更要循着作者的思路，开动自己的脑筋，探索其精微之所在，并针对有关问题进行思考分析，从而使读书者自身随时处于一种积极主动的状态。而这种学习方法远比那种被动地默诵背书式学习方法要有效得多。而通过主动学习方法产生出来的成果，也远比那些照本宣科、追名逐利的滥制粗作更有价值。

陈宏谋家训

【撰主简介】

陈宏谋（1696—1771），字汝咨，号榕门，清代广西临桂人，雍正初年进士。历任知府、巡抚、总督等职，后官至东阁大学士。他不仅从政卓有成就，而且在治家方面亦颇有实效。著有《培远堂全集》传世。

诚朴为立身之本

【原文】

京中浮华[1]，须立定主意，不为所染。盖天下惟诚朴为可久耳[2]！吾家世守寒素[3]，岂可忘本？读书见客，事事检点，即学问也。

——节录自岳麓书社版《历代名人家训》

【注释】

［1］浮华：空虚；不切实际；浮靡奢华。

［2］盖：文言虚词，承上文说明理由和原因。

［3］寒素：清贫质朴。

【译文】

京城里面浮靡奢华，你到这里以后必须立定自己的主意，不要被这风气所浸染。大概天下惟有诚朴二字才立得长久！我们家世代都谨守着清贫质朴的家风，怎么可以忘掉这种立家的根本呢？你在阅读书籍、会见客人时，事事都要检点自己的言行，这就是学问。

【评析】

这是陈宏谋写给其四侄陈钟杰的一封家信中的一段话。

陈宏谋在信中要求其侄力戒浮靡奢华，保持清贫质朴的良好家风，谨守“诚朴”二字。这种观点，确是阅历之言，至今仍有启迪意义。

应谨防油滑不实之习

【原文】

来京途中，有一刻闲，便当看书，古人游处皆学，不过为收放心耳。骄傲奢侈，一点不能沾染。即会客说话，固须周旋[1]，然不可套语太多，多则涉于油滑而不真矣[2]。

——节录自岳麓书社版《历代名人家训》

【注释】

［1］周旋：交际；应酬。

［2］油滑：狡猾。

【译文】

你在来京路上，有一点空闲时间，就应抓紧看书，古人游历之处都可为学，不过是为了收束放纵散漫的心思而已。对于骄傲奢侈的恶习，你一点也不能沾染上。即使会客说话，固然要与他人交际应酬，然而不可套话太多，多则涉于油腔滑调使人有不真实的感觉。

【评析】

这是陈宏谋写给其四侄陈钟杰的一封家信中的一段话。

陈宏谋在信中继续强调“诚朴”二字的重要性，要求其侄在与人交际应酬时不可套话太多，以免流于油滑。这种为人处世的正确姿态，也是今人应当借鉴吸取的。

倭仁家训

【撰主简介】

倭仁（1804—1871），字艮峰，乌齐格里氏，蒙古正红旗人。理学家唐鉴的弟子，清同治年间的“理学大师”，清政府中顽固派的代表人物之一。清道光九年（1829）进士，二十四年（1844）任大理寺卿，与曾国藩、何桂清等“讲求宋儒之学”，以封建卫道士自居。清咸丰元年（1851）应诏陈言“用人行政”之术，认为程颢等人提出的由皇帝延请“老成贤儒，讲论道义”的主张，是“人君修养身心之要，用人行政之原”。咸丰五年（1855）擢侍讲学士。清同治元年（1862）擢工部尚书，两宫皇太后以其学问优长，着为同治皇帝之师，旋授文渊阁大学士。同治六年（1867）上奏反对奕䜣等选用科甲官员入同文馆学习天文、算学的主张，认为“立国之道，尚礼义不尚权谋；根本之图，在人心不在技艺”，从而引发洋务派与顽固派之间的一场大争论。同治十年（1871）授文华殿大学士，官居正一品。

倭仁从他的理学体系出发，在所著《帝王盛轨》《辅弼嘉谟》《吏治辑要》等篇章中，详尽而系统地阐发了他的政治理想和为官从政的基本准则，特别是在他的日记和《嘉善录》中，尽力践履儒家的道德规范，反映出中国传统士大夫“修身、齐家、治国、平天下”的人生信条。倭仁虽然思想保守，但学问功底深厚，其家教观又在一定程度上反映出可资借鉴的内容。

官宦子弟切莫染上奢华享乐之习

【原文】

到京后宜谢绝酬应，收敛身心[1]，熟读旧文，时时涵泳[2]，按期作课，勿令生疏。断不可闲游听戏，大众聚谈，荒废正业。体亲心期望之殷，三年一场，甚非容易，努力为之，勿自误也。

予尝独居深念，时切隐忧[3]。吾家世敦朴素，自入仕途，渐习奢侈，衣服器用踵事增华。纵口腹之欲，典当有所弗惜[4]；饰耳目之观，贳取暂图快意[5]。只知体面，罔顾艰难[6]。抑思盛衰循环，富贵岂能常有？一旦事殊势异，家人习奢日久，必不能顿俭[7]，必至失所。失祖宗节俭之风，致子孙饥寒之渐[8]，可虑者一。先世孝友传家[9]，敦崇仁让，同居共食，人无闲言。近年以来，猜嫌渐起，或以外人谗间[10]，或以意见纷歧，一言之细遂至忿争，一物之微动分尔我，乖睽离异[11]，言之痛心。致祖父含怒于九泉，子孙效尤于数世[12]，可虑者二。汝大伯父暨我暨汝父[13]，赖先人德荫幸列科名，一脉书香[14]，常虞失坠。汝辈兄弟中，咸不知义命，妄意捐升田以荫得官裕[15]。姿质驽钝[16]，所望读书应举者，惟汝辈数人耳。曜报捐知县，想已无志《诗》[17]、《书》[18]，不知“资郎”二字[19]，有志者皆耻言之。趁此少壮精神、宽闲岁月，勤学好问，广览博闻，求为国家有用之才。将来登科第，建事功，尽孝全忠，何等荣贵，而乃以铜臭功名自甘菲薄耶？无志甚矣！此端一开，少年中无定见，皆思就此一途，诵读之心意不专，清白之家声日替[20]，可虑者三。以上三事，皆家门兴败关头，吾故痛切言之。

汝辈身列胶庠[21]，非毫无知识者，须念物力之艰，力求俭约，勿习浮华，勿学放纵，将平日爱华靡、喜疏散种种积习全行改变，作一个醇谨朴实子弟，较之鲜衣肥马为有识所窃笑者，不相去万万耶？汝辈天性醇厚，尚知孝道，近闻手足间亦渐有乖离之意，此最不可。须知骨肉至重，凡百皆轻，勿贪货财，勿私妻子，勿以亲心偏向而退有怨言，勿以言语参差而辄生嫌隙[22]。兄宽弟忍，式好无犹[23]；和气薰蒸[24]，祯祥自至[25]。而其所以能刻苦，能知友爱，则总在勤奋读书耳。平日静坐收心，除温习举业外，取古人嘉言善行手录心维，思古人何以能此，我何以不如古人。因愧生愤，必求如古人而后已，则精神内敛而一切骛外驰求之念自息[26]，道心日生，而孝弟忠信、仁厚礼让自感触而即发矣。不然，淡泊之味终不敌物欲之浓，质地之美日夺于习俗之敝，虽欲祛奢崇俭，革薄从忠，乌可得哉！

予德衰薄，不能正身齐家，时用内愧[27]，然念汝爱汝[28]，故以我所欲改者戒汝，所欲能者勉汝。知而不言，是我负汝辈；言之不听，是汝辈负我，并自负也。思之，思之，勿作一场闲话看过。

——节录自内蒙古人民出版社《倭仁集注》

【注释】

[1] 收敛：约束。

[2] 涵泳：沉浸；深入体会。

[3] 隐忧：深深忧虑。

[4] 弗惜：不觉得可惜。

[5] 贳（shì）：租借；赊欠。

[6] 罔（wǎng）：不。

[7] 顿：立刻；马上。

[8] 渐：事物的开端。

[9] 孝友：善顺父母，友爱兄弟。

[10] 谗（chán）间：用坏话离间别人的关系。

[11] 乖（guāi）睽：背离；抵触。

[12] 效尤：学坏样子。

[13] 暨：和；与。

[14] 书香：读书的家风。

[15] 捐升田：封建时代政府准予士民捐资纳粟以得官衔，此处指捐献些粮食和田地获官并凭借这种特权而取得做官的好处。荫：封建时代子孙以先代官爵而受封之称。

[16] 驽钝：愚钝无能。

[17]《诗》：《诗经》的简称，系中国古代儒家典籍中的一种。

[18]《书》：《尚书》的简称，系中国古代儒家典籍中的一种。

［19］资郎：以纳资而得官的人。

［20］替：衰败。

［21］胶庠：西周学校名。

［22］辄（zhé）：犹“即”。嫌隙：因猜疑或不满而产生的仇怨。

［23］式好无犹：式字作语气词用，无义；犹则通“尤”，“诟病”之意。全句指兄弟之间和睦亲近，不怨恨成仇。此语出自《诗·小雅·斯干》：“兄及弟矣，式相好矣，无相犹矣。”

［24］和气薰蒸：和和气气的风尚像轻烟一样向上吹拂。

［25］祯祥：吉祥。

［26］骛（wù）：追求。

［27］用：因此。

［28］汝：你；你们。

【译文】

你们两个人到达京城以后应当谢绝一切不必要的人事往来，下决心收拢自己的言行举止，仔细阅读学过的书文，时刻加以深刻的体会，按照要求严格学完当日应当学习的课程，不致于生疏忘弃。绝对不要到处闲游、观看文艺节目，也不要大家坐在一起高谈无关紧要的事情而荒废正业，误了自己的应试。你们要细心体会父母殷切期望你们早日科举成名的一片苦心，三年才有一次应试的机会，实在不容易，你们应当尽自己的努力而为之，不要自己误了自己的前程。

我曾在独自静居之时，深深思考着一个至关重要的问题，它时刻使我感到忧虑不安。这就是，我们这样的人家先世各代都遵循朴素节俭的风尚，自从步入作官这一条路之后，子弟们渐渐染上奢侈浪费之恶习，穿着打扮、日用之物越来越讲究华丽鲜艳。放肆满足一己吃喝之无穷欲望，甚至为此去典当财物也不觉得可惜；为了满足耳目之愉悦，赊欠别人而暂图一己之快意。只知道讲虚荣体面，不考虑什么艰难困苦。我忧郁地思索着以往的历史，兴盛与衰败彼此反复循环转换，富贵怎么能够长久存在呢？一旦事情和形势都出现了变化，家中子弟沾染奢侈风气时间一长，必定不能做到立刻俭朴，也必定会弄到失去生存的处所，丢弃祖宗勤俭节约家风，致使后代子孙逐渐陷入贫困饥寒的境地。这是我深为忧虑的第一个问题。我们这样的人家世世代代以善事父母、亲爱兄弟为其传家之根本，非常重视仁义礼让之学，彼此居住吃饭和睦生活在一个大家庭里，没有什么让别人讲闲话的。然而，近年以来你们这些人中相互间猜嫉怀疑的事情渐渐发生，或者由于外人用坏话离间关系，或者由于彼此意见不同，往往因一句无关大局的话语而闹到争论不休，因一件没有什么了不起的财物而分你我，以致发展到互相抵触、矛盾迭起，说起来实在让人痛心。这种情形使得已经去世的祖父于九泉之下也会不高兴，这种错误如被子孙仿效于数代，后患将不堪设想。这是我深为忧虑的第二个问题。你们的大伯父和我和你们的父亲，依靠先人好的品行所得来的特权而有幸进入科举成名的行列，延续读书作官的家风，却常常忧虑丢弃了这种良好家风。你们这些兄弟中，都不知道这个要旨之所在，妄自作主捐输粮食、田地和钱财以获得官阶，继而凭借这种特权去取得做官的好处。我们这个大家庭里的人大多从里到外本来就是愚钝无能，寄希望于读书应科举考试而成名者，只有你们几个人而已。曜侄用钱捐得知县一职，可想而知你已经无志钻研中国古代典籍《诗经》《尚书》。你却不晓得，那些真正有志向的人都耻于提到“资郎”二字。趁此年轻力壮、精神充沛、宽松优闲的时间里勤学好问，广览博闻，设法成为国家和民族的有用之材，将来科举成功，建立丰功伟业，对父母尽孝、对君王尽忠，那又是何等的受人敬重和尊贵，而你却为何以金钱和虚伪功名而使自己甘心把自己看得不重要呢？你胸无大志真是到了很严重的程度！这种风气一开，咱们家那些少年中志向不定者，都会考虑只有捐资求官这一条路可走，读书学习的志向不会专一，朴实清白之家庭声誉就会日益衰败。这是我深为忧虑的第三个问题。以上三个问题，都是我们这个大家庭兴盛或衰败的关键所在，我因此对你们特别痛切地指出。

你们都已进入学校读书，并不是没有知识的人，须时刻思念财物的得来异常艰难，应力求勤俭节约，不要沾染上轻薄浮华之习气，不要学得放荡不羁，要将平日爱华丽奢侈、喜欢松疏散漫等种种不良行为彻底改掉，做一个忠厚谨慎、俭朴实在的子弟。如能做到这样，较之那些鲜衣肥马、讲究排场而引起有识之人背地斥笑者，不是相去很远很远了吗？你们的天性本来醇朴厚道，还是知道孝道之心的，然而近来听说兄弟之间也渐渐出现了相互抵触离异的情况，这是最要不得的。你们须知兄弟之间的关系非常重要，除此以外的事情样样都是次要的。不要贪图钱财，不要偏爱自己的妻子儿女，不要以为父母偏向哪一个人而在背地产生怨恨之心，不要以彼此言语稍稍不合就相互猜疑而致产生仇怨。兄长对弟弟要宽容，弟弟对兄长要存以忍让之心，兄弟之间和睦亲近，不怨恨成仇，和煦之风像轻烟一样向上吹拂，吉祥的景象自然就会到来。而一个人之所以能做到刻苦自励，能知道友善亲爱，关键的问题是由于他能勤奋读书，明白做人的道理。平时静化、集中自己的心志，除温习科考课程之外，将古圣先贤的嘉言善行亲手摘录、细心体会，动脑筋考虑一下古人为何能够做到如此，我自己为何不如古人。思索之后因为愧悟之心转而产生发愤向上的志趣，必定能尽力按照古人那样去要求自己，精神集中、志念专一，而一切好高骛远的非份之想就会自行排除，正道之心日渐产生，孝顺父母、友爱兄长、忠于君王、取信于友朋和仁爱、厚道、礼仪、谦让等好的品性就会自然得到启迪而萌发。否则，淡泊寡欲之情趣最终不能战胜对物质享受的刻意追求，天然良好的本性日益被坏习惯所浸染损害，尽管有除去奢侈、崇尚俭朴，革除轻浮、取法忠诚的良好愿望，但为时已经晚了！

我的品行衰薄，不能严格要求自己、约束家人，时时为此感到内心有愧，然而想到你们、爱护你们，所以我用自己认为要改正的地方来告戒你们，自己认为做得不错的地方来勉励你们。明明知道是错误的东西，如果我不向你们倾心指出，那么我这个作长辈的就对不住你们；而我已经指出了的问题，如果你们不认真记住，听不进耳去，那么就是你们做子侄的辜负了我一片良苦用心，并且是你们自己害了自己。你们要多想想，不要把它看作是我对你们随便谈谈、不关紧要的话语而已。

【评析】

这是倭仁写给他的两个侄儿倭曜、倭云的一封家信。倭仁在这篇家训中严肃指出其子侄中日习奢侈之风，讲究吃喝玩乐，不思上进的弊害所在，要求他们通过多读书，用学识净化自己的身心，戒除不良习气。他反复告诫子侄辈，读书做官是正途，捐资求官不可取。一再强调，兄弟之间应讲和睦团结，不要你争我夺，败坏家庭声誉，致贻笑于世人。倭仁在这里所提出的问题及其解决的方法，虽然是从封建文化的角度而阐发的，但其中某些内容对于当今家长如何教育子女学真本事、做真学问、做好官、做有益于社会的人，还是具有一定现实意义的。尤须指出的是，倭仁能够以平等的姿态，勇于承认自己的不足，要求子侄辈引以为戒，这种教育方法也是可以借鉴的。

“必须发愤学做好官”

【原文】

州县亲民，称职匪易，能造福亦能造孽。第一要将利心打破，莫作润身肥家之计。我家仰荷君恩[1]，得有今日，必须发愤学做好官，力图报称。平日将吏治诸书多读广览，悉心讲求，以为将来展布。尤须近正直，远邪佞[2]，崇节俭，戒浮华，习勤劳，儆偷惰[3]。昔人云：“为官是苦人，做官是苦事。”以官为乐，必不能做好官也。汝到省后，必有一般势利小人趋承亲近，少年喜其柔佞，鲜不入其彀中[4]，一与交结，受害无穷。书中所谓近正远邪，尤紧要语也。汝其慎之[5]！

——节录自内蒙古人民出版社《倭仁集注》

【注释】

[1] 荷：承受。

[2] 佞（nìng）：善辩；巧言谄媚。

[3] 儆（jǐng）：使人警醒，不犯过错。

[4] 鲜：少。彀（gòu）中：圈套里。

[5] 其：应当。

【译文】

州县之官最接近平民百姓，但做一个称职的官却不容易，既能造福于人民也能为害于人民。你作州县之官，首先要将利己之心废除掉，不要有中饱私囊、满足一己一家之无穷欲望而不顾百姓死活的打算。我们这样的官宦人家依承君王的恩惠，才得有今天这个样子，你应该下定决心学做一个好官，尽力报效朝廷。平时将有关吏治方面的书籍广泛阅读，悉心体会讲求，以为将来亲自处理事务的资本。特别需要做到多接近正直的人，远离奸邪谄媚之辈，崇尚节约俭朴，力戒轻浮不讲实际，长期坚持多勤多劳，警惕沾染偷闲懒惰之习气。从前有人说："当官的人是很辛苦的人，做官也是件苦差事。"如果一个人认为做官是为了享乐，那么他必定不能做一个好官。你到任以后，一定有一些势利小人趋迎奉承在面前，年轻人一般都喜欢接近表面和气、实际上巧言谄媚的人，很少有不中其圈套的，一旦与这样的人交结往来，受害无穷无尽。古书中所说的接近正直的人，疏远奸邪的人，这是很重要的话语。你应当慎重记住。

【评析】

这是倭仁写给其侄儿倭曜的一封家信。倭仁明确告诉他的侄儿，做官好坏直接关系到人民的切身利害。做一个好官实在不容易，必须首先摈弃利己之心，才能做到为官一任，造福一方。要做一个好官，必须在平时广读博览古往今来有关吏治方面的书籍，以增长自己解决实际问题的能力。要做一个好官，必须讲求实际，吃苦耐劳，只有这样才能体察民情，设身处地为那些辛苦劳作的人着想。要做一个好官，还必须多接近正直之人，拒绝与那些阿谀奉承、势利小人交朋友。在这些话语中，充满着可资借鉴的作官治事的人生哲理。

做官要敢于担当

【原文】

权篆皖南[1]，自是上游，青目、宁国等处屡遭兵燹[2]，御寇安民均关紧要，当竭力为之，勿负委任。盘根错节乃见利器[3]，畏刀避箭岂是丈夫？坡翁帖云："吾侪道理贯心肝，忠义填骨髓。直当谈笑于死生之际，事有可尊主庇民者，忘躯命为之，一切祸福利害付诸造物。"[4]与汝所云"趋避之见不可存，矢努力以图报称"[5]等语意正相似，愿与儿共勖焉[6]。

——节录自内蒙古人民出版社《倭仁集注》

【注释】

[1] 篆：印章多用篆文，故用作官印的代称。此处指任官。

[2] 燹（xiǎn）：野火，多指兵火和战火。

[3] 盘根错节：比喻事情繁难复杂，不易处理。利器：指杰出的才能。

[4] 吾侪（chái）：我们。

[5] 矢：通“誓”。

[6] 勖（xù）：勉励。

【译文】

你所管辖的安徽南部自然是淮河上游之区，青目、宁国等地多次遭受战火浩劫，从而防范盗匪、安抚民众之事特别重要，你应该竭尽全力而为之，不要辜负朝廷委付给你的重任。事务繁难复杂、不易处理，才可以看得出一个人的杰出才能；畏手畏脚、害怕艰难困苦的人，算得了什么男子汉。苏东坡的便条上说：“我们有着正当的事理贯注于精神深处，赤诚无私、大义凛然的气概散发于全身上下，完全应当谈笑风生于生死危难之际。处理一件事如果可以做到敬重上司、保护民众的话，那么就应该舍生忘死尽力去做，一切祸福吉凶、利害得失都可以置之于度外。”这与你在来信中所说“遇事迅即避开之念头不应该有，发誓尽心尽力以图报效朝廷”等话的意思差不多，我愿以此与你共同勉励了。

【评析】

这是倭仁写给其儿子倭威的一封家信。倭仁语重心长地告诫到达安徽南部作官的儿子，要做一个好官就应当不畏艰难困苦，赤胆忠心报国，细心体恤下民，公正无私地处理日常事务。如果，自己认为是有利于国家、民众的事情，就应当不计个人利害得失，舍生忘死去干。

切勿“贪生怕死”以“负国辱亲”

【原文】

食君之禄，此身已非己有。特恐利害当前，私情回惑，遂至贪生怕死，负国辱亲。即如某制军[1]，平日尚称佼佼，乃末路狼狈至此，即幸邀宽典[2]，腼然者何以立于人世耶[3]？我辈处此，须看得破，守得定，庶不自误一生耳[4]。儿其勉之！

——节录自内蒙古人民出版社《倭仁集注》

【注释】

[1] 制军：清代对总督的称呼。

[2] 幸邀：侥幸求得。宽典：宽刑。

[3] 腼然：惭愧的样子。

[4] 庶：庶几；将近；差不多。

【译文】

靠朝廷给予俸禄而生活的人，他的身子已经不属于他自己的了。这样的人特别需要注意的在利害得失面前，有可能被自私情欲所诱惑，以至于贪生怕死，既辜负国家又给父母丢尽了脸。例如，有一个总督大员，平时还可算作为同僚中的佼佼者，晚年竟到了狼狈不堪的境地，即使有幸获得朝廷的宽刑惩罚，内心惭愧却怎么能够自立于人世间呢？我们这些当官的人生活在世上，须把功名利禄看得透彻，将那些良好品行牢牢守住，庶几不致于自己误了自己的一生。你应当以此时常常勉励自己啊！

【评析】

这是倭仁写给其儿子倭威的一封家信。倭仁在信中强调做国家的官，就要努力为国家办事，切忌为私欲所驱使而贪生怕死，做出对不起国家、对不起父母的事情来。自己认定了的事情，不应做的不做，应当做的就应当竭尽全力去做。并以某一总督大员丧失晚节的例子，劝告他的儿子引以为戒。这种理论与实际相结合，反复诱导劝勉的家教方法是值得我们借鉴的。

曾国藩家训

【撰主简介】

曾国藩（1811—1872），字涤生，湖南湘乡人。清道光年间进士。咸丰二年底（1853 年初），他以吏部侍郎身份奉旨“夺情出山”前往长沙帮助湖南巡抚办理团练，1854 年 2 月在此基础上扩编成湘军，自衡州出师东征，独当一面与太平天国农民起义军为敌，经十余年生死搏斗，于 1864 年秋天攻占太平天国首都天京，成为“中兴名臣”之首。同时，他在与太平天国农民起义军搏斗的过程中，逐渐领略到西方“长技”的先进性，感悟到满清王朝“气数已尽”的危机愈益显现，从而首倡以“师夷长技以制夷”为主旨的洋务运动，开启中国近代对内改革、对外开放的先河，为延长满清王朝六十余年的寿命立下了汗马功劳，历任礼、兵、工、刑、吏各部侍郎，两江总督、直隶总督，并授大学士（相当于宰相官衔）一等毅勇侯的官爵，死后受封“文正”的谥号。

尽管自曾国藩逝世至今一百四十年间，人们对他的生平学术与事功，一直存在着不同意见之间的分歧，但对他的家庭教育理论和方法，几乎一致予以肯定。这是因为，不仅曾国藩的家庭教育理论体系完整，内涵丰富，而且其方法亲切有味，实践性、操作性强，更为重要的是家教成效显著，影响深远。兹从岳麓书社版《曾国藩全集·家书》中选取部分内容，以供读者品评。

读书宜专一耐久

【原文】

穷经必专一经，不可泛骛[1]。读经以研寻义理为本，考据名物为末[2]。读经有一“耐”字诀：一句不通，不看下句；今日不通，明日再读；今年不精，明年再读。此所谓耐也。读史之法，莫妙于设身处地。每看一处，如我便与当时之人酬酢笑语于其间[3]。不必人人皆能记也，但记一人，则恍如接其人[4]；不必事事皆能记也，但记一事，则恍如亲其事。经以穷理，史以考事，舍此二者，更别无学矣。

盖自西汉以至于今，识字之儒约有三途：曰义理之学[5]，曰考据之学，曰词章之学[6]。各执一途，互相诋毁。兄之私意，以为义理之学最大。义理明则躬行有要而经济有本[7]。词章之学，亦所以发挥义理者也。考据之学，吾无取焉矣[8]。此三途者，皆从事经史，各有门径。吾以为欲读经史，但当研究义理，则心一而不纷。是故经则专守一经，史则专熟一代，读经史则专主义理。此皆守约之道，确乎不可易者也。

若夫经史而外，诸子百家，汗牛充栋[9]。或欲阅之，但当读一人之专集，不当东翻西阅。如读《昌黎集》[10]，则目之所见，耳之所闻，无非昌黎，以为天地间，除《昌黎集》而外，更别无书也。此一集未读完，断断不换他集，亦“专”字诀也。六弟谨记之。

——节录自岳麓书社版《曾国藩全集·家书一》

【注释】

[1] 泛骛：广泛求取追逐。

[2] 考据：也称考证。指对古籍的文字音义及古代名物典章制度等进行考核辩证。

[3] 酬酢（chóu zuò）：交际往来。

[4] 恍（huǎng）：忽然；仿佛。

[5] 义理：经义名理，亦称理学、义理之学。

［6］词章：诗文的总称。

［7］躬行：亲身实践；身体力行。经济：经国济民。

［8］焉：文言助词。

［9］汗牛充栋：形容书籍很多，搬运时可使牛出汗，收藏时能塞满屋子。

［10］《昌黎集》：指唐代文学家、思想家韩愈的文集。

【译文】

深入研究古代经籍必须专守一经，不可三心二意广泛求取。阅读古代经籍要以研寻经义名理即义理作为根本，考据文字音义等为次。阅读古代经籍需要有一个“耐”字的诀窍：一句不理解，绝不看下一句；今天不理解，明天再读；今年不深入，明年再读。这里说的就是“耐”字的意思。阅读历史的方法，最好的就是设身处地，把自己的思想感情融合到书中内容里去。每看一处，就好像我自己与当时的人交际往来，谈笑风生于其间。不必把每个历史上的人物都记住，只须先专记一人就行了，则仿佛如实地接触这个人一样；不必把历史上的每一件事情都牢牢记住，只须先专一事就行了，则如亲历其事一样。总之，读经以深入研究其义理所在，读史则以考究其事件的始末所在。除去这两个方面，此外就没有别的学习方法存在了。

中国自从西汉至于现在，识字的读书人大约有三种途径：一种是经义名理之学，一种是考证文字音义之学，一种是诗文之学。各人自执一种途径，互相攻击指责。我个人的意见是，经义名理之学即理学是最大最重要的一门学问。对理学明白再亲身实践、身体力行就抓住了要点，而经国济民就会有根本。诗文之学，也是能够发挥理学要义的一门学问。考据古代文字音义和名物之学，我认为它没有什么可取的。这三种治学途径，都是从事于经史，但各有它独特的方式方法。我认为如要读经史，只要抓住研究理学一途，就会做到心绪专一而不会纷繁杂乱。由于这个缘故，研究经学就必须专守一经，研究史学就必须专熟一代历史，阅读经史就必须专门重视经义名理即理学。这都是守约之道，的确不应轻易变更。

至于经史之外，诸子百家，汗牛充栋，如要对之加以阅读，就应当只读一个人的专集，而不应当东翻西读。如读韩愈的文集，则眼睛所看到的，耳朵所听到的，无非只有韩愈一人的文章而已。应当自我感觉到天地人世间，除了韩愈的文集之外，再没有别的书籍存在了。这一人的文集未读完，断断不可调换他人的文集来读，这也是读书宜守一个“专”字诀窍。六弟应当牢记这一点。

【评析】

这是曾国藩写给几位弟弟的一封家信中的几段话。曾国藩在信中反复强调，一个人要做学问就必须在有耐心的基础上做到专攻一门，决不可泛泛而学。这一读书方法是他亲身经验之总结，至今仍可效法。

业精之法在于专

【原文】

求业之精，别无他法，曰专而已矣。谚曰[1]：“艺多不养身”，谓不专也。吾掘井多而无泉可饮，不专之咎也。诸弟总须力图专业。如九弟志在习字，亦不必尽废他业。但每日习字工夫，断不可不提起精神，随时随事，皆可触悟。四弟、六弟，吾不知其心有专嗜否[2]？若志在穷经[3]，则须专守一经；志在作制义[4]，则须专看一家文稿；志在作古文[5]，则须专看一家文集。作各体诗亦然，作试帖亦然[6]，万不可以兼营并骛[7]，兼营则必一无所能矣。切嘱切嘱！千万千万！此后写信来，诸弟各有专守之业，务须写明。且须详问极言[8]，长篇累牍。使我读其手书，即可知其志向识见。凡专一业之人，必有心得，亦必有疑义。诸弟有心得，可以告我共赏之；有疑义，可以问我共析之。

——节录自岳麓书社版《曾国藩全集·家书一》

【注释】

［1］谚：民间流传的固定语句。

［2］嗜：喜爱；爱好。

［3］穷：推究到极点。

［4］制义：明清时代科举考试的文字程式，又称制艺，即八股文。

［5］古文：唐时称秦汉之文为古文，即以文言写成的散体文。

［6］试帖：唐以来科举考试中采用的一种诗歌体裁。多用五言六韵，有一定的程式。

［7］骛（wù）：乱跑，引申为心志不专一。

［8］极言：把话说到深处。

【译文】

寻求学业之精深，没有别的办法，说的是一个“专”字而已。常言道：“技能多并不能维持一个人的生计”，说的就是技艺要专的道理。我掘井很多却没有水可以喝，是不专的过失在起作用。各位弟弟无论如何都应当致力于专深一门学业，如九弟立志练书法，也不必完全抛弃其他方面。只是每天练习字帖之时，决不可不提起精神，随时随事，均可接触体会。至于四弟和六弟，我不知道你们心里究竟有专一门学业的爱好没有？如有志于探寻古代经典之学，就必须专守一经；如有志于作八股文，就必须专读一个人的文稿；如有志于作古文，就必须专看一家的文集。作各种体裁的诗词也是如此，作应付科举考试中的试帖诗也是如此。千万不可以各门学问同时进行、心志不专。如果各门学问同时进行，则必定一无所成。切嘱切嘱！千万千万！此后你们写信给我，对于各人专守之学业，务必详细写明；而且，须向我详细询问到深处，文字多篇幅长也不要紧。以使我读了你们的信后，就可以知道你们的志向见识如何。凡是专攻一门学业的人，必定有所心得体会，也必定存在着疑难问题需要解决。各位弟弟有什么心得体会，可以告诉我，让我与你们共同欣赏一番；有了疑难问题可以向我提出，我也可以与你们一起来分析探讨。

【评析】

这是曾国藩写给他的几位弟弟的一封家信中的几段话。曾国藩在信中所讲，实际上涉及到了做学问有了一定基础，下一步如何深入下去的辩证关系。如果只是“半桶水”，什么学问都想做，结果就会什么也做不成。这就必须做到一个“专”字，只有专，学问才可能做到精深。这种有目的、有计划、有选择地循序渐进的学习方法，至今仍有借鉴意义。

读书应有恒心

【原文】

学问之道无穷，而总以有恒为主。兄往年极无恒，近年略好，而犹未纯熟。自七月初一起，至今则无一日间断，每日临帖百字，钞书百字，看书少亦须满二十页，多则不论。自七月起，至今已看过《王荆公文集》百卷[1]、《归震川文集》四十卷[2]、《诗经大全》二十卷[3]、《后汉书》百卷[4]，皆朱笔加圈批。虽极忙，亦须了本日功课，不以昨日耽搁而今日补做，不以明日有事而今日预做。诸弟若能有恒如此，则虽四弟中等之资，亦当有所成就，况六弟、九弟上等之资乎？……兄日夜悬望，独此“有恒”二字告诸弟，伏愿诸弟刻刻留心。

——节录自岳麓书社版《曾国藩全集·家书一》

【注释】

[1]《王荆公文集》：指宋代思想家王安石的文集。

[2]《归震川文集》：指明代思想家归有光的文集。

[3]《诗经大全》：《诗经》为中国最早的诗歌总集，先秦时称之为《诗》，汉代尊为经典，始称《诗经》，后人编为《诗经大全》一书。

[4]《后汉书》：南朝宋范晔撰，计一百三十卷，专记东汉一代史事。

【译文】

做学问的道路是没有终止的，而总以“有恒”这两个字为主。我往年在这个问题上最没有恒心，近年以来稍微做得好一些，但还是没有做到完全熟练。自从今年七月初一起，至今则无一日间断，每天临摹字帖一百个字，抄书一百个字，看书至少也做到不下二十页，多则不限定数目。自从七月份起，至今已看过《王荆公文集》一百卷，《归震川文集》四十卷，《诗经大全》二十卷，《后汉书》一百卷，都用朱笔加以圈点札记。虽然我每天的事情很多，时间很忙，但我也坚持做到本天的学业，不因为昨天耽搁而今天去补做，不因为明天有事而今天预先做完。各位弟弟如果能像我一样做到有恒如此，那么虽是四弟这样中等资质之人，也会有所成就，何况六弟、九弟这样上等资质之人呢？……我日夜反复思索，唯有这“有恒”二字相告各位弟弟，殷切希望你们时刻把这“有恒”二字留存于心中。

【评析】

这是曾国藩写给他的几位弟弟的一封家信中的几段话。曾国藩在信中以自己的切身体会告诉他的各位弟弟，做学问的方法是多种多样的，也是无穷无尽的，但集中起来说却又离不开“有恒”二字。只要有恒，上等才思之人可以成材，中等才思之人亦可以成材。这一观点，确是曾国藩对治学经验的总结，至今仍有启迪意义。

明修己治人之道才叫读书

【原文】

六弟自怨数奇[1]，余亦深以为然。然屈于小试辄发牢骚[2]，吾窃笑其志之小，而所忧之不大也。君子之立志也，有民胞物与之量[3]，有内圣外王之业[4]，而后不忝于父母之生[5]，不愧为天地之完人。故其为忧也，以不如舜不如周公为忧也[6]，以德不修学不讲为忧也。是故顽民梗化则忧之[7]，蛮夷猾夏则忧之[8]，小人在位贤才否闭则忧之，匹夫匹妇不被己泽则忧之，所谓悲天命而悯人穷。此君子之所忧也。若夫一身之屈伸，一家之饥饱，世俗之荣辱得失、贵贱毁誉，君子固不暇忧及此也。六弟屈于小试，自称数奇，余窃笑其忧之不大也。

盖人不读书则已，亦即自名曰读书人，则必从事于《大学》[9]。《大学》之纲领有三：明德、新民、止至善，皆我分内事也。若读书不能体贴到身上去，谓此三项与我身了不相涉，则读书何用？虽使能文能诗，博雅自诩，亦只算得识字之牧猪奴耳！岂得谓之明理有用之人也乎？朝廷以制艺取士[10]，亦谓其能代圣贤立言，必能明圣贤之理，行圣贤之行，可以居官莅民[11]、整躬率物也[12]。若以明德、新民为分外事，则虽能文能诗，而于修已治人之道实茫然不讲，朝廷用此等人作官，与用牧猪奴作官何以异哉？然则既自名为读书人，则《大学》之纲领，皆己身切要之事明矣。其条目有八，自我观之，其致功之处，则仅二者而已：曰格物[13]，曰诚意[14]。

格物，致知之事也；诚意，力行之事也。物者何？即所谓本末之物也。身、心、意、知、家、国、天下皆物也，天地万物皆物也，日用常行之事皆物也。格者，即物而穷其理也。如事亲定省[15]，物也；究其所以当定省之理，即格物也。事兄随行[16]，物也；究其所以当随行之理，即格物也。吾心，物也；究其存心之理，又博究其省察涵养以存心之理[17]，即格物也。吾身，物也；究其敬身之理，又博究其立齐坐尸以敬身之理[18]，即格物也。每日所看之书，句句皆物也；切己体察、穷究其理即格物也。此致知之事也。所谓诚意者，即其所知而力行之，是不欺也。知一句便行一句，此力行之事也。此二者并进，下学在此[19]，上达亦在此[20]。……

——节录自岳麓书社版《曾国藩全集·家书一》

【注释】

［1］数奇（jī）：命运乖舛；遭遇不顺当。

［2］辄（zhé）：动不动就，犹“即”。

［3］民胞物与：民为同胞，物为同辈，泛指爱一切人和物。

［4］内圣外王：儒家的政治理想，指所谓圣人兼有王者之位，以推行自然无为之道。

［5］忝（tiǎn）：辱。旧时为谦逊之词。

［6］舜：传说中的上古帝王名。周公：即姬旦，周文王子，曾辅助武王灭纣，建周王朝，封于鲁。

［7］顽民：不顺服之民。梗化：顽固不化。

［8］蛮夷猾夏：古代蔑称华夏民族以外的各少数民族搅乱中原王朝统治秩序。

［9］《大学》：《四书》之一，《礼记》篇名。汉代始称为《小经》，此后历代封建王朝为了统治需要，规定以《大学》等取士，该书成为旧时士人猎取功名的必读书籍。

［10］制艺：也叫制义，即八股文。

［11］居官莅民：做官接触民众。

［12］整躬率物：整齐严肃自己的言行，为别人做出表率。

［13］格物：推究事物的原理。

［14］诚意：确实的意义。

［15］事亲定省：子女对父母应做到早晚问安。

［16］事兄随行：弟弟对待兄长应做到言听计从。

［17］涵养：有道德修养。

［18］立齐坐尸：树立功名、整饬家庭、坚守职业、讲究礼义。

［19］下学：向不如自己的人主动请教。

［20］上达：对事理认识得透彻。

【译文】

六弟自怨际遇不佳，我也深以为然。然而，受屈于一次小考就发牢骚，我暗笑你的志气太小，而所忧虑的问题却不大。有高尚才识德行的人立志，则有泛爱一切人和物的宏大气量，有圣人那样一种兼具王者之位，以推行自然无为之道的功业，而后才不至于辱损父母对其养育之恩，不愧为世间完美无缺的人。这样的人所忧虑的是，以自己不如舜帝、不如周公而感到忧虑，以自己的德行品性不加修养、学业不加以讲究而感到忧虑。正是由于这个原因，这样的人对那些不顺从的百姓的顽冥不化、公开不服管束而感到忧虑，对华夏民族以外的少数民族搅乱中原王朝统治秩序而感到忧虑，对小人把持权位而那些贤能之人被排斥打击发挥不了作用而感到忧虑，对无知的男女不被自己的恩惠所感化而感到忧虑，这就是说的感叹命运之坎坷而悯惜他人之不幸。这些才是德行高尚的人之所以值得忧虑的事情。至于个人之成败，一家之饥饱，常人之荣辱得失、贵贱毁誉，那些德行高尚的人本来就没有闲暇去忧虑这些问题。六弟受屈于一次小考，自认为际遇不佳，我暗笑你所忧虑的问题不大也。

一个人不读书则已，即使是那些把自己当做读书人的人，也必须从事于古代重要经书《大学》中义理的探讨。《大学》的要点有三个方面，即明白道理、更新民众、到达极善，这都是自己分内应做的事情。如果读书不能把这些深入到自己的思想言行中去，说这三个方面与我自己毫不相干，那么读书又有什么用呢？即使他可以做到又能作文又能写诗，博雅自夸，但充其量只算得上是一个识字的放养猪牛的下等人，怎么能够算得上是一个明理有用的人呢？朝廷以八股文字来选取人才，重视的是能够代替圣贤创立学说，一定能够明圣贤之理、行圣贤之行，可以做到当官接触民众、整饬自己言行，为民众作出表率。如果将明白道理、更新民众看作是自己分外之事，那么他即使能作文又能写诗，而于修养己身、治理别人之道茫然不讲，朝廷任用这样的人去做官，与任用无知的放牧猪羊的下等人去做官又有什么区别呢？因此，既然自己把自己当做读书人看待，那么有关《大学》这三个方面的要点都是自己切要的事情就是很明显的了。这其中的轻重缓急有八个方面，据我观察，其可以用力的地方则仅这两个方面而已，一是格物即推究事物的原理，一是诚意即弄清楚事物的确实意义所在。

推究事物的原理，讲的是导致一个人知识多少深浅的事情；弄清楚事物的确切意义所在，讲的是将知识落实到行动上的事情。物指的是什么呢？即是所说的什么是根本什么是微末什么是主要什么是次要的东西。身体、精神、意念、知识、家庭、国家和天下都是属于物的范畴。自然界万事万物都是属于物的范畴，日用常行之事也都属于物的范畴。格物这个问题，指的就是接触事物而推究其深刻的道理所在。如子女对待父母应做到早晚请安问好，这就是物；推究其所以请安问好的道理，这就是格物。弟弟对待兄长应做到言听计从，这就是物；推究其之所以应当言听计从的道理，这就是格物。我自己的心自己的精神，就是物；推究其之所以应当保留这心志的道理，这就是格物。我自己的身体，这就是物；推究其慎重对待它的道理，又广泛推寻其树立功名、整饬家庭、坚守专业、讲究礼义用以慎重对待己身的道理，这就是格物。每天所看之书，字字句句都是物；切己体察、深究其理就是格物。这是达到学识完满的事情。所谓弄清楚事物确实意义，讲的就是把自己所知道的东西尽力落实到行动上的问题，就是不欺骗蒙混。知道一句便落实到行动上一句，这就是尽力实践的事情。这两者同时并进去做，向不如自己的人请教在于此，对事理认识得透彻也在于此。……

【评析】

这是曾国藩写给其几位弟弟的家信中的几段话。曾国藩在信中详尽阐述了读书与修身养性的密切关系，不仅学术性很突出，而且其政治观也很明显，可以说是他对封建道德修养观的集中而精辟的见解，同时也反映出朴素辩证法的精要思想主张。虽然这是以封建伦理道德来做为衡量准则的，但就读书做人这一点而言，是可以在批判剔除其封建性糟粕的前提下加以借鉴的。

读书不可有好名之心

【原文】

吾谓读书不求强记，此亦养身之道。凡求强记者，尚有好名之心横亘于方寸[1]，故愈不能记；若全无名心，记亦可，不记亦可，此心宽然无累，反觉安舒，或反能记一二处，亦未可知。此余阅历语也，植弟试一体验行之。

——节录自岳麓书社版《曾国藩全集·家书一》

【注释】

［1］横亘于方寸：意指有“好名之心”，时时将名利放在心上，孜孜以求名。

【译文】

我说读书不求强记，这也是修身养性的一种方法。一般强求硬记的人，差不多都有追求名望的念头汲汲于心，所以更加记不住。如果完全没有虚名之累，记也好，不记也好，心地宽舒，无所挂牵，反而能静下心来，或许倒能够记住一些东西也未可知。这是我的经验之谈，国荃弟不妨在实践中逐一体会。

【评析】

这是曾国藩写给他的几位弟弟的一封家信中的几段话。读书贵在专心。贪多务滥，无非“好名”心切。世事纷扰，万不可因名利之心而乱了“方寸”。这里，用得着曾被曾国藩当做座右铭的一句名言“莫问收获，但问耕耘”。

须有志于道义身心之学

【原文】

……季弟有志于道义身心之学，余阅其书，不胜欣喜。凡人无不可为圣贤，绝不系乎读书之多寡。吾弟诚有志于此，须熟读《小学》[1]及《五种遗规》[2]二书。此外各书能读固佳，不读亦初无所损。可以为天地之完人，可以为父母之肖子，不必因读书而后有所加于毫末也。匪但四六古诗可以不看[3]，即古文[4]为吾弟所愿学者，而不看亦自无妨。但守《小学》、《遗规》二书，行一句算一句，行十句算十句，贤于记诵词章之学万万矣。

——节录自岳麓书社版《曾国藩全集·家书一》

【注释】

[1]《小学》：朱熹编的蒙学课本。

[2]《五种遗规》：书名。清代陈宏谋编的养正、教女、训俗、从政、在官五种遗规的合称。

[3] 匪：非；不。

[4] 古文：唐朝时称秦汉之文为古文，即以文言文写成的散文。

【译文】

……季弟有志于道德义理修身养性之学，我读了你的信，十分高兴。每个人都可以成为圣人贤人，绝不取决于读书的多少。弟弟诚心有这种志向，就要熟读《小学》及《五种遗规》这两本书。其他的书能够读当然好，不能读一时也不会有大的妨碍。成为天地间最完美的人，成为父母最称心的儿子，不要以为只有在读了书以后才会在这个问题上有所收获。不但四六古诗可以不看，就是弟弟爱读的古文，不看也没关系。只要严格按照《小学》《五种遗规》两本书去做，做一句算一句，做十句算十句，那就比单独记诵字词章句的学问要好上几万倍。

【评析】

这是曾国藩写给他的几位弟弟的家信中的一段话。有“道义身心之学”，有“记诵词章之学”，曾国藩显然是把“道义身心之学”摆在首位的。人皆可以为尧舜，问题是有没有这个诚心，能不能付诸实践。诚心向善，做一点是一点，“道义身心”自然会有长进，这跟“记诵词章”显然是两个方面的问题。撇开《小学》《五种遗规》的思想内容不谈，单就二者关系来说，这也就是我们今天常讲的德育和智育的关系。

读书应具有广大气度

【原文】

……尔禀气太清。清则易柔，惟志趣高坚，则可变柔为刚；清则易刻[1]，惟襟怀闲远[2]，则可化刻为厚。余字汝曰劼刚[3]，恐其稍涉柔弱也。教汝读书须具大量[4]，看陆诗以导闲适之抱[5]，恐其稍涉刻薄也。尔天性淡于荣利，再从此二事用功，则终身受用不尽矣。……

——节录自岳麓书社版《曾国藩全集·家书二》

【注释】

[1] 刻：不厚道。

[2] 襟怀：胸怀。

[3] 劼刚：曾纪泽的字号。

[4] 大量：广大的气度。

[5] 陆诗：宋代文学家陆游的诗。

【译文】

……泽儿你的禀赋气质太清高。清高就容易柔弱，只有志趣高雅坚强，才可以变柔弱为刚强；清高又容易刻薄，只有襟怀闲适远大，才可以化刻薄为淳厚。我给你取字叫劼刚，就是担心你会流于柔弱。我教你读书必须具备广大的气度，看陆游的诗以导向闲适的趣味，就是担心你会流于刻薄。你天性在荣誉、名利方面看得比较淡泊，再从这两个方面用功，就会终身受用不尽了。……

【评析】

这是曾国藩写给其儿子曾纪泽家信中的一段话。曾国藩在这封家信中启迪儿子：读书必须具备广大的气度。如何才能“具备广大的气度”呢？只有志趣高坚，“才可以变柔弱为刚强”；只有襟怀闲远，“才可以化刻薄为淳厚”。这种把读书与做人紧密联系在一起的思想教育方法，时至今日仍可借鉴吸取其合理的成分。

读书务必求个明白

【原文】

……尔读书记性平常，此不足虑[1]。所虑者第一怕无恒，第二怕随笔点过一遍，并未看得明白。此却是大病[2]。若实看明白了，久之必得些滋味，寸心若有怡悦之境[3]，则自略记得矣。尔不必求记，却宜求个明白。……

——节录自岳麓书社版《曾国藩全集·家书一》

【注释】

[1] 虑：担忧；发愁。

[2] 病：缺点；毛病。

[3] 寸心：此处指心中。怡悦：愉快；喜悦。

【译文】

……你读书学习，记性平平常常，这并不值得担忧。所要担忧的有这么两点：第一怕没有恒心；第二怕随笔圈点一遍，却并未读得明白。这却是大毛病。如果确是读得明白了，久而久之便一定会领略到个中滋味；如果心里觉得进入了一个心旷神怡的境界，那么就可说是粗略记得了。所以，你没有必要去有意强记，却应该讲求读得明白。……

【评析】

这是曾国藩写给其儿子曾纪泽家信中的一段话。曾国藩毕生读书既讲求方法，更讲求实效。因此他在这篇家训中启迪儿子，如真要学点东西，就不要读“死书”，不能生吞活剥，不求甚解；而应当好好用心读得明白，从而领略个中滋味。这既是曾国藩总结前人经验的体会，更是他自己读书的经验之谈。

读书可以改变人的气质

【原文】

人之气质[1]，由于天生，本难改变，惟读书则可变化气质。古之精相法者，并言读书可以变换骨相。欲求变之之法，总须先立坚卓之志[2]。即以余生平言之，三十岁前最好吃烟，片刻不离，至道光壬寅十一月二十一日立志戒烟，至今不再吃。四十六岁以前作事无恒，近五年深以为戒，现在大小事均尚有恒。即此二端，可见无事不可变也。尔于厚重二字，须立志变改。古称金丹换骨，余谓立志即丹也。

——节录自岳麓书社版《曾国藩全集·家书二》

【注释】

[1] 气质：指人的风骨和风格，亦指人的心理和生理素质。

[2] 坚卓之志：艰苦卓绝的志向。

【译文】

一个人的心理和生理素质由于是天生的，本来就难以改变，唯有读书可以变化气质。古代那些精通相面方法的人，都说读书可以变换骨相。想要得到变换骨相的方法，总要首先立下艰苦卓绝的志向。就拿我的一生来说；我三十岁以前最喜欢吸烟，片刻不离，至道光壬寅年（1842）十一月二十一日立志戒烟，至今不再吸烟了。四十六岁以前做事没有恒心，近五年来深以为戒，现在做大小事都还算是有恒心。就这两点可见，没有什么事是不可以改变的。你在“厚重”两字上，必须立志变化改观。古人称“金丹换骨”，我说立志就是金丹。

【评析】

此篇写作宗旨是曾国藩针对儿子气质单薄，提出用立志读书的方法，以达到“金丹换骨”的目的。全篇采取现身说法，言传身教，指导具体而得法，时至今日仍有其借鉴意义。

应做高邮王氏那样的学问大家

【原文】

……余于本朝大儒，自顾亭林之外[1]，最好高邮王氏之学[2]。王安国以鼎甲官至尚书[3]，谥文肃，正色立朝[4]。生怀祖先生[5]，念孙经学精卓[6]。生王引之，复以鼎甲官尚书，谥文简。三代皆好学深思。……余自憾学问无成，有愧王文肃公远甚，而望尔辈为怀祖先生，为伯申氏[7]，则梦寐之际，未尝须臾忘也。怀祖先生所著《广雅疏证》《读书杂志》，家中无之。伯申氏所著《经义述闻》《经传释词》，《皇清经解》内有之。尔可试取一阅。……本朝穷经者[8]，皆精小学[9]，大约不出段、王两家之范围耳[10]。……

——节录自岳麓书社版《曾国藩全集·家书一》

【注释】

［1］顾亭林：即明清之际的顾炎武，字亭林。

［2］高邮王氏之学：指清前期江苏高邮地区王安国、王念孙、王引之祖孙三代精于经学，故世称高邮王氏之学。

［3］鼎甲：科举考试中殿试名列一甲的三人，即状元、榜眼、探花的

总称。官至尚书：王安国曾于雍正九年（1731）晋升兵部尚书，次年转礼部尚书，后又迁吏部尚书，故云“官至尚书”。

［4］正色：指表情端庄严肃。

［5］怀祖：即王念孙。怀祖是他的字。

［6］经学精卓：指王念孙的经学精通卓越。

［7］伯申氏：指王引之。伯申是他的字。

［8］穷经：深入研究经籍。

［9］小学：即文字训诂之学。

［10］段、王两家：段指段玉裁，通经学，尤精小学，著有《说文解字注》；王指王念孙及其父王安国、其子王引之，精于名物考证，专于校勘、训诂。

【译文】

我对于本朝的最著名读书人，除明清之际的顾炎武之外，就最爱好高邮王安国、王念孙、王引之祖孙三代之学了。王安国以鼎甲而官至尚书，谥文肃，端庄严肃在朝供职。他生下王怀祖先生，怀祖名念孙，其经学精通卓越。怀祖先生生下王引之，又以鼎甲官至尚书，谥文简。祖孙三代皆好学深思。……我自己深感遗憾的是学问无成，有愧于王文肃公甚远，而希望你们这一代成为怀祖先生这样的学问家，希望你们的下一代成为伯申先生这样的学问家。我的这些希望即使在睡觉做梦的时候，一刻也不曾忘记。怀祖先生所著《广雅疏证》《读书杂志》，家中是没有的。伯申即引之先生所著《经义述闻》《经传释词》《皇清经解》中刊载在内，你可试取一阅。……我朝深入研究经籍的人，都精通文字训诂之学，不过大体上超不出段（玉裁）和王（安国、念孙、引之）两家的范围。

【评析】

曾国藩在这篇家训中，一方面自称“最好高邮王氏之学”，然而因“学问无成，有愧王文肃公远甚”；另一方面又勉励儿子胸怀大志，勤奋于学，做一个像王念孙那样的大学问家。可见，他对儿子的了解，对儿子的信任，对儿子寄予的厚望，远不是一般为人父者所能比拟的。

不要把文章看得太重

【原文】

……至于有文一篇，便使天下后世知某某为小人云云，则未免视文太重，而视天下后世太轻。此室所论之是非，易一室而彼不以为然，易一邑而其说更变矣[1]。此乡所服之贤士[2]，易一乡而彼不以为然，易一府而屡变不一变矣[3]。况天下乎？况后世乎？……

——节录自岳麓书社版《曾国藩全集·家书二》

【注释】

［1］邑：小城镇。

［2］乡：行政区域单位。所辖范围历代不同，后多指县以下行政区域单位。

［3］府：旧时行政区划之名，历代各不相同。清代，省以下以府领州，州领县。

【译文】

……至于有一篇文章就能使天下后世之人知道某人是小人的这种说法，未免把文章看得太重，而把天下后世看得太轻了。这间屋子里说的是是非非，另一间屋子里的人就不一定这样认为，另一个城镇则更不会相同了。这个乡所佩服的贤能之士，到另一个乡则不一定是这样，到另一个府则说法变了多次而不止一次了。更何况天下呢？更何况后世呢？……

【评析】

曾国藩认为，文章虽然是千古之事，但要流芳百世，或者说要让天下后世之人记住自已，认识自己，关键还是要多干实事。这一观点至今仍有启迪意义。

进德修业二者不可或缺

【原文】

……吾人只有进德、修业两事靠得住。进德，则孝弟仁义是也[1]；修业，则诗文作字是也。此二者由我作主，得尺则我之尺也，得寸则我之寸也。今日进一分德，便算积了一升谷；明日修一分业，又算馀了一文钱。德业并增，则家私日起。至于功名富贵，悉由命定，丝毫不能作主。昔某官有一门生为本省学政，托以两孙当面拜为门生。后其两孙岁考临场大病[2]，科考丁艰[3]，竟不入学。数年后两孙乃皆入，其长者仍得两榜。此可见早迟之际，时刻皆有前定。尽其在我，听其在天，万不可稍生妄想。六弟天分较诸弟更高，今年受黜[4]，未免愤怨。然及此正可困心横虑[5]，大加卧薪尝胆之功[6]，切不可因愤废学。……

——节录自岳麓书社版《曾国藩全集·家书一》

【注释】

[1] 孝弟（tì）：孝敬父母、敬爱兄长。

[2] 岁考：明代提学官和清代学政对所属府州县学员举行的考试。

[3] 丁艰：旧时称遭父母之丧为丁艰。

[4] 黜（chù）：降职或罢免。

[5] 困心横虑：尽心竭虑，经过痛苦的思考。

[6] 卧薪尝胆：睡在草上，日尝苦胆。形容刻苦自励，不敢安逸。语出《史记·越王勾践世家》。

【译文】

……我们这些人只有增进好的品行、完美学业这两件事靠得住。进德，指的就是孝敬父母、友爱兄长和讲仁讲义；修业，指的就是加紧对诗文写字的学习。这两者由我自己做主来掌握，得一尺则属于我自己的一尺，得一寸则属于我自己的一寸。今天进一份好的品行，就好像积下了一升谷；

明天学业长进了一分，就好像存下了一文金钱。德和业这两者同时并增，则自己的本领才能就会日渐增长。至于功名富贵，全都由个人的命运来决定，丝毫不能由自己和别人来做主。从前有一个官吏的弟子任本省掌管教育的学政官，这个官吏借故以两个孙子当面拜他的弟子为老师。后来这个官吏的两个孙子在府州县主持的考试之时生了大病，分科考试时又逢父母之丧，竟然不能入学，过了数年之后这个官吏的两个孙子才都入学，两个孙子中年龄大的哥哥仍然取得举人和进士的功名。由此可见，一个人的功名富贵是早是迟，时刻都是生前所注定了的。对这个问题尽其努力在于各人自己，听其迟早却在上天，万万不可稍生妄想之念。六弟天分比其他几位弟弟更高一些，今年受此磨难打击，未免生有愤慨怨屈之心。然而，这正可尽心竭虑，大加刻苦自励，切不可因愤恨而废弃了自己的学业。……

【评析】

这是曾国藩写给其几位弟弟家信中的一段话。曾国藩在信中强调，一个人功名利禄的取得，关键在于平时加强自身的修养，一切靠自己的奋斗，绝不要急功近利。这一观点是有道理的，唯其宣扬天命论，某些地方表现出的唯心色彩相当突出，这又是需要读者加以鉴别的。

不可积钱买田而应努力读书

【原文】

……泽儿看书天分高，而文笔不甚劲挺[1]，又说话太易[2]，举止太轻[3]，此次在祁门为日过浅[4]，未将一轻字之弊除尽，以后须于说话走路时刻刻留心。鸿儿文笔劲健[5]，可慰可喜。此次连珠文[6]，先生改者若干字？拟体系何人主意[7]？再行详禀告我。银钱、田产最易长骄气逸气，我家中断不可积钱，断不可买田，尔兄弟努力读书，决不怕没饭吃。至嘱。

——节录自岳麓书社版《曾国藩全集·家书一》

【注释】

[1] 文笔：文章用词造句的风格。劲挺：刚劲挺拔。

［2］易：简率；轻慢。

［3］轻：轻浮；不庄重。

［4］为日：相当于“度过的日子”。浅：指时间短暂。

［5］劲健：刚劲；稳健。

［6］连珠文：一种文体，通常用前一句的结尾做后一句的开头，使邻接句子递承紧凑，即采用顶针、回文的手法，实际上是一种文字游戏。

［7］体：指文体格局。

【译文】

……纪泽儿读书天资算是高的，但文笔却不怎么刚劲挺拔，并且平时说话太简慢，举止太轻浮，这一次来祁门住的日子太短，没有将一个“轻”字的毛病消除净尽，今后说话走路时务必时时留心。纪鸿儿文笔刚劲稳健，令人欣慰。这次写的连珠文，经过先生改过的有多少字呢？拟订文体格局是谁的构思呢？再写信来时详细告诉我。银钱、土地、财产最容易使人增长骄横安逸的习气，我们家里绝不能积钱、买田，你们兄弟几个只管努力读书，绝不怕没有饭吃，这是我最要嘱咐你们的了。

【评析】

曾国藩凭着自己的经验阅历懂得读书是最重要的，而银钱田产则最易长骄气逸气。因此，他在这篇家训中肯定两个儿子的成绩并指出他们的不足之后，又谆谆告诫家里“断不可积钱，断不可买田”，勉励儿子“安贫乐道”“努力读书”，不能不说是用心良苦。

人“当自省而图自立”

【原文】

……纪泽儿读书记性平常，读书不必求熟，且将《左传》[1]《礼记》[2]于今秋点毕，以后听儿之自读自思。成败勤惰，儿当自省而图自立焉。吾与诸弟惟思以身垂范而教子侄，不在诲言之谆谆也。

——节录自岳麓书社版《曾国藩全集·家书一》

【注释】

[1]《左传》：又名《左氏春秋》，中国第一部记事详备之编年史，又是一部富于文学价值之散文名著，相传为春秋时鲁国史官左丘明作。被儒家视为“十三经”之一。

[2]《礼记》：三《礼》之一，相传为孔子弟子几代人辑录而成，成书于东汉中期。集中宣扬儒家礼治主义，历来为封建王朝所重视。

【译文】

……纪泽儿读书记性平常，不一定要求做到句句记熟，姑且将《左传》《礼记》在今年秋天读完，以后由自己去读，自己去思考。能不能有所成就，是终生勤勉还是怠惰，应当在自己有所体味以后才能图自立并有所建树。我和各位弟弟要想的只是怎样以实际行动做出榜样来教育子侄，而不在于过多的以言辞教诲。

【评析】

这是曾国藩写给其几位弟弟家信中的一段话。曾国藩认为，教子侄读书，眼睛不能只盯在几本重要的经书上，尤应着眼于日后之“自读自思”“自省”“自立”。读书说理为“有言之教”，以身垂范为“不言之教”。曾国藩对中国古代传统的教育方法作了切合实际的阐述。

子侄辈须勤读经史

【原文】

……纪泽看《汉书》[1]，须以勤敏行之。每日至少亦须看二十叶[2]，不必惑于在精不在多之说。今日半页，明日数页，又明日耽阁间断，或数年而不能毕一部。如煮饭然，歇火则冷，小火则不熟，须用大柴大火乃易成也[3]。甲五经书已读毕否？须速点速读，不必一一求熟。恐因求熟之一字，而终身未能读完经书。吾乡子弟未读完经书者甚多，此后当力戒之。诸外甥如未读毕经书，当速补之。至嘱！至嘱！……

——节录自岳麓书社版《曾国藩全集·家书一》

【注释】

[1]《汉书》：东汉班固撰。计一百卷，后人又析出子卷，为一百二十卷。起汉高帝元年（前206），迄王莽地皇四年（23），记西汉一代二百三十年史事。

[2] 叶：同“页”。

[3] 乃：于是；才；就。

【译文】

……纪泽看班固写的《汉书》，必须以勤快敏捷的态度去进行。每天至少也须看二十页，不必迷惑于在精不在多之说。今天少看半页，明天少看数页，又明天耽搁间断，或许数年而不能看完一部。如煮饭一样，歇火就会冷，火小就熟不了，必须用大柴大火才容易煮熟，甲五伢子经书已读完了没有呢？必须教他速点速读，不必一一求熟。我担心他为了求熟，终生不能读完经书。我们家乡的子弟没有读完经书的人很多，从此以后应当努力戒除这种习气。各个外甥如没有读完经书，应当迅速补读。特别嘱咐。……

【评析】

这是曾国藩写给其弟曾国潢家信中的一段话。曾国藩在这里特别嘱咐在家乡主持“耕读”事务的弟弟曾国潢，要他告诫子侄辈应当勤读、速读经史方面的书籍，打下应付科考的基础。并且不要耽搁间断，不要因求熟而放弃。这一点与他主张的读书应当专一史、一经的观点是相辅相成的。

读书应注意广泛涉猎

【原文】

闻儿经书将次读毕[1]，差用少慰[2]。自《五经》[3]外，《周礼》[4]《仪礼》[5]《尔雅》[6]《孝经》[7]《公羊》[8]《谷梁》[9]六书自古列之于经，所谓十三经也。此六经宜请塾师口授一遍[10]。尔记性平常，不必求熟。十三经外所最宜熟读者莫如《史记》[11]、《汉书》[12]、《庄子》[13]、韩文[14]四种。余生平好此四书，嗜之成癖[15]，恨未能一一诂释笺疏[16]，穷力讨治。自此四种而外，又如《文选》[17]、《通典》[18]、《说文》[19]、《孙武子》[20]、《方舆纪要》[21]、近人姚姬传[22]所辑《古文辞类纂》、余所抄十八家诗，此七书者，亦余嗜好之次也。凡十一种[23]，吾以配之《五经》《四书》之后，而《周礼》等六经者，或反不知笃好[24]，盖未尝致力于其间[25]，而人之性情各有所近焉尔[26]。吾儿既读《五经》《四书》，即当将此十一书寻究一番，纵不能讲习贯通，亦当思涉猎其大略[27]，则见解日开矣。

——节录自岳麓书社版《曾国藩全集·家书一》

【注释】

[1] 次：依次；渐次。

[2] 差用少慰：指因此而稍感欣慰。

[3]《五经》：书名。指《诗》《书》《礼》《易》《春秋》五部儒家经典。

[4]《周礼》：书名。又称《周官》或《周官经》，儒家经典。

[5]《仪礼》：书名。简称《礼》，又称《礼经》，儒家经典。

[6]《尔雅》：书名。儒家经典。

[7]《孝经》：书名。儒家经典。

[8]《公羊》：书名。即儒家经典《公羊传》。

[9]《谷梁》：书名。即儒家经典《谷梁传》。

[10] 塾师：古代私人设立的教学场所中的教书先生。

[11]《史记》：书名。西汉司马迁撰，原名《太史公书》，中国第一部纪传体通史。

[12]《汉书》：书名。东汉班固撰，中国第一部纪传体断代史。

[13]《庄子》：书名。亦称《南华经》，道家经典。

[14] 韩文：即唐代韩愈的文集，又称《韩昌黎集》。

[15] 嗜（shì）：特别爱好。

[16] 笺（jiān）：注解。疏：古书的注解，比“注”更详细。

[17]《文选》：书名。又称《昭明文选》，南朝萧统选编。

［18］《通典》：书名。唐杜佑撰。

［19］《说文》：书名。文字学著作，东汉许慎著。

［20］《孙武子》：书名。亦称《孙子兵法》。

［21］《方舆纪要》：书名。即清初学者顾祖禹所撰《读史方舆纪要》。

［22］姚姬传：即清代学者姚鼐，古文字学家，编有《古文辞类纂》。

［23］凡：总共。

［24］笃好：十分爱好；很爱好。

［25］盖：大概；由于。

［26］尔：而已；罢了。

［27］涉猎：粗略地阅读。

【译文】

我听说你将依次读完那些经书，因此而稍感欣慰。除《五经》之外，《周礼》《仪礼》《尔雅》《孝经》《公羊传》《谷梁传》等六种书，自古以来列之经典，合起来即称之为十三经。读这六种经籍，应该请私塾先生替你讲授一遍。你记性平平常常，就不必讲求熟练了。十三经之外，最应熟读的莫过于《史记》《汉书》《庄子》《昌黎先生集》等四种。我平生很喜欢这四种书，以致嗜之成癖，但遗憾的是没能够逐一作注，更没能够尽力研究。除这四种之外，又如《昭明文选》《通典》《说文》《孙武子》《方舆纪要》，还有近代人姚鼐所辑录的《古文辞类纂》、我所抄十八家诗，这七种书，也是我比较喜欢的。这七本和前面四本加起来总共十一本，我把它们配在《五经》《四书》之后，而对于《周礼》等六本经籍反而不怎么爱好，因而没能在这上面花力气去钻研，这是由于各人的性情兴趣有所不同罢了。你作为我的儿子，既然读过了《五经》《四书》，就应当将此十一种书探讨研究一番，即使尚不能一气贯通地讲述，也该考虑粗略地阅读，如果真能这样，那么你的视野就会日益开阔、见解就会日益增长了。

【评析】

这是曾国藩写给其儿子曾纪泽家信中的一段话。曾国藩向来主张为学必须专精一业、专攻一学，他自己就说过“穷经必专一经，不可泛骛”。但是他更主张在精读的基础上一定要广泛涉猎，做到精读和泛读相统一。只有这样，才能开阔视野，才能增加见解，才能扩大知识。曾国藩在这封家信中提出的这种精读结合泛读、开阔视野的主张，对于今天的“读书人”来说，是应该借鉴和吸取的。

读书须做到“虚心涵泳”和“切己体察”

【原文】

……汝读《四书》无甚心得[1]，由不能虚心涵泳[2]，切己体察[3]。朱子教人读书之法[4]，此二语最为精当。尔现读《离娄》[5]，即如《离娄》首章“上无道揆，下无法守”[6]，吾往年读之，亦无甚警惕[7]。近岁在外办事，乃知上之人必揆诸道，下之人必守乎法。若人人以道揆自许，从心而不从法，则下凌上矣[8]。“爱人不亲”章，往年读之，不甚亲切。近岁阅历日久，乃知治人不治者，智不足也。此切己体察之一端也。“涵泳”二字，最不易识，余尝以意测之。曰涵者，如春雨之润花，如清渠之溉稻。雨之润花，过小则难透，过大则离披[9]，适中则涵濡而滋液[10]；清渠之溉稻，过小则枯槁[11]，过多则伤涝[12]，适中则涵养而浡兴[13]。泳者，如鱼之游水，如人之濯足[14]。程子谓鱼跃于渊[15]，活泼泼地；庄子言濠梁观鱼[16]，安知非乐？此鱼水之快也。左太冲有“濯足万里流”之句[17]，苏子瞻有夜卧濯足诗[18]，有浴罢诗，亦人性乐水者之一快也。善读书者，须视书如水，而视此心如花如稻如鱼如濯足，则“涵泳”二字，庶可得之于意言之表[19]。尔读书易于解说文义，却不甚能深入，可就朱子“涵泳”“体察”二语悉心求之[20]。……

——节录自岳麓书社版《曾国藩全集·家书一》

【注释】

[1] 汝：你。《四书》：指《大学》《中庸》《论语》《孟子》四部儒家经典。

[2] 虚心涵泳：心胸宽广，使之如受水的浸润，如在水中潜游，亦即悉心领会和融会贯通之意。

［3］切己体察：切身体验。

［4］朱子：指宋代理学家朱熹。

［5］《离娄》：《四书》中《孟子》之一章。

［6］“上无道揆（kuí），下无法守”：上层统治者没有建立和掌握好一定的思想政治体系，下层平民百姓就没有法制可以遵循。揆，在这里是作为掌握、管理的意思。

［7］警惕：即引起注意。

［8］凌：凌辱；欺侮。

［9］离披：散乱；倒伏。

［10］涵濡（rú）：浸润；润湿。滋液：滋润。

［11］枯槁（gǎo）：干枯。

［12］伤涝：庄稼被淹。

［13］浡（bó）兴：振作；兴起；生机勃发。

［14］濯（zhuó）足：洗脚。

［15］程子：指北宋理学的奠基者之一程颐。

［16］濠梁：河桥。

［17］左太冲：即左思，西晋文学家。“濯足万里流”：其意是说在河里洗脚，任凭河水从脚上流向远方。

［18］苏子瞻：即北宋文学家苏轼。

［19］庶：庶几；差不多。

［20］悉心：尽心；用尽所有的心思。

【译文】

……纪泽儿你读《四书》没有什么心得体会，是由于你不能悉心领会、融汇贯通，也由于你没有去亲身体验。朱熹教人读书的方法中，以上面这两句话说得最为精当。你现在读《离娄》，就像《离娄》第一章的“上无道揆，下无法守”，我往年读它，也没有怎么注意；而近年在外办事，才明白上层统治者必须建立掌握好一定的思想政治体系，下层平民百姓才一定会遵守法令制度。如果人人都只认可自己的思想观点，听凭自己的意愿而不遵循法制，那么就会是下层百姓凌辱上层统治者了。“爱人不亲”一章，往年读它并不感到十分亲切，而近年来随着经验阅历的日益增加，才知道治理百姓的事没有做好，是因为才智不够。这也算是我的一种亲身体验吧！“涵泳”两个字，最不容易领会其深刻含义了，我曾从意义上揣测而作这样的理解：所谓“涵”，就好比绵绵春雨滋润花草，好比清清渠水灌溉禾苗。春雨滋润花草，太少了就难以使花草透湿，而太多了又容易使花草倒伏，恰如其分则会使花草浸湿而又滋润。渠水灌溉禾苗，太少就会使禾苗干枯，太多又会使禾苗淹没，恰如其分就会使禾苗滋润而茁壮。所谓“泳”，好比鱼儿在水里游动，好比人们在水里洗脚。程颐说鱼儿在潭水里跳跃，显得十分活泼；庄子说在桥上看鱼在河里游动，人们哪里知道它们不快乐呢？这是鱼儿在水中得到的愉悦。左思曾经写过“濯足万里流”的佳句，苏轼也作过吟咏夜里躺着洗脚的诗篇，还有沐浴完毕后的诗篇，这也可见天性就乐于在水中的人们所享受到的一种愉悦。善于读书的人，必须把书籍看成是水，而将自己的心智当做花草，当做禾苗，当做游水的鱼，当做洗涤的脚，这样一来，对于“涵泳”二字，差不多可以明白它的深刻含意而且能用语言表达出来了。你读书能比较容易地解释字面意义，却不能深入体会，现在你可以就朱熹说的“涵泳”、“体察”这两句话去尽心尽力地探求一番了。……

【评析】

这是曾国藩写给其儿子曾纪泽家信中的一段话。曾国藩在信中启迪儿子，要想读书真有心得，真见成效，一定要做到潜心探求其深刻内蕴，即所谓“虚心涵泳”；一定要做到设身处地去体验一番，亦即所谓“切已体察”。同时，他又严肃地指出儿子读书“易于解说文义，却不甚能深入”，勉励他们就朱熹说的“虚心涵泳”“切已体察”这两句话去尽心地探求一番。曾国藩所倡导的这种教子读书的方法，仍然值得我们今天做父母的人和致力于读书学习的年轻人效仿和借鉴。

看书不可不加选择

【原文】

……本朝善读古书者，余最好高邮王氏父子，曾为尔屡言之矣。今观怀祖先生《读书杂志》中所考订之书[1]，曰《逸周书》、曰《战国策》、曰《史记》、曰《汉书》、曰《管子》、曰《晏子》、曰《墨子》、曰《荀子》、曰《淮南子》、曰《后汉书》、曰《老》《庄》、曰《吕氏春秋》、曰《韩非子》、曰《杨子》[2]、曰《楚辞》、曰《文选》，凡十六种。又别著《广雅疏证》一种。伯申先生《经义述闻》[3]中所考订之书：曰《易》、曰《书》、曰《诗》、曰《周官》、曰《仪礼》、曰《大戴礼》、曰《礼记》、曰《左传》、曰《国语》、曰《公羊》、曰《谷梁》、曰《尔雅》，凡十二种。王氏父子之博，古今所罕，然亦不满三十种也。

余于《四书》[4]、《五经》[5]之外，最好《史记》[6]、《汉书》[7]、《庄子》[8]、韩文四种，好之十余年，惜不能熟读精考[9]。又好《通鉴》[10]、《文选》[11]及姚惜抱所选《古文辞类纂》[12]、余所选《十八家诗抄》四种，共不过十余种。早岁笃志为学[13]，恒思将此十余书贯串精通[14]，略作札记，仿顾亭林[15]、王怀祖之法。今年齿衰老，时事日艰，所志不克成就[16]，中夜思之，每用愧悔[17]。泽儿若能成吾之志，将《四书》《五经》及余所好之八种一一熟读而深思之，略作札记，以志所得，以著所疑，则余欢欣快慰，夜得甘寝，此外别无所求矣。

——节录自岳麓书社版《曾国藩全集·家书一》

【注释】

[1] 怀祖：即清代学者王念孙，通经，尤精于文字训诂之学。所撰《读书杂志》涉及十六种书，此处不一一作注，用以节省编幅。考订：考据；订正。

[2] 杨子：即杨朱。战国时魏人。又称杨子、阳子或杨生、阳生。后于墨翟，前于孟轲。其学说主张重在爱己，不拔一毛以利天下，与墨子的“兼爱”主张恰恰相反。从而，被当时儒家斥为异端。著述不传，其学说散见于《孟子》《庄子》《荀子》《韩非子》诸书之中。

[3]《经义述闻》：王念孙之子王引之即伯申所撰。

[4]《四书》：《大学》《中庸》《论语》《孟子》四部儒家经典的合称。

[5]《五经》：《诗》《书》《礼》《易》《春秋》五部儒家经典的合称。

[6]《史记》：书名。西汉司马迁撰，原名《太史公书》，中国第一部纪传体通史。

［7］《汉书》：书名。东汉班固撰，中国第一部纪传体断代史。

［8］《庄子》：书名。亦称《南华经》，道家经典。

［9］考：推究；研讨。

［10］《通鉴》：书名。宋代司马光所撰《资治通鉴》。

［11］《文选》：书名。又称《昭明文选》，南朝萧统选编。

［12］姚惜抱：即姚鼐，清代散文家，其室名为惜抱轩，人称“惜抱先生”。

［13］笃志：一心一意。

［14］恒：经常。

［15］顾亭林：即明清之际思想家、学者顾炎武。因号亭林，所以世称“亭林先生”。

［16］克：能。

［17］每：往往。

【译文】

……本朝善于读古书的学者当中，我最喜欢江苏高邮的王念孙父子，曾多次跟你谈到他们。现在，我看怀祖先生在《读书杂志》中所考据、订正的著作有《逸周书》《战国策》《史记》《汉书》《管子》《晏子》《墨子》《荀子》《淮南子》《后汉书》《老子》《庄子》《吕氏春秋》《韩非子》《杨子》《楚辞》《文选》，共十六种，再加上另一种《广雅疏证》。伯申（即王引之，王念孙之子）先生在《经义述闻》中所考据、订正的著作有《易经》《尚书》《诗经》《周官》《仪礼》《大戴礼》《礼记》《左传》《国语》《公羊传》《谷梁传》《尔雅》，一共十二种。王氏父子学识渊博，自古至今都非常少有，但所读的书亦不满三十种。

我在读《四书》《五经》之外，最喜欢读的是《史记》《汉书》《庄子》《昌黎先生文集》四种，一直到现在已经十多年了，可惜没能熟读深究。我还喜欢《资治通鉴》《文选》及姚鼐所选的《古文辞类纂》以及我自己所选的《十八家诗抄》四种，一共也不过十多种。我早年专心致力于做学问，常常想将这十多种书融汇贯通，并略作笔记，很想仿照顾亭林、王怀祖一样去做。而现在已年迈体衰，时局与政务也日益让人感到艰难，因此我的心愿未能达到，每到夜深想起这件事情，往往都因此而羞愧懊悔不已。纪泽儿如果有朝一日能实现我未遂的心愿，将《四书》《五经》以及我所喜欢的八种书籍一一熟读并且深入探讨，同时略作笔记，记下自己所通晓的东西，写下自己所质疑的问题，那么我也会倍感欢欣与安慰，晚上也会睡得香甜了。此外别无所求。

【评析】

这是曾国藩写给其儿子曾纪泽家信中的一段话。曾国藩凭着自己的经验阅历，并借鉴前人的经验，系统而详尽地教导儿子读书应采取泛读和精读相结合的方法，即读书不应无的放矢，而是应该通过泛读之后选择自己所喜欢的、有价值的书去深读熟读，以领会大经大义。这种学习方法，体现了他注重实学的精神。

“读书之法” 重在看读写作

【原文】

……读书之法，看、读、写、作，四者每日不可缺一。看者，如尔去年看《史记》[1]、《汉书》[2]、韩文[3]、《近思录》[4]，今年看《周易折中》[5]之类是也。读者，如《四书》[6]、《诗》[7]、《书》[8]、《易经》[9]、《左传》[10]诸经、《昭明文选》[11]、李杜韩苏之诗[12]、韩欧曾王之文[13]，非高声朗诵则不能得其雄伟之概，非密咏恬吟则不能探其深远之韵[14]。譬之富家居积[15]，看书则在外贸易，获利三倍者也，读书则在家慎守，不轻花费者也。譬之兵家战争，看书则攻城略地，开拓土宇者也，读书则深沟坚垒，得地能守者也。看书如子夏之“日知所亡”相近[16]，读书与“无忘所能”相近[17]，二者不可偏废。至于写字，真行篆隶[18]，尔颇好之，切不可间断一日。既要求好，又要求快。余生平因作字迟钝，吃亏不少。尔须力求敏捷，每日能作楷书一万则几矣[19]。至于作诸文，亦宜在二三十岁立定规模；过三十后，则长进极难。作四书文，作试帖诗[20]，作律诗，作古今体诗，作古文，作骈体文[21]，数者不可不一一讲求，一一试为之。少年不可怕丑，须有狂者进取之趣[22]，过时不试为之，则后此弥不肯为矣[23]。……

——节录自岳麓书社版《曾国藩全集·家书一》

【注释】

［1］《史记》：书名。司马迁撰，中国第一部纪传体通史。

［2］《汉书》：书名。东汉班固撰，中国第一部纪传体断代史。

［3］韩文：指唐代文学家韩愈的《昌黎先生集》。

［4］《近思录》：书名。宋朱熹等撰。

［5］《周易折中》：书名。《易经》研究著作。

［6］《四书》：指《大学》《中庸》《论语》《孟子》四部儒家经典。

［7］《诗》：书名。指《诗经》。

［8］《书》：书名。指《尚书》。

［9］《易经》：书名。即《周易》。

［10］《左传》：书名。相传为春秋末年左丘明撰，解释《春秋》的三传之一。

［11］《昭明文选》：书名。又叫《文选》，南朝萧统编，中国现存最早的诗文总集。

［12］李杜韩苏：分别指唐代的李白、杜甫、韩愈和宋代苏轼。

［13］韩欧曾王：分别指唐代韩愈和宋代欧阳修、曾巩、王安石。

［14］密咏恬吟：相当于"轻声细语地吟咏"，同高声朗诵相对而言。

［15］譬：比方；比如；好比。

［16］子夏：春秋时期晋国人，孔子的学生。"日知所亡"：即是说"每天都懂得一些自己原来所不知道的"。"亡"作"无"解。

［17］"无忘所能"：其意是说"不忘记自己已经理解掌握的"。

［18］真行篆隶：分别指正楷、行书、小篆、隶书这四种书体。

［19］几：差不多。

［20］试帖诗：兴起于唐代的一种诗体，也称"赋得体"，为科举考试所采用，发展到清代格式限制尤为严格。

［21］骈体文：盛行于魏晋南北朝的一种文体。要求词句整齐对偶，重视声韵的和谐与词藻的华丽。

［22］进取：闯荡进取；努力向前、有所作为。

［23］弥：愈加；越发。

【译文】

……读书学习的方法，看（书）、读（书）、写（字）、作（文），这四种训练每天不可以缺少一种。看书，像你去年看《史记》《汉书》《昌黎先生集》《近思录》，今年看《周易折中》等就是属于看书之类。读书，像《四书》《诗经》《尚书》《易经》《左传》等各种经典，《昭明文选》，李白、杜甫、韩愈、苏轼的诗，韩愈、欧阳修、曾巩、王安石的文，不大声朗诵就不能领略其中雄伟豪迈的气概，不细细吟咏就不能体会其中深远幽邃的韵致。这就好比富裕人家积聚财产：看书就像在外面经商贸易，获得的利润是原来的三倍；读书就像在家里谨慎守业，不会轻易花费钱财。又好比军事家用兵打仗：看书就像攻城夺地，扩大自己的领土地盘；读书就像挖沟筑垒，夺得了土地就能坚守。同时，看书又如同子夏所说的“日知所亡”相近，读书则与他说的“无忘所能”相近，这两者都不可偏废。至于写字，正楷、行书、小篆、隶书，你本来都很爱好，现在要坚持练下去，切切不可有一天间断。而且要讲求既要写得好，又要写得快。我平生就因为写字迟钝，吃亏不少。你必须力求敏捷、迅速，如果每天能写上一万个小楷体字，就算差不多了。至于作各种文体的文章，也应在二十至三十岁间基本定型并形成自己的风格；过了三十岁以后，要有长进就很困难了。写作四书文，写作试帖诗，写作律诗，写作古体诗、今体诗，写作散体古文，写作骈体韵文，这些都不可不一一讲求，都不可不一一尝试。年轻人不能胆小怕羞，必须有狂妄之徒的那种闯荡进取的志趣，错过了青少年时代不去一一尝试，那到了以后就越发不愿去写作了。……

【评析】

这是曾国藩写给其儿子曾纪泽家信中的一段话。曾国藩在信中既启迪儿子关于读书之法，看、读、写、作四者缺一不可，必须统筹兼顾；同时又详细而系统地告诉儿子看、读、写、作四个方面的区别和联系。曾国藩所总结概括的“读书四法”，对于今天的父母指导儿女读书学习，或者对于今天的青少年本身的读书学习，仍然有着积极的借鉴意义。

治经、作赋、练字均须讲究

【原文】

尔治经之时[1]，无论看注疏[2]，看宋传[3]，总宜虚心求之。其惬意者，则以朱笔识出；其怀疑者，则以另册写一小条，或多为辨论，或仅着数字，将来疑者渐晰，又记于此条之下，久久渐成卷帙[4]，则自然日进。……

尔若学赋，可于每三、八日作一篇大赋，或数千字，小赋或仅数十字，或对或不对，均无不可。……尔字姿于草书尤相宜，以后专习真草二种，篆隶置之可也。四体并习，恐将来不能一工[5]。……

——节录自岳麓书社版《曾国藩全集·家书一》

【注释】

［1］治经：研究经学。

［2］注疏：古代释经之书，有传、笺、解、学等名目，叫做“注”。疏通其义谓之“疏”。

［3］宋传：宋人解说经义的文字。

［4］卷帙：通称书籍的册数。

［5］工：精巧；擅长。

【译文】

你研究经学的时候，无论是看前人的注疏，或者是看宋人解说经义的文字，都应该虚心学习。其中有满意的，则用红笔把它标示出来；如有怀疑的，则以另外的本子写一小条，或者为之辨论，或者仅仅著录几个字，将来怀疑之处渐渐清晰了，又可以记于这一条底下，时间一长了逐渐形成有一定篇幅的册数，就自然而然日见长进了。……

你如果学赋，可以在每个月里的逢三、逢八各作一篇大赋，或数千字，小赋也可以仅数十字。或对仗或不对仗，都没有什么不可以的。……从你写字、练字的姿态来看，以草书更为相宜，以后就专门练习真、草两种字体，至于篆、隶两种字体可以暂时搁置。因为真、草、篆、隶四种字体同时练习，恐怕将来不能一一精巧、工夫到家。……

【评析】

这是曾国藩写给其儿子曾纪泽家信中的几段话。曾国藩在这封家信中启迪儿子如何研究经学、如何作札记、如何学作赋、如何练书法。其分析具体细致，其指导切实中肯。其心之殷勤，希望子弟成才的拳拳之心，跃然纸上，溢于言表。

须掌握阅读《汉书》之道

【原文】

……看《汉书》有两种难处：必先通于小学、训诂之书[1]，而后能识其假借奇字；必先学习于古文辞章之学，而后能读其奇篇奥句。尔于小学、古文两者皆未曾入门，则《汉书》中不能识之字、不能解之句多矣。欲通小学，须略看段氏《说文》、《经籍纂诂》二书[2]。王怀祖先生有《读书杂志》[3]，中于《汉书》之训诂极为精博，为魏晋以来释《汉书》者所不能及。欲明古文，须略看《文选》及姚姬传之《古文辞类纂》二书[4]。班孟坚最好文章[5]，故于贾谊、董仲舒、司马相如、东方朔、司马迁、扬雄、刘向、匡衡、谷永诸传皆全录其著作[6]；即不以文章名家者，如贾山、邹阳等四人传[7]，严助、朱买臣等九人传[8]，赵充国屯田之奏[9]，韦元成议礼之疏[10]，以及贡禹之章、陈汤之奏狱[11]，皆以好文之故，悉载巨篇[12]。如贾生之文[13]，既著于本传，复载于《陈涉传》《食货志》等篇；子云之文[14]，既著于本传，复载于《匈奴传》《王贡传》等篇，极之《充国赞》《酒箴》，亦皆录入各传。盖孟坚于典雅瑰玮之文[15]，无一字不甄采[16]。尔将十二帝纪阅毕后，且先读列传。凡文之为昭明暨姚氏所选者[17]，则细心读之；即不为二家所选，则另行标识之[18]。若小学、古文二端略得途径，其于读《汉书》之道思过半矣。……

——节录自岳麓书社版《曾国藩全集·家书一》

【注释】

[1] 小学：指研究文字、训诂、音韵的学问。训诂：对古书字句的解释，此处指研究这方面的学问。

[2] 段氏《说文》：指清代文字训诂家段玉裁所著《说文解字注》。《经籍纂诂》：训诂学书。清阮元主编，一百一十六卷。

[3] 王怀祖：即王念孙，清代音韵训诂学家。

[4]《文选》：南朝梁武帝萧衍长子萧统，曾招集文士多人编撰《文选》三十卷（今本分为六十卷），自录秦汉以来诗文，因为他三十一岁去世后谥“昭明”，故世称《昭明文选》。姚姬传：即姚鼐（nài），为清代散文学家。

[5] 班孟坚：即班固，为东汉史学家、文学家，《汉书》的作者。文章：此处指文采辞章。

[6] 刘向：西汉经学家、文学家、目录学家。匡衡：西汉末年人，曾任汉元帝丞相。以文知名。谷永：西汉末年人，汉成帝时任光禄大夫、司农，以文知名。

[7] 贾山：西汉前期人。曾上书汉文帝，言治乱之道，借秦为喻，名曰《至言》，以文知名。邹阳：西汉前期人，以文知名。

[8] 严助：西汉中期人。汉武帝时任中大夫。淮南王刘安谋反，因受牵连而被杀。以文知名。朱买臣：西汉中期人。汉武帝时任中大夫侍中，后又任会稽太守。因与张汤相倾轧，为汉武帝所杀。以文知名。

[9] 赵充国：西汉中期人。汉武帝时，以破匈奴有功，授予中郎将。汉宣帝时，以定册功封营平侯。曾上书言屯田十二便，寓兵于农，颇有利于地方的安定和开发。

[10] 韦元成：一作韦玄成。西汉后期人。汉元帝时官至丞相。明经好学，以文知名。

[11] 贡禹：西汉后期人。汉元帝时官至御史大夫。以文知名。陈汤：西汉后期人。以文知名。

[12] 巨篇：指篇幅长或内容精深的文章与书稿。

[13] 贾生：指西汉政论家、文学家贾谊。时称贾生。

[14] 子云：指西汉后期辞赋家、古文字学家扬雄，字子云。

[15] 瑰玮：指文辞华丽。

［16］甄（zhēn）采：辨别、鉴赏文采。

［17］暨（jì）：与；及。姚氏：即姚鼐。

［18］标识：标明记号。

【译文】

……阅读《汉书》有两个难处：必须首先通晓一些关于文字、训诂的书籍，然后才能识别那些假借的奇异生僻的字；必须首先学习关于古文修辞章法的学问，然后才能读懂那些奇特的篇章与深奥的词句。而你在文字训诂、古文辞章两个方面都未曾入门，那么《汉书》中你不能认识的文字、无法理解的句子当然就不会少了。想要通晓文字训诂的知识，必须大略看看段玉裁的《说文解字注》和阮元主编的《经籍纂诂》两本书。另外王念孙先生有一本《读书杂志》，其中对于《汉书》的训诂极为精深广博，是魏晋以来其他解说《汉书》的著作研究所不能比拟的。想要懂得一些古文修辞章法，必须大略看看《文选》以及姚鼐的《古文辞类纂》两本书。班固最喜欢文采辞章，所以《汉书》里关于贾谊、董仲舒、司马相如、东方朔、司马迁、杨雄、刘向、匡衡、谷永等人的传记全都收录了这些人的著作；即使不因文采辞章成为名家的，像贾山、邹阳等四人的传记，严助、朱买臣等九人的传记，赵充国关于屯田的奏议，韦元成论议礼法的奏疏，以及贡禹的奏章、陈汤关于罪案的奏疏，都因是好文章的缘故，《汉书》也全都收录了这些长篇宏论。特别是像贾谊的文章，既收录在贾谊的本传里，又载录于《陈涉传》《食货志》等篇内；扬雄的文章，既收录在扬雄的本传里，又载录于《匈奴传》《王贡传》等篇内。更有甚者，连《充国赞》《酒箴》，也都收录在有关各个人的传记里。大概班固对于典雅瑰玮的文章中的每个字都非常欣赏。你把《汉书》中的十二篇帝纪读完以后，就暂且先读列传吧。凡是被昭明太子和姚鼐所选录的文章，就应细心地阅读它；即使不是被他们两家所收录的文章，也要另作标记。如果你在文字训诂、古文辞章方面略微懂得了些要领，那么对于阅读《汉书》的方法，我想就已经掌握超过一半了。……

【评析】

这是曾国藩写给其儿子曾纪泽家信中的一段话。曾国藩在这篇文字中教导儿子读《汉书》，既指出其必须首先“通小学”“明训诂”，又指出其必须事先学习古文辞章之学，还指出其必须略看哪些有关的书籍。就是在打好基础读《汉书》时，又耐心细致、不厌其详地告诉儿子先读哪些，后读哪些，怎样才能真正读懂。真正做到了循循善诱、诲人不倦。

曾国藩教子读书，不仅仅是教儿子有一个好的读书态度，而且教儿子有一个好的读书方法。今天为人父母者，在指导自己儿女读书时，也可以从这里得到一些借鉴和启发。

读《文选》能医“笔下枯涩之弊”

【原文】

尔明春将胡刻《文选》细看一遍[1]，一则含英咀华[2]，可医尔笔下枯涩之弊[3]；一则吾熟读此书，可常常教尔也。沅叔及寅皆先生望尔作四书文，极为勤恳。余念尔庚申、辛酉下两科场[4]，文章亦不可太丑，惹人笑话。尔自明年正月起，每月作四书文三篇，俱由家信内封寄营中。

——节录自岳麓书社版《曾国藩全集·家书一》

【注释】

[1]《文选》：指南梁萧统编的《昭明文选》。

[2] 含英咀华：指欣赏、玩味诗文的精华。

[3] 枯涩：缺乏生气而又深拗难懂。

[4] 庚申：即 1860 年。辛酉：即 1861 年。下两科场：指两科场落榜。

【译文】

你可于明年春天将胡刻《文选》细细地看一遍，一则可以欣赏、玩味诗文的精华，医治你作诗文时笔下枯涩之弊；再则我熟读过此书，也可以常常教你。沅叔和寅皆先生都希望你练习作八股文、时文，极为殷勤恳切，我考虑你在庚申年、辛酉年两次科场落榜，说明八股文章亦不可作得太差，惹人笑话。你自明年正月起，每月作八股文三篇，都由家信内封寄营中。

【评析】

这是曾国藩写给其儿子曾纪泽家信中的一段话。曾国藩在这封信中，在启迪儿子读《文选》时，既讲清读《文选》的重要性，又说明自己熟读过此书教起来很方便；在勉励儿子练习作八股文时，既告诉他长辈们对他寄予殷切希望，又指出曾家子弟文章作得不太像样惹人笑话。同时，又规定儿子读《文选》的时间和每月作八股文的篇数。曾国藩对儿子如此关心备至、体贴入微、指导中肯，所以收效也就十分显著。

文章贵在行气

【原文】

……尔问文中雄奇之道[1]。雄奇以行气为上[2]，造句次之，选字又次之。然未有字不古雅而句能古雅[3]，句不古雅而气能古雅者；亦未有字不雄奇而句能雄奇，句不雄奇而气能雄奇者。是文章之雄奇，其精处在行气[4]，其粗处全在造句选字也[5]。余好古人雄奇之文，以昌黎为第一，扬子云次之。二公之行气，本之天授[6]。至于人事之精能[7]，昌黎则造句之工夫居多，子云则选字之工夫居多。

尔问叙事志传之文难于行气[8]，是殊不然[9]。如昌黎《曹成王碑》、《韩许公碑》，固属千奇万变，不可方物[10]，即卢夫人之铭[11]、女拏之志，寥寥短篇[12]，亦复雄奇崛强[13]。尔试将此四篇熟看，则知二大二小，各极其妙矣。

尔所作《雪赋》，词意颇古雅，惟气势不旸[14]，对仗不工[15]。两汉不尚对仗[16]，潘、陆则对矣[17]，江、鲍、庾、徐则工对矣[18]。尔宜从对仗上用工夫。此嘱。

——节录自岳麓书社版《曾国藩全集·家书一》

【注释】

［1］雄奇：雄伟；奇特。

［2］行气：气势。

［3］古雅：古朴雅致。

［4］精处：精到、精妙的地方。

［5］粗处：粗略、不太讲究的地方。

［6］本：来源于。天授：天之所与；天然授予。

［7］人事：自己人为的。精能：精到的技能。

［8］志传：两种记叙性文体，“志”在于记事，“传”在于记人。

［9］殊：极；很。

［10］方物：比拟、描绘某一具体事物。

［11］即：即使。铭：在器物上记叙事实、功德等或用以警戒自己的文字，后成为一种文体。

［12］寥寥：非常少。

［13］崛强：挺拔、刚劲、有力。

［14］鬯：通“畅”。

［15］对仗：律诗、骈文等按照字音的平仄和字义的虚实做成对偶的语句。

［16］尚：尊崇；注重。

［17］潘、陆：指西晋诗人潘岳、陆机。

［18］江、鲍、庾、徐：指江淹、鲍照、庾信、徐陵。江淹，南朝文学家；鲍照，南朝宋文学家；庾信，南北朝文学家；徐陵，南朝诗人、骈文家。

【译文】

……你问到怎样才能使文章雄伟、瑰奇的方法，我现在就跟你谈谈吧。文章要做到雄伟、瑰奇，最重要的是要造成气势，其次才是造句行文，再次才是选字遣词。然而，没有字词不古朴雅致而句子能古朴雅致，句子不古朴雅致而文气能古朴雅致的；同样，也没有字词不雄伟瑰奇而句子能雄伟瑰奇，句子不雄伟瑰奇而气势能雄伟瑰奇的。这样看来，文章的雄伟瑰奇，它的精到之处在于造成气势，而它的粗略之处却全在造句遣词了。我喜爱古人雄伟瑰奇的文章，以韩愈为第一，扬雄的次之。他们二人的气势造成来源于天然授予。至于他们自己人为的精到技巧，韩愈则全在造句行文上下的工夫多一些，而扬雄则在选字遣词上下的工夫多一些。

你谈到叙事的志文传记难于造成气势，其实完全不是这样。比如韩愈的《曹成王碑》《韩许公碑》，固然是属于千奇万变，恣肆不羁的，即使是卢夫人的铭文，女挐的志文，寥寥几句的短篇，也是雄伟瑰奇、挺拔而劲健的。你试将这四篇文章熟读熟看，就会发现两篇长文章与两篇短文章，都各有其绝妙之处。

你所写的《雪赋》，词句的意蕴很是古朴雅致，只是气势不流畅，对仗也不工整。赋体文，两汉不注重对仗，而潘岳、陆机就讲究对仗了，到了江淹、鲍照、庾信、徐陵手里就更讲求工整的对仗了。你应从对仗上下工夫。这是我要特意嘱咐你的。

【评析】

这是曾国藩写给其儿子曾纪泽的一封家信。曾国藩指导儿子作文，其实并不只是讲求下笔造句的“珠圆玉润”，还注重“行气”，尤其是作“雄奇”文章，“精处在行气”，“粗处全在造句选字”。用今天的话说，也就是要在文章中倾注自己的思想感情，同时巧为立意，精为构思，然后注意遣词造句，体现出一种贯通首尾的“气”来。这种作文之道，无疑是非常可取的。

以精确之训诂作古茂之文章

【原文】

尔于小学训诂颇识古人源流，而文章又窥见汉魏六朝之门径，欣慰无已。余尝怪国朝大儒如戴东原[1]、钱辛楣[2]、段懋堂[3]、王怀祖[4]诸老，其小学训诂实能超越近古，直逼汉唐，而文章不能追寻古人深处，达于本而阂于末，知其一而昧其二，颇所不解。私窃有志，欲以戴、钱、段、王之训诂，发为班、张、左、郭之文章[5]（晋人左思、郭璞小学最深，文章亦逼两汉，潘、陆不及也[6]）。久事戎行，斯愿莫遂，若尔曹能成我未竟之志，则至乐莫大乎是，即日当批改付归。尔既得此津筏[7]，以后便当专心壹志，以精确之训诂，作古茂之文章。由班、张、左、郭上而扬、马而

《庄》《骚》而《六经》，靡不息息相通，下而潘、陆而任、沈[8]，而江、鲍、徐、庾[9]，则词愈杂，气愈薄，而训诂之道衰矣。至韩昌黎出，乃由班、张、扬、马而上跻《六经》，其训诂亦甚精当。尔试观《南海神庙碑》《送郑尚书序》诸篇，则知韩文实与汉赋相近。又观《祭张署文》《平淮西碑》诸篇，则知韩文实与《诗经》相近。近世学韩文者，皆不知其与扬、马、班、张一鼻孔出气。尔能参透此中消息，则几矣[10]。

尔阅看书籍颇多，然成诵者太少，亦是一短。嗣后宜将《文选》最惬意者熟读，以能背诵为断。

——节录自岳麓书社版《曾国藩全集·家书二》

【注释】

[1] 戴东原：清代著名学者戴震。

[2] 钱辛楣：清代学者钱大昕，字晓征，号辛楣。

[3] 段懋堂：清代著名学者段玉裁。

[4] 王怀祖：清代著名堂者王念孙。

[5] 班、张、左、郭：分别指东汉史学家、文学家班固，西晋文学家张华，西晋文学家左思，东晋学者郭璞。

[6] 潘、陆：指西晋诗人潘岳、陆机。

[7] 津筏：渡人过河的木筏，比喻引导人的门径。

[8] 任、沈：南朝文学家任昉、沈约。任昉在当时以表、奏、书、启诸体散文擅名，而沈约以诗著称，时人称为“任笔沈诗”。

[9] 江、鲍、徐、庾：分别指南朝文学家江淹、南宋文学家鲍照、南朝陈梁诗人徐陵、南北朝文学家庾信。

[10] 几矣：差不多了；几乎可以了。

【译文】

你在小学（语言文字学）训诂方面很了解古人的源流，而在文章方面又懂得了汉魏六朝的门径，我感到欣慰不已。我曾经感到奇怪，本朝大儒如戴东原、钱辛楣、段懋堂、王怀祖各位老先生，他们在小学训诂方面实际上能超越近古，十分接近汉唐，但在文章方面却不能追寻古人的深刻，认识了根本的东西却也忽视了某些末节，知其一而不知其二，对此我很有些不理解。我暗暗立下志向，想要以戴东原、钱辛楣、段懋堂、王怀祖的训诂，引发而为班固、张华、左思、郭璞那样的文章（晋朝人左思、郭璞对语言文字学的造诣最深，文章也十分接近两汉，潘岳、陆机比不上）。但因长期从军，这个愿望没能实现。如果你能完成我未竟的志向，那么没有比这使我更大的快乐了。你寄来的文章，我马上就会批改寄回来。你既然得到了这个门径，以后就应当专心致志，以精确的训诂，写出功力深厚的文章。从班固、张华、左思、郭璞开始，上至扬雄、司马迁，再至《庄子》《离骚》以及《六经》，无不息息相通；下至潘岳、陆机，再至任昉、沈约以及江淹、鲍照、徐陵、庾信，词越杂，气势也就越薄弱，因而训诂的学问衰竭了。到了韩愈出来，才继承班固、张华、扬雄、司马迁的文风，并往上继承了《六经》，他的训诂学问因而也很精当。你试阅读《南海神庙碑》《送郑尚书序》各篇，就知道韩愈的文章实际上与汉赋相近；又看看《祭张署文》《平淮西碑》各篇，就知道韩愈的文章实际上又与《诗经》相近，近世学韩愈文章的人，都不知道他与扬雄、司马迁、班固、张华是一脉相承的。你能领会此中一消一长、互为更替的情况，也就差不多了。

你阅看书籍比较多，然而能够背诵的却太少，这也是一大短处。今后应该将《文选》中最快意的文章熟读，以能背诵为止。

【评析】

这是曾国藩写给其儿子曾纪泽的一封家信。曾国藩此篇写作宗旨是与儿子重点讨论训诂源流，以实现自己因故未能实现的“以戴、钱、段、王之训诂，发为班、张、左、郭之文章”的心愿，使儿辈也能“以精确之训诂，作古茂之文章”。同时，根据儿子读书多而背诵少的弱点，勉励其熟读《文选》中的惬意文章，“以能背诵为止。”

写字作文宜模仿古人间架

【原文】

内有贺丹麓先生墓志，字势流美，天骨开张，览之忻慰[1]。惟间架间[2]有太松之处，尚当加功。大抵写字只有用笔、结体两端。学用笔，须多看古人墨迹；学结体，须用油纸摹古帖。此二者，皆决不可易之理[3]。小儿写影本，肯用心者，不过数月，必与其摹本字相肖[4]。吾自三十时，已解古人用笔之意，只为欠却间架工夫，便尔作字不成体段[5]。生平欲将柳诚悬、赵子昂两家合为一炉[6]，亦为间架欠工夫，有志莫遂[7]。尔以后当从间架用一番苦功，每日用油纸摹帖，或百字，或二百字，不过数月，间架与古人逼肖而不自觉。能合柳、赵为一，此吾之素愿也[8]；不能，则随尔自择一家，但不可见异思迁耳。不特写字宜摹仿古人间架[9]，即作文亦宜摹仿古人间架。《诗经》[10]造句之法，无一句无所本。《左传》[11]之文，多现成句调。扬子云[12]为汉代文宗，而其《太玄》摹《易》，《法言》摹《论语》，《方言》摹《尔雅》，《十二箴》摹《虞箴》，《长杨赋》摹《难蜀父老》，《解嘲》摹《客难》，《甘泉赋》摹《大人赋》，《剧秦美新》摹《封禅文》，《谏不许单于朝书》摹《国策》“信陵君谏伐韩”，几于无篇不摹。即韩、欧、曾、苏诸巨公之文，亦皆有所摹拟，以成体段。尔以后作文作诗赋，均宜心有摹仿，而后间架可立，其收效较速，其取径较便。

——节录自岳麓书社版《曾国藩全集·家书一》

【注释】

[1] 忻：同“欣”，喜悦。

[2] 间有：间或有；偶尔有。

[3] 易：改变，变换。

[4] 肖：相似；像。

[5] 便尔：相当于“于是”。“尔”为语助词，无义。体段：相当于“体统”，指体制、格局、规矩。

[6] 柳诚悬、赵子昂：即柳公权、赵孟頫（fǔ），分别是唐、元两朝著名书法家，其书法艺术对后世影响很大，有柳体、赵体之称。

[7] 遂：成功。

[8] 素愿：向来怀着的愿望，一向的愿望。

[9] 不特：不仅；不只。

[10] 《诗经》：书名。我国最早的诗歌总集，原名《诗》，汉代始称《诗经》。

［11］《左传》：书名。解释《春秋》的三传之一。相传为春秋末年左丘明撰。

［12］杨子云：即扬雄，西汉后期辞赋家。

【译文】

你在信内附寄的你所书贺丹麓先生墓志，可以说是字势流畅优美，字体开阔雄伟，看了使人感到欣慰。只是间架结构偶尔有太松散的地方，还应当加倍用功练习。大凡练字只有用笔与结体这两方面应该重视。学习用笔，必须多看古人的墨迹；学习结体，必须用油纸摹写古代字帖。这两方面都是绝不可更改的基本功。青少年练写描摹本，肯用心的，不到几个月的练习，就必定与描摹本上的字相像了。我从三十岁开始，就已经领会了古人用笔的意趣，只因为欠却安排间架的工夫，就导致后来写字成不了体统。我平生想将柳公权、赵孟頫两家的书法艺术融为一炉．也因为缺乏安排间架的功力，徒有这一愿望而没能达成。你以后应从间架结构方面下一番苦功，每天用油纸摹写古帖，或者写一百来字，或者写二百来字，这样不到几个月，间架结构方面就会练得跟古人字体酷似，连自己都觉察不到了。能把柳体、赵体融为一炉，这是我长期以来的愿望；要是做不到这样，那就随你自己的意愿从其中选择一家练习吧，只是不能见异思迁啊！不仅是写字应该模仿古人的间架结构，即使是作文也应该模仿古人的间架结构。《诗经》造句的方法，是没有一句无来由的。《左传》里的文章，大多套用了现成的句子格调。扬雄是汉朝文章的一代宗师，而他的《太玄》模仿了《周易》，《法言》模仿了《论语》，《方言》模仿了《尔雅》，《十二箴》模仿了《虞箴》，《长杨赋》模仿了《难蜀父老》，《解嘲》模仿了《客难》，《甘泉赋》模仿了《大人赋》，《剧秦美新》模仿了《封禅文》，《谏不许单于朝书》模仿了《国策》“信陵君谏伐韩”，几乎是没有哪一篇不模仿。即使像韩愈、欧阳修、曾巩、苏轼这几位巨匠的文章，也都因为有模拟之处，才成个体统。你以后写文章、作诗赋，都应考虑模仿，只有这样才可以确立自己的文章格局，因而收效较为迅速，方法也较为简便。

【评析】

这是曾国藩写给其儿子曾纪泽家信中的一段话。曾国藩在信中，一方面在书法方面给儿子以切实中肯的指导，要求儿子在间架结构上用一番苦功，每日用油纸摹帖，力求“能合柳、赵为一”，以了却为父的“夙愿”；另一方面又在作文方面给儿子以启迪，举出大量事实，引导儿子不要有任何顾忌，“均宜心有摹仿”。全文字字珠玑而又语重心长。

诗文若非迥绝群伦不足以当大家之目

【原文】

凡大家名家之作，必有一种面貌，一种神态，与他人迥不相同。譬之书家羲、献、欧、虞、褚、李、颜、柳[1]，一点一画，其面貌既截然不同，其神气亦全无似处。本朝张得天、何义门虽称书家[2]，而未能尽变古人之貌。故必如刘石庵之貌异神异[3]，乃可推为大家[4]。

诗文亦然。若非其貌其神迥绝群伦，不足以当大家之目。渠既迥绝群伦矣，而后人读之，不能辨识其貌，领取其神，是读者之见解未到，非作者之咎也。尔以后读古文古诗，惟当先认其貌，后观其神，久之自能分别蹊径。今人动指某人学某家，大抵多道听途说，扣槃扪烛之类[5]，不足信也。君子贵于自知，不必随众口附和也。

——节录自岳麓书社版《曾国藩全集·家书二》

【注释】

[1] 羲、献、欧、虞、褚、李、颜、柳：分别指古代著名书法家王羲之、王献之、欧阳询、虞世南、褚遂良、李邕、颜真卿、柳公权。

[2] 张得天：清代书法家、戏曲作家张照，字得天。何义门：清代校勘学家何焯，又工于书法，学者称为“义门先生”。

[3] 刘石庵：清代书法家刘墉，号石庵。

[4] 大家：大学者、大专家的代名词。

[5] 扣槃（pán）扪烛：成语，比喻认识片面、不正确。

【译文】

凡是大家、名家的作品，必定具有一种面貌，一种神态，与其他人迥然不同。比方说书法家王羲之、王献之、欧阳询、虞世南、褚遂良、李邕、颜真卿、柳公权等，他们的字一点一画，面貌既截然不同，神气也全然没有相似的地方。清朝的张照、何焯虽然也号称书法家，但没有能够完全改变古人的面貌。所以必须像刘石庵那样做到面貌特异、神气特异的，才可推为大家。

诗文也是这样。如果不是作者诗文的面貌、神气都大大超过了其他人的，不足以充当诗文大家之称。他既然大大地超过了其他的人，而后世的人读起来不能辨别了解他诗文的面貌，不能领略取法他诗文的神气，是读者的见解没有达到相应的水平，而不是作者的过失。你以后阅读古文和古诗，只有首先认识它们的面貌，然后观察它们的神气，久而久之自然能够分辨区别它们的门径。现今的人动不动就指点某人学的是某家，大概多属道听途说、认识片面之类的说法，不足以相信。君子贵在自己心中有数，没有必要随众人的声音去附和。

【评析】

这是曾国藩写给其儿子曾纪泽家信中的两段话。曾国藩在这篇书信中，启迪儿子在阅读古文古诗时应如何辨认大家、名家之作，并指出大家、名家之作的标准是“其貌其神迥绝群伦”，鼓励儿子“先认其魂，后观其神”，从而不断提高自己的欣赏水平和区别它们的门径。

作诗文应具备情韵趣味

【原文】

尔七律十五首圆适深稳，步趋义山[1]，而劲气倔强处颇似山谷[2]。尔于情韵、趣味二者皆由天分中得之。凡诗文趣味约有二种：一曰诙诡之趣，一曰闲适之趣。诙诡之趣，惟庄、柳之文[3]，苏、黄之诗[4]。韩公诗文[5]，皆极诙诡。此外实不多见。闲适之趣，文惟柳子厚游记近之[6]，诗则韦、孟、白、傅均极闲适[7]。而余所好者，尤在陶之五古、杜之五律、陆之七绝[8]，以为人生具此高淡襟怀，虽南面王不以易其乐也。尔胸怀颇雅淡，试将此三人之诗研究一番，但不可走入孤僻一路耳。

——节录自岳麓书社版《曾国藩全集·家书二》

【注释】

［1］义山：指唐代诗人李商隐。

［2］山谷：指北宋诗人黄庭坚。

［3］庄：指战国时思想家庄周。柳：指唐代诗人、文学家柳宗元。

［4］苏：指北宋诗人、文学家苏轼。黄：指北宋诗人黄庭坚。

［5］韩公：指唐代诗人、散文家韩愈。

［6］柳子厚：指唐代诗人、文学家柳宗元。

［7］韦：指唐代诗人韦应物。孟：指唐代诗人孟浩然。白：指唐代诗人白居易。傅：指明末清初学者傅山。

［8］陶之五古：指东晋陶渊明的五言古诗。杜之五律：指唐朝杜甫的五言律诗。陆之七绝：指南宋陆游的七言绝句。

【译文】

你写的七律十五首，圆通闲适，深厚稳重，跟随唐代诗人李商隐的路子，而劲气倔强的地方，又与北宋诗人黄庭坚的风格相似。你对于作诗的情韵、趣味这两者，都是从天分里得来的。大凡诗文的趣味有两种：一种是诙谐诡谲的趣味，另一种是闲适自在的趣味。诙谐诡谲之趣，只有庄周和柳宗元的文章，苏轼和黄庭坚的诗。至于韩愈的诗文，都极尽诙诡的色调，此外实在不多见。闲适自在之趣，文章只有柳宗元的游记相近；诗则韦应物、孟浩然、白居易、傅山等大家的诗都做得很不错。而我所喜爱的，尤其是陶渊明的五言古诗、杜甫的五言律诗、陆游的七言绝句，感到人的一生如果具备了这样高远淡泊的襟怀，其乐趣就是做皇帝的人也难以相比。你的胸怀很高雅淡泊，可以试着将陶渊明、杜甫、陆游这三个人的诗仔细研究一番，但又不要走入孤僻的路上去。

【评析】

曾国藩的一生在诗文方面造诣颇深，几乎影响清末民初一部分士大夫中的几代人。他在篇中所说的作诗文应当具备的情韵趣味这两种境界，实则是他对中国传统文化的继承和发展，反映出他讲求实际、反对空谈的思想学术观念。

学诗宜先学一体

【原文】

学诗从《中州集》入亦好[1]。然吾意读总集，不如读专集。此事人人意见各殊，嗜好不同。吾之嗜好，于五古则喜读《文选》[2]，于七古则喜读《昌黎集》，于五律则喜读杜集[3]，七律亦最喜杜诗[4]，而苦不能步趋，故兼读《元遗山集》[5]。吾作诗最短于七律，他体皆有心得，惜京都无人可与畅语者。尔要学诗，先须看一家集，不要东翻西阅。先须学一体，不可各体同学。盖明一体，则皆明也。

——节录自岳麓书社版《曾国藩全集·家书一》

【注释】

[1]《中州集》：金代元好问选编，收录金代两百多人诗作，因各作者多聚于中州（今河南一带）故称为《中州集》。

[2] 五古：诗体名，即五言古诗，又称为“选体”。始于东汉，迄魏晋形成高潮，至唐代更趋精密，是中国古代诗体的主要形式之一。《文选》：中国现存最早的诗文总集，南朝梁萧统编。

[3] 五律：诗体名。五言八句，于偶句押平声韵，有一定的平仄格式，并讲究对仗。杜集：指唐代诗人杜甫的诗集。

[4] 七律：诗体名。七言八句，于偶句押平声韵，有一定的平仄格式，并讲究对仗。杜诗：指唐代诗人杜甫的七律诗。

[5]《元遗山集》：指金代诗人、词人元好问的诗文集。

【译文】

一个人学作诗如果从金代诗人元好问选编的《中州集》入手也好。然而，我的意见是读这样的总集，不如读一部专集要好些。关于这个问题，各人的意见都不一样，爱好都不相同。我的爱好是，于五古诗则喜爱读中国古代最早的诗文总集《文选》，于七古诗则喜读唐代诗人韩愈的集子，于五律诗则喜读唐代诗人杜甫的集子，七律诗也最喜爱读杜甫的诗，而苦于不能够把他们的风格学到家，所以兼读金代诗人元好问的诗集。我作诗最不善于作七律体，其他各体则都有所成就。可惜京城里没有可与之相互切磋的人。你要学作诗，首先必须看一个人的诗集，不要东翻西读。首先必须学习一种体裁，不可各体同时学习。这是因为，如果明了其中一种体裁，那么其他各体也就都会明了的。

【评析】

曾国藩一生对作诗颇有研究，且取得了令人瞩目的成就，形成了自己的风格，体现了时代的特色。他所强调的，学作诗就须先学一体的观点，同样体现他的宜专不宜广的学术思想，值得今人借鉴吸取。

学作诗须讲究声调

【原文】

尔七古诗，气清而词亦稳[1]，余阅之忻慰[2]。凡作诗，最宜讲究声调[3]。余所选抄五古九家、七古六家，声调皆极铿锵[4]，耐人百读不厌[5]。余所未抄者，如左太冲、江文通、陈子昂、柳子厚之五古[6]，鲍明远、高达夫、王摩诘、陆放翁之七古[7]，声调亦清越异常。尔欲作五古七古，须熟读五古七古各数十篇。先之以高声朗诵，以昌其气；继之以密咏恬吟[8]，以玩其味。二者并进，使古人之声调，拂拂然若与我之喉舌相习[9]，则下笔为诗时，必有句调凑赴腕下。诗成自读之，亦自觉琅琅可诵[10]，引出一种兴会来[11]。古人云“新诗改罢自长吟”，又云“煅诗未就且长吟”，可见古人惨淡经营之时[12]，亦纯在声调上下工夫。盖有字句之诗，人籁也[13]；无字句之诗，天籁也[14]。解此者，能使天籁人籁凑泊而成[15]，则于诗之道思过半矣。

尔好写字，是一好气习[16]。近日墨色不甚光润，较去年春夏已稍退矣。

以后作字，须讲究墨色。古来书家，无不善使墨者，能令一种神光活色浮于纸上，固由临池之勤染翰之多所致[17]，亦缘于墨之新旧浓淡[18]，用墨之轻重疾徐，皆有精意运乎其间，故能使光气常新也。

……

今年初次下场[19]，或中或不中，无甚关系，榜后即当看《诗经》注疏。以后穷经读史[20]，二者迭进[21]。国朝大儒，如顾、阎、江、戴、段、王数先生之书[22]，亦不可不熟读而深思之。光阴难得，一刻千金。以后写安禀来营，不妨将胸中所见，简编所得[23]，驰骋议论[24]，俾余得以考察尔之进步，不宜太寥寥[25]。此谕。

——节录自岳麓书社版《曾国藩全集·家书一》

【注释】

[1] 气清：气质清明。

[2] 忻：同“欣”。

[3] 声调：声音所发生高低、长短、强弱、快慢、轻重的变化，泛指音乐的曲调或吟诵诗文的音律节奏。

[4] 铿锵：形容声音响亮和谐，多指乐器声。

[5] 耐：忍受得住；禁得起。

[6] 左太冲：西晋左思，字太冲，博学能文。江文通：南朝江淹，字文通，以文章见称于世。陈子昂：唐初诗人。柳子厚：唐代诗人、散文大家柳宗元。

[7] 鲍明远：南朝宋人鲍照，字明远，文辞瞻逸。高达夫：唐朝高适，字达夫，以诗见称于世。王摩诘：唐朝王维，字摩诘，以诗画著称于后世。陆游：南宋爱国主义诗人。

[8] 密咏：细声长吟。恬吟：安然吟诵。

[9] 拂拂然：风吹动貌。习：通晓；熟悉。

[10] 琅琅：清朗、响亮的声音。

[11] 兴会：感发。

[12] 惨淡经营：本意指画画前，先用浅淡颜色勾勒轮廓，苦心构思，经营位置。后泛称尽心规划为“惨淡经营”。

[13] 人籁：本意指竹制乐器，即排箫。后来泛指人所发出的音响。

［14］天籁：自然界发出的音响。

［15］凑泊：凝合；聚结。

［16］气习：气质与习性。

［17］临池：池，指砚。临池，指学习书法。染翰：翰，指笔。染翰，以笔蘸墨。

［18］缘：因为；由于。

［19］下场：指科考收场和结束。

［20］穷经：深入研究经籍。

［21］迭：更替；轮流。

［22］顾、阎、江、戴、段、王：分别指清代前期的顾炎武、阎若璩、江藩、戴震、段玉裁、王念孙。

［23］简编：古人或书于简，或书于帛，或书于纸，编次成书。后世因而泛称书籍为简编。

［24］驰骋：奔竞；涉猎。

［25］寥寥：稀少。

【译文】

你的七言古诗，气质清明而词亦稳妥，我看了以后甚感欣慰。凡是作诗，最要讲究诗的音律节奏。我所选抄的五言古诗九家、七言古诗六家，诗的音律节奏都是十分响亮、和谐，禁得起人百读不厌。我所没有抄的，如左思、江淹、陈子昂、柳子厚的五言古诗，鲍照、高适、王维、陆游的七言古诗，其音律节奏也清越异常。你想作五言古诗和七言古诗，必须熟读五言古诗和七言古诗各数十篇。起初可以高声朗诵，以正其气质；接着细声长吟，以玩其诗味。两者并进，使古人的音律节奏，如风吹动一般达到喉舌使自己通晓而熟悉，那么下笔作诗之时，一定会有好的诗句、好的声调来到你的笔下。诗成后自己朗读它，也会自己觉得清朗响亮而津津有味，引出一种新的感慨来。古人说“新诗改罢自长吟”，又说“煅诗未就且长吟”，可见古人在尽心规划之时，也纯粹在音律节奏上下工夫。因为有字句之诗，是人所发出的音响；没有字句之诗，是自然界发出的音响。了解这点的，就可以使自然界发出的声响和人发出的音响凝合聚结而成，那么对于作诗的道理就懂得一半了。

你喜爱写字，这是一种很好的习性。不过，近来写字的墨色不甚光润，比较去年春夏之交的时候已略有退步。你以后练字，必须讲究墨色。古代的书法家，没有不善于讲究墨色的，能够令一种神光活色浮于纸上，这固然是由于学习书法十分勤奋、以笔蘸墨用得多了的缘故；同时也由于墨的新旧浓淡，用墨的轻重快慢，都有精意运用到字上、纸上，所以能够使神光气质常写常新了。

……

今年初次科考结束之后，不论中与不中，都没有多大的关系。发榜以后就立即阅读《诗经》注疏，以后深入研究经籍和勤读史书，二者交替进行。我朝大儒如顾炎武、阎若璩、江藩、戴震、段玉裁、王念孙数位先生的著作，也不可不熟读、不深思。时间很宝贵，一刻千金。以后写给我的信件寄到军营中来，不妨将自己胸中的体会，书籍上所得的知识，畅开思想发表自己的议论，使我能从中考察你的进步，所以书信文字不宜太少。特此告之。

【评析】

这是曾国藩写给其儿子曾纪泽家的一封家信。曾国藩在信中告诫儿子学诗须讲究声调，学字须讲求墨色。同时还再三叮嘱在科考结束之后，必须穷经读史。“光阴难得，一刻千金”，敦促儿子将所有的时间和精力都要用在学习上。曾国藩这种对儿子学习的循循善诱的精神，今天为人父母者仍可深思借鉴。

学诗可以陶冶情操

【原文】

和张邑侯诗，音节近古，可慰可慰！五言诗，若能学到陶潜、谢朓[1]一种冲淡之味，和谐之音，亦天下之至乐，人间之奇福也。尔既无志于科名禄位，但能多读古书，时时哦诗作字，以陶写性情，则一生受用不尽。第宜束身圭璧[2]，法王羲之[3]、陶渊明之襟韵潇洒则可，法嵇、阮之放荡名教则不可耳[4]。

——节录自岳麓书社版《曾国藩全集·家书二》

【注释】

［1］陶潜、谢朓：分别为东晋诗人陶渊明和南朝齐诗人谢玄晖。

［2］圭（guī）璧：比喻美好的品质。

［3］王羲之：东晋书法家。

［4］嵇、阮：分别指三国魏文学家、思想家、音乐家嵇康和三国魏文学家、思想家阮籍。

【译文】

你所作和张邑侯的诗，音节与古诗接近，可慰可慰！写五言诗，若能学到陶渊明、谢朓那样，有一种冲淡的诗味、和谐的音韵，也算是天下最大的快乐、人间奇有的福分了。你既然对科名禄位没有兴趣，只要能够多读古书，时常吟诗写字，以陶冶自己的性情，那么一生也享受不尽。但应该用美好的品德约束自己，效法王羲之、陶渊明的胸怀风度、潇洒清逸就好，而效法嵇康、阮籍的放荡名分礼教就不行。

【评析】

这是曾国藩写给其儿子曾纪泽家信中的一段话。曾国藩在这封家信中，谆谆教育儿子多读古书，陶冶性情，用美好的品德约束自己；鼓励儿子学习王羲之、陶渊明的胸怀风度、潇洒清逸，而不要效法嵇康、阮籍的放荡名教。

学字当学颜柳秀雄之气

【原文】

凡作字总要写得秀，学颜、柳[1]，学其秀而能雄；学赵、董[2]，恐秀而失之弱耳。尔并非下等姿质，特从前无善讲善诱之师，近来又颇有好高好速之弊。若求长进，须勿忘而兼以勿助，乃不致走入荆棘耳！

——节录自岳麓书社版《曾国藩全集·家书二》

【注释】

[1] 颜、柳：指唐代著名书法家颜真卿和柳公权。

[2] 赵、董：指元朝书画家赵孟頫、明朝书画家董其昌。

【译文】

凡是写字总要写得秀丽，学习颜（真卿）和柳（公权）的书法，学它们的秀丽而且能雄劲有力；学习赵（孟頫）和董（其昌）的书法，恐怕学它们的秀丽但在轻软浮滑上容易失误。你在智力方面并非素质低下，只是从前没有善于讲解和善于诱导的老师，近来又很有些追求过高的目标和过快的速度。如果要求得进步，就要加强记忆，同时不要有所依赖，才不至于走入困境。

【评析】

要想把字写得秀丽而且雄劲有力，只有学习颜帖和柳帖；如学习赵帖和董帖，“恐秀而失之弱耳”。曾国藩这种有针对性的具体指导方法，是完全可取的。

练书法贵有困知勉行工夫

【原文】

尔学柳帖《琅邪碑》，效其骨力，则失其结构，有其开张，则无其捖搏[1]。古帖本不易学，然尔学之尚不过旬日，焉能众美毕备，收效如此神速？

余于凡事皆用困知勉行工夫[2]，尔不可求名太骤，求效太捷也。以后每日习柳字百个，单日以生纸临之，双日以油纸摹之。临帖宜徐，摹帖宜疾，专学其开张处[3]。数月之后，手愈拙[4]，字愈丑，意兴愈低，所谓困也。困时切莫间断，熬过此关，便可少进。再进再困，再熬再奋，自有亨通精进之日[5]。不特习字，凡事皆有极困极难之时，打得通的，便是好汉。

——节录自岳麓书社版《曾国藩全集·家书二》

【注释】

［1］挖：扭转。搏：拼搏。挖（wán）搏：即刚柔相济的意思。

［2］困知勉行：困知，遇困而求知；勉行，尽力实行。指人的知识必须克服困难才能得到，人的事业必须尽力实行才能成功。

［3］开张：指间架结构。

［4］拙：笨。

［5］亨通：通达。

【译文】

你练习柳帖《琅邪碑》，模仿了它的骨力就失去了它的结构，显示出了它的间架就失去了它的刚柔相济。古代的书帖本来就不容易学，然而你学习古帖还不过十来天，怎么能够把古帖上所有的长处都学会，收效如此神速呢？

我对于所有的事情都用困知勉行工夫，你不可求名太急，求效太快。以后你每天练习柳体字一百个，逢单日用生纸临写，逢双日用油纸摹写。临帖应当缓慢，摹帖应当快速，专门学习它的间架结构。等到几个月后，手会感到愈采愈笨拙，字看起来写得更丑，意味兴趣也会越来越低，这就是所谓的“困惑”。遇到困惑的时候切莫间断，熬过了这一关，便可以稍有进步。再进步还会再困惑，再强熬则再奋进，这样一来自然会有通达精进的一天。不只是习字，所有的事情都有极其困难的时候，能够克服困难、排除障碍，取得进步的，便是好汉。

【评析】

这是曾国藩写给其儿子曾纪泽家信中的几段话。凡事碰上极其困难的时候，只有经过“再进再困，再熬再奋”的实践过程，才能达到亨通精进的境界。这是曾国藩毕生事业有成的诀窍。在这封家信中，他把这个“成功秘诀”告诉了儿子，并教诫儿子“不特习字，凡事皆有极困极难之时，打得通的，便是好汉”。这种看法是很有见地的。

学书法须从赵法入门

【原文】

赵文敏集古今之大成[1]，于初唐四家内师虞永兴[2]，而参以钟绍京[3]，因此以上窥二王[4]，下法山谷[5]，此一径也；于中唐师李北海[6]，而参以颜鲁公[7]、徐季海之沈着[8]，此一径也；于晚唐师苏灵芝[9]，此又一径也。由虞永兴以溯二王及晋六朝诸贤，世所称南派者也；由李北海以溯欧、褚及魏北齐诸贤[10]，世所谓北派者也。尔欲学书，须窥寻此两派之所以分。南派以神韵胜，北派以魄力胜。宋四家，苏、黄近于南派[11]，米、蔡近于北派[12]。赵子昂欲合二派而汇为一。尔从赵法入门，将来或趋南派，或趋北派，皆可不迷于所往。

我先大夫竹亭公[13]，少学赵书，秀骨天成[14]。我兄弟五人，于字皆下苦功，沅叔天分尤高[15]。尔若能光大先业[16]，甚望甚望！

——节录自岳麓书社版《曾国藩全集·家书一》

【注释】

［1］赵文敏：即元初书画家赵孟頫，字子昂。

［2］虞永兴：即唐初书法家虞世南。

［3］钟绍京：唐前期书法家，为三国时期书法家钟繇十世孙。

［4］二王：指晋代书法家王羲之、王献之父子。

［5］山谷：指北宋诗人、书法家黄庭坚，号“山谷道人”。

［6］李北海：指唐代书法家李邕（yōng），因曾任北海太守，人称“李北海”。

［7］颜鲁公：指唐代书法家颜真卿，因曾封鲁郡公，故人称“颜鲁公”。

［8］徐季海：指唐代书法家徐皓。

［9］苏灵芝：晚唐书法家。

［10］溯：向上推求；追溯。欧、褚：指唐初书法家欧阳询、褚遂良。

［11］苏、黄：指北宋文学家、书法家苏轼、黄庭坚。

［12］米、蔡：指北宋书法家米芾、蔡襄。

［13］先大夫竹亭公：即曾国藩的父亲曾麟书，字竹亭。“大夫”为清朝政府所封赠。

［14］秀骨：清秀、美丽的风骨。天成：天然形成。

［15］沅：曾国藩的弟弟曾国荃，字沅甫。天分：天资。

［16］光大：显赫；盛大。

【译文】

赵孟頫是古今书法的集大成者，效法初唐四大书法家之一的虞世南，而且借鉴钟绍京的技法，由此往上继承“二王”父子，往下则效法黄庭坚，这是一种门径；效法中唐李邕，而且借鉴颜真卿、徐皓的沉着风格，这是另一种门径；效法晚唐苏灵芝，这又是一种门径。从虞世南往上追溯到“二王”以及晋代六朝各位贤师，世人称之为“南派”；从李邕往上追溯欧阳询、褚遂良以及魏、北齐各位贤师，世人称之为“北派”。你想要学习书法，必须探寻到两派之所以区别开来的差异：南派以神韵取胜，而北派则凭气势居长。宋代的四大书法家中，苏轼、黄庭坚接近于南派，米芾、蔡襄倾向于北派。至于到元初时的赵孟頫，则有要将南北两派合而为一的趋势，所以说他是古今书法的集大成者。你现在学习书法，就应从赵体技法入门，将来或者趋向于南派，或者趋向于北派，都可以不至于迷惑而不知所往。

我的先父竹亭公，年少时学习赵书，就已经秀骨天成。而在我们这一辈的兄弟五人中，在练字方面都下过苦工夫，其中数你沅叔天资最高。你如果能将前辈的事业发扬光大，则是我最期望的了。

【评析】

这是曾国藩写给其儿子曾纪泽家信中的几段话。曾国藩对于书法很有造诣，原本立志要同何绍基等人比个高下，只是后来长期从政、从军而未能如愿。他在这封家信中将自己练习书法的心得体会详尽地告诉儿子，不仅耐心启迪儿子应了解书学发展源流及其学术流派，以便博采众长，补己所短；而且悉心开导儿子欲学书法须从赵体入手，要勤学苦练早见成效。

勤奋以图自立

【原文】

长傲、多言二弊，历观前世卿大夫兴衰及近日官场所以致祸福之由，未尝不视此二者为枢机[1]，故愿与诸弟共相鉴诫。第能惩此二者[2]，而不能勤奋以图自立，则仍无以兴家而立业。故又在乎振刷精神，力求有恒，以改我之旧辙而振家之丕基[3]。

——节录自岳麓书社版《曾国藩全集·家书一》

【注释】

[1] 尝：曾；曾经。枢机：关键。

[2] 第：假使；即使、纵使。惩：惩罚；警诫。此处指困以受损而知鉴戒。

[3] 丕基：基础；基业。

【译文】

长傲、多言二大弊病，遍观历代公卿大夫兴旺衰败及近世官场所以招致祸福的缘由，无不以这两种情况为关键。故愿与诸弟一起引以为戒。即使戒除这两个毛病，如果不能勤勉奋发以自力有所成就，那么，还是没有办法使家业兴旺。所以又要振作起精神，努力做到持之以恒，以革除我过去的毛病，奠定一家的基业。……

【评析】

这是曾国藩写给其几位弟弟家信中的一段话。革除长傲、多言两大弊端，究其实质还只是个人修养的一个方面。如不能勤勉奋发以图自立，还是不能使家业兴旺。所以，曾国藩在这封信中又再次强调振奋精神、持之以恒的重要，其期望之殷殷，可见一斑。

应有打脱牙和血吞的坚韧之气

【原文】

弟之忧灼[1]，想尤甚于初十以前。然困心横虑[2]，正是磨练英雄玉汝于成[3]，李申夫[4]尝谓余怄气从不说出，一味忍耐，徐图自强，因引谚曰："好汉打脱牙和血吞。"此二语是余生平咬牙立志之诀，不料被申夫看破。余庚戌、辛亥间为京师权贵所唾骂[5]，癸丑、甲寅为长沙所唾骂[6]，乙卯、丙辰为江西所唾骂[7]，以及岳州之败、靖江之败、湖口之败，盖打脱牙之时多矣，无一次不和血吞之。弟此次郭军之败、三县之失，亦颇有打脱门牙之象。来信每怪运气不好，便不似好汉声口[8]。惟有一次不说，咬定牙根，徐图自强而已。

——节录自岳麓书社版《曾国藩全集·家书二》

【注释】

［1］忧灼：忧愁焦急。

［2］困心横虑：即"困心衡虑"，心意困苦，思虑阻塞。意谓尽心竭虑，经过痛苦的思考。

［3］玉：帮助；爱护。

［4］李申夫：即曾国藩的幕僚李榕。

［5］庚戌：1850年。辛亥：1851年。唾骂：鄙弃辱骂。

［6］癸丑：1853年。甲寅：1854年。

［7］乙卯：1855年。丙辰：1866年。

［6］声口：言语。

【译文】

沅弟你的忧愁焦急，想来比初十以前更厉害了吧。但是心意困苦，思虑阻塞，正是磨练英雄、助你成功之时。李申夫曾说我怄了气从不说出来，一味忍耐，慢慢再自己努力图强，因而他引用谚语说："好汉打脱牙和血吞。”这两句正是我生来咬牙立志的要诀，不想被申夫看破。我庚戌、辛亥年间被京城权贵所鄙弃辱骂，癸丑、甲寅年间被长沙满洲兵将所鄙弃辱骂，乙卯、丙辰年间被江西巡抚所鄙弃辱骂，以及岳州之败、靖江之败、湖口之败，打脱牙的时候可以说是很多次了，没有一次不是和血吞下去。弟弟这次郭军之败、三个县之失，也很有打脱门牙的景象。你来信常常怪运气不好，这就不像好汉的口气了。只有一个字不说，咬紧牙关，慢慢自己努力图强罢了。

【评析】

这是曾国藩写给其弟曾国荃家信中的一段话。人的一生难免会遇到许多坎坷不平之事，不如意事常有，关键是如何对待。有的人在挫折面前一蹶不振，自甘沉沦，但也有人将挫折化为动力，奋斗不止，自强不息。这是曾国藩从人生阅历中得来的深刻感受。“好汉打脱牙和血吞”这一名言，至今仍有借鉴意义。

应从挫折处磨炼意志

【原文】

此时须将劾官相之案[1]、圣眷之隆替[2]、言路之弹劾一概不管[3]。袁了凡所谓从前种种譬如昨日死，以后种种譬如今日生，另起炉灶，重开世界。安知此两番之大败，非天之磨练英雄，使弟大有长进乎？谚云吃一堑长一智，吾生平长进全在受挫受辱之时。务须咬牙励志，蓄其气而长其智，切不可苶然自馁也[4]。

——节录自岳麓书社版《曾国藩全集·家书二》

【注释】

[1] 官相：指湖广总督官文。

[2] 眷：器重。隆替：盛衰。

[3] 言路：向朝廷进言的途径。弹劾：检举官吏的过失、罪状。

［4］茶（nié）然：疲倦的样子。

【译文】

弟弟你在这个时候，必须将弹劾官文的案子、圣上器重的多寡以及言官们对你的弹劾等不愉快的心境，一概置之不管。这正要像袁了凡所说的从前发生的种种事情就好比昨天已经死了，从今以后种种事情就好比是从今日起发生的，另起炉灶，重新开辟新的世界。怎能知道这两次大败，不是上天有意磨炼英雄，使弟弟你大有长进呢？有句谚语说："吃一堑长一智。"我有生以来能取得的长进全是在受到挫折、受到侮辱的时候。弟弟你务必咬紧牙关，磨炼意志，积蓄志气而增长才智，切不可放松自己而灭了志气。

【评析】

这是曾国藩写给其弟曾国荃家信中的一段话。曾国藩在信中指出，只有从挫折、失败中奋起，咬牙立志坚持到底，才是大丈夫立身处世的一条准则。这点时至今日仍有启迪意义。

不应存当官发财之私念

【原文】

我待温弟似乎近于严刻，然我自问此心，尚觉无愧于兄弟者，盖有说焉。大凡做官的人，往往厚于妻子而薄于兄弟，私肥于一家而刻薄于亲戚族党。予自三十岁以来，即以做官发财为可耻，以官［宦］囊积金遗子孙为可羞可恨，故私心立誓，总不靠做官发财以遗后人。神明鉴临[1]，予不食言[2]。此时侍奉高堂[3]，每年仅寄些须[4]，以为甘旨之佐[5]。族戚中之穷者，亦即每年各分少许，以尽吾区区之意。盖即多寄家中，而堂上所食所衣亦不能因而加丰[6]。与其独肥一家，使戚族同怨我而并恨堂上，何如分润戚族，使戚族戴我堂上之德而更加一番钦敬乎？将来若作外官，禄入较丰，自誓除廉俸之外[7]，不取一钱。廉俸若日多，则周济亲戚族党者日广，断不蓄积银钱为儿子衣食之需。盖儿子若贤，则不靠宦囊，亦能自觅衣饭；儿子若不肖[8]，则多积一钱，渠将多造一孽[9]，后来淫佚作恶，必且大玷家声[10]。故立定此志，决不肯以做官发财，决不肯留银钱与后人。若禄入较丰，除堂上甘旨之外，尽以周济亲戚族党之穷者。此我之素志也。

至于兄弟之际，吾亦惟爱之以德，不欲爱之以姑息。教之以勤俭，劝之以习劳守朴，爱兄弟以德也；丰衣美食，俯仰如意，爱兄弟以姑息也。姑息之爱，使兄弟惰肢体，长骄气，将来丧德亏行，是即我率兄弟以不孝也，吾不敢也。我仕宦十馀年，现在京寓所有惟书籍、衣服二者。衣服则当差者必不可少，书籍则我生平嗜好在此[11]，是以二物略多。将来我罢官归家，我夫妇所有之衣服，则与五兄弟拈阄均分[12]。我所办之书籍，则存贮利见斋中[13]，兄弟及后辈皆不得私取一本。除此二者，予断不别存一物以为宦囊，一丝一粟不以自私。此又我待兄弟之素志也。恐温弟不能深谅我之心，故将我终身大规模告与诸弟，惟诸弟体察而深思焉。

——节录自岳麓书社版《曾国藩全集·家书一》

【注释】

[1] 神明：神祇，天地之神。鉴临：省察。

[2] 食言：背弃诺言。

[3] 高堂：指父母。

[4] 些须：少许；一点。

[5] 甘旨：美味。

[6] 堂上：指父母。

[7] 廉俸：清制规定，文武官员除正俸之外，另给养廉银，合称为廉俸或俸廉。

[8] 不肖：不正派；不才。

[9] 渠：他。

[10] 玷（diàn）：辱。

[11] 嗜好：爱好。

[12] 拈阄（niān jiū）：即抓阄。遇到难决之事时，以标有自己记号的纸片或纸团，抽取其一，以作决定。

[13] 利见斋：曾家藏书楼名。

【译文】

我对待温弟似乎接近于严厉苛刻，然而我扪心自问，还是觉得无愧于兄弟，这是有一定说法的。一般做官的人，往往厚待自己的妻子儿女而薄待自己的兄弟，私肥自己一家而刻薄亲戚和家族里的人。我自三十岁以来，就把做官发财视为可耻的事情，把靠自己的官位权势去积聚金银遗留给子孙后代视为可羞可恨的事情，所以暗暗立定誓言，绝不靠做官发财来留给后人。天地神灵可以明察，我绝不背弃自己立下的誓言。此时侍奉父母，每年仅寄回去少许一点儿，用来做父母调食美味之辅助。宗族和亲戚中之贫穷者，也于每年各寄去少许，以尽我对他们的一点小意思。我觉得，即使多寄银两给家里，而父母所吃所用的东西仍不能因此而增加丰厚，与其独肥一家，使亲戚和族人为此抱怨我并同时痛恨我的父母，何不分些接济他们，使他们感戴我父母之恩德而更增加一番钦佩敬仰之情呢？我将来如果做地方官，薪水较多的话，自己立誓除薪水和养廉银之外，绝不多取一文钱。薪水和养廉银如果日益增多，那么周济亲戚和族人的对象就会一天天渐渐扩大，绝不会积蓄银钱为儿子衣食之所需。这是因为，儿子如果贤能，则不靠父母做官的钱财也能自己觅寻衣饭所需；儿子如果没有才能，没有本事，那么父母为他多积一分钱，他将多造一分孽，后来荒淫懒惰，为非作歹，必然败坏家庭声誉。所以，我立定此志，决不肯靠做官发财，决不肯留下银钱给后人来享用。如果薪水收入较为丰厚，那么除了供奉父母吃些美味食品之外，全部用来周济亲戚和族人中那些穷苦的人。这是我一贯的志向。

至于兄弟之间，我爱你们只能以好的品行相规劝，不会因为爱之很深就姑息迁就其不良品行。教之以勤苦俭朴，劝之以习劳守朴，这是爱兄弟以养成好的品行；而千方百计让兄弟丰衣美食，上下如意，则是爱兄弟以姑息迁就。姑息迁就之爱，使兄弟惰手脚，长骄气，将来就会丧失好的品行。这样做就是我带领你们对父母不孝，我不敢这样做。我当官十余年，现在京城寓所里只有书籍和衣服两样东西。衣服是当官者必不可少的，书籍是我生平的爱好，所以这两样东西稍微多一点。将来我辞官归家之后，我和我夫人所有的衣服，准备与你们兄弟四人和我一起抓阄来平均分配。我所购的书籍，则存放于我们老家的藏书楼利见斋中，我们兄弟及子孙后代谁也不得私自取去一本。除了这两样东西，我绝对不会另外保存一件做官所积存下来的东西，一丝一粟绝不以为是自己的。这又是我对待兄弟的一贯志向。我害怕温弟不能从内心深处体谅我的一片苦心，所以将我终身制定的大计划告诉各位弟弟，望各位弟弟体察并加以深思。

【评析】

这是曾国藩写给其几位弟弟的一封家信。篇中体现了曾国藩最重要的人生志向，就是做官不是为了发财，更不是为了留下钱财给子孙，重在诱导他们自谋生计。这就是人们所说的：“子孙有用，留钱没有用；子孙无用，留钱也没有用。”与此同时，他反复告诫诸弟，多给钱财给你们，并不是真心爱你们。这种把钱财视为身外之物，反对当官发财的观念，至今仍有借鉴的意义。

无意居大位享大名

【原文】

余决计此后不复作官，亦不作回籍安逸之想，但在营中照料杂事，维系军心。不居大位享大名，或可免于大祸大谤[1]。若小小凶咎[2]，则亦听之而已。

目下官虽无恙[3]，须时时作罢官衰替之想[4]。至嘱至嘱！

——节录自岳麓书社版《曾国藩全集·家书二》

【注释】

[1] 大谤：大的诽谤。

[2] 凶：不吉利。咎：过失。

[3] 无恙：安全；无疾无忧。

[4] 衰替：衰败。

【译文】

我打定主意从此以后不再做官，也不做回老家安逸度日的打算，只在军营中照料杂事，维系军心。不居大位不享大名，或许可以避免大的灾祸和是非诽谤，如果是小小的不吉利和过失，也就听凭它罢了。

眼下做官虽然还比较安全，也没有什么值得担忧，但必须时时作罢官和衰败的思想准备。再三叮嘱，再三叮嘱。

【评析】

曾国藩在此篇中告诫后辈，不要想到做官，不要想到居大位享大名；就是像他那样做了官，也须时时作罢官和衰败的思想准备。这反映出“官场就是战场”“官场险恶”“曾氏兄弟同满族权贵矛盾尖锐”这一清末历史事实。

做人应注重“敬恕”二字

【原文】

至于作人之道，圣贤千言万语，大抵不外敬恕二字[1]。……尔心境明白，于恕字或易著功[2]，敬字则宜勉强行之[3]。此立德之基[4]，不可不谨。

——节录自岳麓书社版《曾国藩全集·家书一》

【注释】

[1] 恕：宽容。
[2] 著：明显。
[3] 勉强：尽力而为。
[4] 立德：树立圣人之德。

【译文】

至于做人的道理，古代的圣贤已经讲得很多了，但大体上不外乎“敬”“恕”二字。……你的心境看来还是明白的，对于“恕”字有可能比较容易做出成绩，对于“敬”字也应当尽自己力量去实行。这是树立圣人之德的基础，不可不谨慎对待。

【评析】

曾国藩教育后辈的内容是多方面的，但其重点是告诉儿子如何读书，如何做人。这里除去“做人”的封建道德内涵不谈外，单就这种告诫后代读书重修身、学做人的教育思想而论，其意义是深远的，值得今人好好体会。

一定要经风霜磨炼

【原文】

身体虽弱，处多难之世，若能风霜磨炼，苦心劳神，亦自足坚筋骨而长识见。沅甫叔向最羸弱[1]，近日从军，反得壮健，亦其证也。

——节录自岳麓书社版《曾国藩全集·家书一》

【注释】

［1］沅甫：曾国藩的弟弟曾国荃，字沅甫。

【译文】

你的身体虽然虚弱，但处于多难之世，如果能够经过风霜磨炼，苦心劳神，那么一定能够坚筋骨而长见识。你的沅甫叔叔向来身体最为羸弱，近日从军以后，身体反而健壮起来，就是一个证明。

【评析】

曾国藩在这封书信中教诫儿子，经过风霜磨炼可以长见识，可以坚筋骨。这是曾国藩经验之谈，也反映出他的远见卓识。

当以“廉、谦、劳”三字自惕

【原文】

以后宜不妄取分毫，不寄银回家，不多赠亲族，此廉字工夫也。谦之存诸中者不可知[1]，其着于外者约有四端：曰面色，曰言语，曰书函，曰仆从属员。……而弟等每次来信，索取帐棚子药等件，常多讥讽之词，不平之语。在兄处书函如此，则与别处书函更可知已。沅弟之仆从随员颇有气焰，面色言语，与人酬接时[2]，吾未及见，而申夫曾述及往年对渠之词气[3]，至今饮憾[4]。以后宜于此四端痛加克治，此谦字工夫也。每日临睡之时，默数本日劳心者几件，劳力者几件，则知宣勤王事之处无多，更竭诚以图之，此劳字工夫也。

余以名位太隆，常恐祖宗留诒之福自我一人享尽[5]，故将劳、谦、廉三字时时自惕，亦愿两贤弟之用以自惕。

——节录自岳麓书社版《曾国藩全集·家书二》

【注释】

［1］存诸中者：诸，作“之于”解。中，作“内心”解。存诸中者，存之于内心。

［2］酬接：酬，报答感谢。酬接，答谢性的交接。

［3］申夫：即曾国藩的幕僚李榕。渠：他。

［4］饮憾：受屈抱恨。

［5］留诒（yí）：留传；遗留。

【译文】

以后应当不乱取一分一毫，不寄银回家，不多赠亲族，这就是廉字的实践工夫。谦字之存于内心者是不可能知道的，但存之于外者大致有四个方面：即面色、言话、书函和仆从属员。……而弟等每次来信，索取帐棚子药等件，常多讥讽之词、不平的话。寄往我这里来的书信尚且如此，寄往别处的书信更可想而知了。沅弟的仆从随员很有一些气焰。这些人的面色和言语，与别人答谢性的往来交接，我未及见到；可是李申夫曾述及你往年对他的语气，至今还受屈抱恨。以后应该在上述四个方面下最大的决心加以克服，这就是谦字的实践工夫。每日临睡之时，默数当天劳心者几件事，劳力者几件事，则知辛勤地宣力于王事之处并没有多少，尔后更应竭尽精诚以图报王事，这就是劳字的实践工夫。

我因名位太隆，常常担心祖宗遗留之福由我一人享受殆尽，所以将劳、谦、廉三字时时用来自我警惕戒惧，也希望你们两位贤弟以此用来自我警惕戒惧。

【评析】

曾国藩历来认为日中则昃，月盈则亏，而曾家目前正处于丰盈之际，必须格外警惕戒惧。因此，在这封家训中，特饬两位弟弟以“廉”“谦”“劳”三字自惕。以“廉”“谦”“劳”三字自惕，至今仍有借鉴意义。

规模远大与综理密微不可缺一

【原文】

古之成大事者，规模远大与综理密微二者阙一不可[1]。……但讲阔大者，最易混入散漫一路[2]，遇事颟顸[3]，毫无条理，虽大亦奚足贵[4]？等差不紊[5]，行之可久。斯则器局宏大[6]，无有流弊者耳！

——节录自岳麓书社版《曾国藩全集·家书一》

【注释】

[1] 综理密微：总揽事务周到完备。阙：同“缺”。

[2] 散漫：弥漫四散。办事无头绪，无条理。

[3] 颟顸（mān hān）：不明事理，漫不经心，糊涂而马虎。

[4] 奚足贵：奚同“何”，何足贵。

[5] 等差不紊：有条不紊。

［6］器局宏大：才识度量宏阔远大。

【译文】

古代所有成就大事业的人，心胸宏阔、气识远大与办事周详、有条有理，二者缺一不可。……一味追求宏大目标的人，最容易变得像办事漫无头绪的那类人一样，一到处理具体事物就糊里糊涂，毫无条理，虽然志向远大又有什么值得称道呢？办事有条有理，才可以行之久远。这样，才识宏大才不会带来另一方面的缺陷。

【评析】

常人办事，极易流于两端。志向远大、气识宏阔者，难免眼高手低，处理具体事务的才力较弱；而办事有条理、细致周详者，若囿于事务，又极易流于委琐。曾国藩在这封信中强调“规模远大与综理密微”二者缺一不可，讲的就是这个道理。

居安应思危

【原文】

弟克复两省，勋业断难磨灭[1]，根基极为深固。但患不能达，不患不能立；但患不稳适，不患不峥嵘[2]。此后总从波平浪静处安身，莫从掀天揭地处着想。吾亦不甘为庸庸者，近来阅历万变，一味向平实处用功。非委靡也[3]，位太高，名太重，不如是，皆危道也。

——节录自岳麓书社版《曾国藩全集·家书一》

【注释】

［1］勋业：功绩事业。

［2］峥嵘：比喻超越寻常。

［3］委靡：颓丧；不振作。

【译文】

弟弟你攻克收复两省，功绩是不可磨灭的，事业的根基也极为深厚稳固。但是，现在要担心的是不能圆融通达，而不用担心不能成就事业；要担心的是不能稳妥、适当，而不用担心不能超越寻常。从此以后总要从波平浪静处安身，不要总想着要惊天动地。我也不甘心做平庸之人，近来经历了诸多变化，一味地向平淡实在处用功。这样做并不是萎靡不振，而是因为所处位置太高，名声太重，不这样去做是很危险的。

【评析】

居安应思危这一思想是曾国藩向来用以明哲保身之道，同时也是他凡事留有余地一贯主张的体现。

与人交往应酬须讲究礼节

【原文】

凡与人晋接周旋，若无真意，则不足以感人；然徒有真意而无文饰以将之[1]，则真意亦无所托之以出，《礼》所称无文不行也[2]。余生平不讲文饰，到处行不动。近来大悟前非。弟在外办事宜随时斟酌也。

——节录自岳麓书社版《曾国藩全集·家书一》

【注释】

［1］文饰：文采；修饰。也指礼节仪式。将：领；出；带。

［2］《礼》：儒家经典“三礼”之一，为战国至汉初儒家思想和礼仪论著的选编。

【译文】

凡与人交接往来，如果没有真意，就不足以感动别人；然而徒有真意而没有礼节仪式作为先导，那么自己的真意也就没有东西可借之表达出来，

《礼》一书中所说的无文不行就是这个意思。我生平不重视礼节仪式，所以到处交际不便，近来深刻省悟到了从前的不足，并且在实践中加以改进。弟弟你在外边办事，应当随时对这个问题斟酌一番。

【评析】

曾国藩在篇中特别强调与人交往必须讲究礼节，缺乏这一点即使对人真心真意也可能收不到好的效果。他在这里实际上说的是动机与效果，主观出发点与客观的方式方法相互统一的问题。

不可依势骄人

【原文】

军中银钱，余不敢妄取丝毫也。名者，造物所珍重爱惜[1]，不轻以予人者。余德薄能鲜，而享天下之大名，虽由高曾祖父累世积德所致，而自问总觉不称，故不敢稍涉骄奢。家中自父亲、叔父奉养宜隆外，凡诸弟及吾妻吾子吾侄吾诸女侄女辈，概愿俭于自奉[2]，不可倚势骄人。古人谓无实而享大名者，必有奇祸。吾常常以此儆惧，故不能不详告贤弟，尤望贤弟时时教戒吾子吾侄也。

——节录自岳麓书社版《曾国藩全集·家书一》

【注释】

［1］造物：创造万物，此处指造物主。

［2］自奉：自己给自己的东西，此处指用于自身日常生活的物品。

【译文】

军营中的银两钱财，我不敢乱拿一分一毫。名誉地位，这是上苍所珍重爱惜、不轻易给人的东西。我德行浅薄，能力不强，如今却享有天底下这么大的名望，这虽然是高祖曾祖几代积德的结果，但扪心自问，总觉得名实不太相符，所以不敢稍微有一点骄奢。家中除父亲、叔父辈生活理当丰厚外，所有弟弟、妻子、儿子、侄子、女儿、侄女，希望都能俭朴自持，不可倚仗权势把自己娇惯了。古人说没有大德大才而享有大名望的人，一定会有大祸临头。我常常用这句话警告自己，所以不能不把这个道理详细告诉各位贤弟，尤其希望弟弟们能时时教育训导各位子侄。

【评析】

人贵有自知之明。失意时多看到自己的长处，得意时多看到自己的短处，这就叫胜不骄、败不馁。1854 年曾国藩四十四岁，正是春风得意之时，故信中有“余德薄能鲜，而享天下之大名”的喟叹。曾国藩较一般人清醒之处就在于当此之时仍总觉名实“不称”，故不敢“稍涉骄奢”，并进一步要求诸弟子侄也要“俭于自奉”。不管曾国藩当时出于何种动机，其“不可倚势骄人”的态度却是难得的。

存倔强以励志

【原文】

至于倔强二字[1]，却不可少。功业文章，皆须有此二字贯注其中，否则柔靡不能成一事[2]。孟子所谓至刚[3]，孔子所谓贞固[4]，皆从倔强二字做出。吾兄弟皆禀母德居多[5]，其好处亦正在倔强。若能去忿欲以养体，存倔强以励志，则日进无疆矣。

——节录自岳麓书社版《曾国藩全集·家书二》

【注释】

[1] 倔强：直傲不屈于人。

[2] 柔靡：软弱。

[3] 至刚：极其刚强。

[4] 贞固：固守正道。

[5] 禀：承受。

【译文】

至于"倔强"二字，却不可缺少。功业与文章，都需要有这两个字贯注其中，否则就软弱得不能成一事。孟子所说的极其刚强，孔子所说的固守正道，都是从"倔强"二字做起。我们兄弟皆承受母德居多，其好处亦正在倔强。如果能够去忿欲以养身体，存倔强以励志气，则每日的进步就无止境了。

【评析】

曾国藩毕生的军事与学术的成就，离不开"倔强"二字。因此他在这篇家训中，反复教诫自家兄弟："倔强"二字不可少，必须存倔强以励志。

人应具有豁达光明之识

【原文】

自古圣贤豪杰、文人才士，其志事不同[1]，而其豁达光明之胸大略相同。以诗言之，必先有豁达光明之识[2]，而后有恬淡冲融之趣[3]。

——节录自岳麓书社版《曾国藩全集·家书二》

【注释】

[1] 志事：指志气和事业。

[2] 豁达：器度开阔。

[3] 恬淡：淡泊。安静闲适，不慕荣利。冲融：谦和。

【译文】

自古圣贤豪杰、文人才士，其志向和事业虽不完全相同，但其气度开阔、光明正大之胸襟却大致相同。就拿作诗来说吧，必先有气度开阔、光明正大之见识，而后才有安静闲适、淡泊和顺之旨趣蕴含其中。

【评析】

在这篇家训中，曾国藩谆谆教诫其弟：一定要具备器度开阔、光明正大之见识，而后才会有安静闲适、淡泊和顺之旨趣。

“强”字须从“明”字做出

【原文】

强字原是美德，余前寄信亦谓明强二字断不可少。第强字须从明字做出[1]，然后始终不可屈挠[2]。若全不明白，一味横蛮，待他人折之以至理[3]，证之以后效，又复俯首输服，则前强而后弱，京师所谓瞎闹者也。余亦并非不要强之人，特以耳目太短[4]，见事不能明透，故不肯轻于一发耳。又吾辈方鼎盛之时[5]，委员在外[6]，气焰薰灼[7]，言语放肆[8]，往往令人难近。吾辈若专尚强劲，不少敛抑，则委员仆从等不闹大祸不止。

——节录自岳麓书社版《曾国藩全集·家书二》

【注释】

[1] 第：但；只是。
[2] 屈挠：退缩；屈服。
[3] 折：挫败。
[4] 耳目：视听。
[5] 鼎盛：兴旺；昌盛。
[6] 委员：委派人员。
[7] 薰灼：喻气焰逼人。
[8] 放肆：放纵；不受约束。

【译文】

“强”字原本是美德，我不久前寄给你的信也说过“明强”二字断不可少，但“强”字必须同“明”字结合，必须从“明”做出，然后始终不可以退缩和屈服。如果全然不明白这些，一味蛮横，等待别人用最根本的道理来折服、挫败你，并用蛮横的后果来加以证明，这时又再低头服输，则前面表现强劲而后面又转而表现软弱了。这就是京城所谓瞎闹的人了。我也并不是不要强的人，只是因为视听太绌，看事不能明透，故不肯轻易地表现出来。又因我们这些人正当功名兴盛之时，委派在外的人气焰逼人，言语放肆而不受约束，往往令人难以接近。我们这些人如一味专尚强劲，不稍微加以敛抑，那么委员和仆从人等不闹出大祸是不会休止的。

【评析】

与前面好几篇家训相似，曾国藩曾反复教诫自家兄弟必须懂得“明强”二字断不可少。在这篇家训中，又做了一些修正和补充，即“强”字须从“明”字做出，然后才能始终不退缩和屈服。这充分反映出曾国藩平时对“明强”二字看得很重，而且认识也在不断地加深。

男儿自立须有倔强之气

【原文】

吾家祖父教人[1]，亦以懦弱无刚四字为大耻。故男儿自立[2]，必须有倔强之气。

——节录自岳麓书社版《曾国藩全集·家书二》

【注释】

[1] 祖父：即曾玉屏，字星冈。

[2] 自立：依靠自己的力量而有所建树。

【译文】

我家祖父星冈公曾经在教诲后人的时候，也以“懦弱无刚”四字为大耻。所以男儿要依靠自己的力量而有所建树的话，就必须要具备有直做不屈于人的倔强的气质。

【评析】

曾国藩谆谆告诫自家弟弟：男儿要自立，必须克服“懦弱无刚”的毛病，必须具备倔强的气质。

屈伸的秘诀在于一个“悔”字

【原文】

……兄自问近年得力惟有一悔字诀[1]。兄昔年自负本领甚大，可屈可伸，可行可藏[2]，又每见得人家不是。自从丁巳、戊午大悔大悟之后[3]，乃知自己全无本领，凡事都见得人家有几分是处。故自戊午至今九载，与四十岁以前迥不相同，大约以能立能达为体，以不怨不尤为用[4]。立者，发奋自强，站得住也；达者，办事圆融[5]，行得通也。吾九年以来，痛戒无恒之弊，看书写字，从未间断，选将练兵，亦常留心。此皆自强能立工夫。奏疏公牍，再三斟酌，无一过当之语自夸之词。此皆圆融能达工夫。至于怨天本有所不敢，尤人则常不能免，亦皆随时强制而克去之。弟若欲自儆惕[6]，似可学阿兄丁戊二年之悔，然后痛下箴砭[7]，必有大进。……默存一悔字，无事不可挽回也。

——节录自岳麓书社版《曾国藩全集·家书二》

【注释】

[1] 得力：得到助力。后常指能干，有所作为。

[2] 可屈可伸：屈曲而伸展，也指随时而进退。可行可藏：语出《论语·述而》，“子谓颜渊曰：‘用之则行，舍之则藏，唯吾与尔有是夫！’”谓出仕即行其所学之道，否则退隐藏道以待时机。后“行藏”指出处或行止。

[3] 丁巳：1857 年。戊午：1858 年。

[4] 尤：指责；归罪。

[5] 圆融：佛教语。破除偏执，完满融通。

[6] 儆惕：即警惕。

［7］箴砭：砭，古代治病的石针，用以诊治病痛，比喻指出纠正错误。后引申为规谏之意。

【译文】

为兄我悟出自己近年能有所作为主要靠一个“悔”字诀。我过去曾自认为本领很大，能屈能伸，可进可退，又常常看到人家的不足。自从丁巳、戊午年间大悔大悟之后，才知道自己没有一点本领，什么事情都能看到人家有几分正确的。因此从戊午年到现在这九年，与四十岁以前大不相同，大约是以能立能达为行动的根本，以不怨不尤为行为准则。立，就是发愤图强，在社会上站得住；达，就是办事完满通融，在社会上行得通。我九年以来，痛下决心戒掉没有恒心的毛病，看书写字，从不间断，选将练兵，也非常用心，这都是发愤图强以争取站得住的工夫。所写的奏疏公文，用词再三考虑，没有一句与事实不符的话，也没有一个夸耀自己的词语，这都是完满通融以求行得通的工夫。至于怨天我历来有所不敢，指责别人则经常免不了，但也都随时强制自己克服这个毛病。弟弟如果想告诫自己以求上进，似乎可以考虑学习为兄丁巳、戊午两年的悔悟，然后痛下决心规谏自己，一定会有很大的进步。……默默地记住一个“悔”字，没有什么事是不可挽回的。

【评析】

曾国藩在信中反复强调，一个人在志得意满之时，还须抽身退步，闭门思过，以能立能达为体，不怨不尤为用，方能在人世间站得住、行得通，其聪明才智才能发挥出来，事业才有所成。这一思想观点在今天仍有借鉴意义。

应视富贵功名为浮荣

【原文】

富贵功名皆人世浮荣[1]，惟胸次浩大是真正受用[2]。余近年专在此处下功夫，愿与我弟交勉之[3]。

——节录自岳麓书社版《曾国藩全集·家书二》

【注释】

[1] 浮荣：虚荣。

[2] 胸次：胸怀。受用：好处；利益。

[3] 交勉：互相勉励。

【译文】

富贵功名皆为世间的虚荣，只有胸怀博大才是真正的好处和利益。我近年专在这个方面下工夫，愿与我弟相互勉励。

【评析】

在这篇家训中，曾国藩鼓励自家兄弟务必要努力做到少一分富贵功名念头，多一分博大胸怀。这一点至今仍有一定的现实意义。

当思雪我“三耻”

【原文】

余生平有三耻：学问各途，皆略涉其涯涘[1]，独天文算学，毫无所知，虽恒星五纬亦不识认[2]，一耻也；每作一事，治一业，辄有始无终[3]，二耻也；少时作字，不能临摹一家之体，遂致屡变而无所成，迟钝而不适于用，近岁在军，因作字太钝，废阁殊多[4]，三耻也。尔若为克家之子[5]，当思雪此三耻。推步算学，纵难通晓，恒星五纬，观认尚易。家中言天文之书，有《十七史》中各天文志，及《五礼通考》[6]中所辑观象授时一种。每夜认明恒星二三座，不过数月，可毕识矣。凡作一事，无论大小难易，皆宜有始有终。作字时，先求圆匀，次求敏捷。若一日能作楷书一万，少或七八千，愈多愈熟，则手腕毫不费力。将来以之为学，则手抄群书[7]，以之从政，则案无留牍[8]。无穷受用，皆自写字之匀而且捷生出。三者皆足弥吾之缺憾矣[9]。

——节录自岳麓书社版《曾国藩全集·家书一》

【注释】

[1] 涯涘（sì）：水边，泛指边缘。

[2] 虽：即使。五纬：指五大行星。纬，行星的古称。

[3] 辄：总是。

[4] 阁：通“搁”，停止。

[5] 克家之子：指能继承祖先事业的子弟。

[6]《五礼通考》：书名，清代学者秦蕙田撰。

[7] 抄：抄录。

[8] 牍（dú）：文件。

[9] 弥：弥补。

【译文】

我感到自己平生有三大耻辱：各门学问，都略微有所涉及和接触，唯独天文测算，一点儿也不懂得，即使是恒星、行星也不曾认识。这是第一大耻辱。每做一件事情，从事一项事业，总是有始无终。这是第二大耻辱。小时候练字，不能临摹某一家的书体，于是导致多次更改而无所成就，书写迟钝而不宜实用，近年在军营里，就因为写字太迟钝，干脆搁笔不写的时候特别多。这是第三大耻辱。你如果是能继承先辈事业的子弟，就应当立志洗刷我的这三大耻辱。天文推测和计算，纵然一下子很难通晓；但恒星、行星，观察识别起来还比较容易。家中关于天文的书籍中，有《十七史》里的各种天文志，以及《五礼通考》所辑录的一篇《观象授时》，这些都可仔细研读。同时，每夜识别三个恒星座，不到几个月，就可以全部识别清楚了。凡是做一件事情，不论大小难易如何，都应该有始有终。练字时，先要讲求圆润、匀称，然后才讲求敏捷、迅速。如果一天能写一万个楷书字，或者少则七至八千，越练得多就越熟练，那么手腕就不会感到费力了。将来凭这个本领做学问，就能抄写各种书籍；凭这个本领从事政务，案头就不至于剩下一些公文办不完。无穷的得益，都是由于写字匀称而且迅速的好习惯带来的。以上三个方面如果都做到了，就足以弥补我的终生缺憾了。

【评析】

这是曾国藩写给其儿子曾纪泽家信中的一段话。曾国藩对子女要求十分严格，然而又绝不是一味呵责。在这封家训里，他以平等的态度向儿子纪泽道出了自己的平生“三耻”。紧接着，他以探讨的口吻诱导儿子从“天文算学”“作事治业”“学书作字”三方面特别去努力，弥补自己在这几个方面的缺憾。那么，现今做父母的，当我们在发现自己的儿女不够争气的时候，一联想到这些，是不是也能平等地坐到一块去同儿女交心呢？

应听得进逆耳之言

【原文】

凡办大事，以识为主[1]，以才为辅；凡成大事，人谋居半，天意居半。……君子大过人处，只在虚心而已。不特吾之言当细心寻绎[2]，凡外间有逆耳之言，皆当平心考究一番。逆耳之言随时随事皆有……故古人以居上位而不骄为极难。

——节录自岳麓书社版《曾国藩全集·家书二》

【注释】

［1］识：见识；识见。

［2］寻绎：推求；探索。

【译文】

凡是办大事，以见识为主体，以才能为辅助；凡是办成大事，人谋居半，天意居半。……具有高尚品德的人大大超过别人的地方，只是在于虚心而已。不只是我的话你当细心推求，凡是外间有逆耳之言，你都应当平心静气地考究一番。逆耳之言是随时随地随事都会有的。……所以古人以居上位而不骄为十分难得的事。

【评析】

在这篇家训中，曾国藩一则从正面引导自家兄弟务必懂得凡办大事，要以识为主，以才为辅；再则又从侧面婉转地批评自家兄弟，不听兄长劝诫之言，不平心考虑外间的逆耳之言。这种从正、反两个方面教育兄弟子侄的做法，是值得今天的人们借鉴的。

议人短长是极骄极傲的表现

【原文】

弟言家中子弟无不谦者，此却未然。余观弟近日心中即甚骄傲。凡畏人，不敢妄议论者，谦谨者也；凡好讥评人之短者，骄傲者也。弟于营中之人，如季高、次青、作梅、树堂诸君子[1]，弟皆有信来讥评其短，且有讥至两次三次者。营中与弟生疏之人，尚且讥评，则乡间之与弟熟识者，更鄙睨嘲斥可知矣[2]。弟尚如此，则诸子侄之藐视一切，信口雌黄可知矣[3]。谚云："富家子弟多骄，贵家子弟多傲。"非必锦衣玉食、动手打人而后谓之骄傲也，但使志得意满毫无畏忌，开口议人短长，即是极骄极傲耳。

——节录自岳麓书社版《曾国藩全集·家书一》

【注释】

[1] 季高、次青、作梅、树堂：分别指湘军将领及曾幕幕僚左宗棠、李元度、陈鼐、冯卓怀。

[2] 鄙睨（nì）嘲斥：轻薄嘲笑别人，颐指气使的样子。

[3] 信口雌黄：不问事实，随口乱说。

【译文】

弟弟你说家中子弟没有不谦虚的，此话未必全对。我看弟弟你最近心中就非常骄傲。只有敬重别人、不随便议论别人，才是谦虚谨慎的人；凡是喜欢讥笑别人、议论人家的短处，就一定是骄傲的人。弟弟对我军营中人，如左宗棠、李元度、陈鼐、冯卓怀诸位，都有信来讥笑和议论他们的短处，而且有的讥笑了两次甚至三次。对军营中与你并不太熟的人，尚且这样讥笑议论，那么对乡下与你十分熟悉的人，怎样鄙薄嘲笑也就可想而知了。弟弟你尚且这样，那么众子侄怎样藐视一切，随口乱说也就可想而知了。俗话说："富庶之家，子弟大多骄奢，权贵之家，子弟大多傲慢。"并不是一定要锦衣玉食、动手打人才叫做骄傲，只要稍有得志便意气骄满、肆无忌惮、开口闭口议人短长，那就是极骄横极傲慢的了。

【评析】

这是曾国藩写给其儿弟曾国潢家信中的一段话。曾国藩兄弟五人，只有曾国潢（澄侯）经常居家，料理家务。曾国藩从他几次来信感觉到他的骄傲之气，对之自然有所警觉，由批评他进而想到家中诸子侄，因而一针见血地指出："开口议人短长，即是极骄极傲。"

应力戒长傲多言

【原文】

古来言凶德致败者约有二端：曰长傲[1]，曰多言。丹朱[2]之不肖，曰傲曰嚣讼[3]，即多言也。历观名公巨卿，多以此二端败家丧生。余生平颇病执拗，德之傲也；不甚多言，而笔下亦略近乎嚣讼。静中默省愆尤[4]，我之处处获戾[5]，其源不外此二者。温弟性格略与我相似，而发言尤为尖刻。凡傲之凌物，不必定以言语加人，有以神气凌之者矣，有以面色凌之者矣。……凡中心不可有所恃，心有所恃则达于面貌。以门地言，我之物望大减，方且恐为子弟之累；以才识言，近今军中炼出人才颇多，弟等亦无过人之处。皆不可恃。只宜抑然自下，一味言忠信行笃敬，庶几可以遮护旧失、整顿新气。否则，人皆厌薄之矣。

——节录自岳麓书社版《曾国藩全集·家书一》

【注释】

［1］长傲：恃长傲物。仗着自己的长处而看不起别人。

［2］丹朱：人名。尧的儿子，人品和才能均不如尧，所以尧将皇位禅让给舜。

［3］嚣（xiāo）讼：奸诈而好打官司。

［4］愆（qián）尤：过失。

［5］戾：罪；罪过。获戾：获罪；被人怪罪。

【译文】

古来谈到因品行恶劣而坏事的大致有两条：一是恃才傲物，二是多言。尧的儿子丹朱人品和才能都不怎么好的原因，是他骄傲和奸巧好讼，同时喜好多言。遍观历代名公巨卿，很多是因为这两条败家丧生的。我生来很有些固执的毛病，这也是品德中的一种傲气吧；不太多言，但笔端多少有些近乎巧诈。静时暗中检讨自己的过失，我之所以处处被人怪罪，其根源亦不外乎这两条。温弟性格大致与我相似，而言辞更为尖刻。凡以傲气凌人，不一定非以言语相加，有以神气凌人的，有以脸色凌人的。……大抵心中不能总记着自己的长处，老想着自己的长处，就一定会从面容神态上表现出来。从门第看，我的声望大减，正担心会影响到家中子弟；从个人才识看，现今军队中锻炼出很多人才，我们也没有什么特别超过人家的地方，都不可倚仗。只有兢兢业业，放下架子，把忠信笃敬贯彻到一切言行之中，才多少能弥补一些旧时的过失，整顿出新的气象。不然，人人都会讨厌和小看我们了。

【评析】

这篇家训的可取之处在于，从根本上指出了克服“长傲”和“多言”这两大弱点的途径。一般的谨言慎行还不是解决问题的根本，关键是要自省、自知。“凡心中不可有所恃，心有所恃则达于面貌”，或言语伤人，或盛气凌人。真正认识到自己本无过人之处，虚心向下，谨言慎行也就是顺理成章的事了。

应以“勤敬”二字为法

【原文】

家中兄弟子侄，总宜以勤敬二字为法。一家能勤能敬，虽乱世亦有兴旺气象；一身能勤能敬，虽愚人亦有贤智风味。吾生平于此二字少工夫，今谆谆以训吾昆弟子侄[1]，务宜刻刻遵守。

——节录自岳麓书社版《曾国藩全集·家书一》

【注释】

［1］昆：兄。

【译文】

家中兄弟子侄，总应该以“勤敬”二字为准则。一个家庭能勤勉恭敬，即使处在乱世也会有兴旺气象；一个人能勤勉恭敬，即使天资愚钝也会有贤者智者的风度。我生平在这两个字上努力不多，今天再三告诫你们兄弟及子侄辈，一定要时刻遵守。

【评析】

勤以律己，敬以待人，便是修身、齐家的根本。曾国藩在篇中具体解释，勤则百业兴旺，敬则温良恭谨，以“勤敬”二字为法，任何时候都是可取的。这一观点在经济高度发达的今天，其现实启迪意义是十分明显的。

处世为人理应与人为善

【原文】

尔为下辈之长，须常常存个乐育诸弟之念。君子之道，莫大乎与人为善[1]，况兄弟乎？临三、昆八系亲表兄弟，尔须与之互相劝勉。尔有所知者，常常与之讲论，则彼此并进矣。

——节录自岳麓书社版《曾国藩全集·家书一》

【注释】

［1］与人为善：指助人相与为善。后来也指帮助别人进步。

【译文】

你是我们曾家晚辈当中的老大，必须常常惦记着乐于培育各个小弟的责任。君子的美德，没有比与人为善更高尚的了，更何况是兄弟之间呢？临三、昆八是你的亲表兄弟，你要与他们互相劝勉。你有弄得明白的地方，就经常跟他们讲解讲解。这样一来，你们就彼此一同进步了。

【评析】

这是曾国藩写给其儿子曾纪泽家信中的一段话。曾国藩在儿子面前既是长者，又是朋友。在这里，他悉心而又平和地诱导儿子要乐于培育各个小弟，要热心帮助别人进步，要把自己弄得明白的地方告诉别人以求得共同的进步。

处世须以“谦谨”二字为主

【原文】

尔在外以谦谨二字为主，世家子弟[1]，门第过盛，万目所属[2]。临行时，教以三戒之首，末二条及力去傲惰二弊，当已牢记之矣。场前不可与州县来往，不可送条子，进身之始，务知自重。

——节录自岳麓书社版《曾国藩全集·家书二》

【注释】

［1］世家：古称世代显贵的家族为世家。

［2］属：通“瞩”。即注目；注视。

【译文】

你在外面要以“谦”（虚）、“谨”（慎）二字为主。世家子弟，门第过于盛大，为千千万万人所瞩目。你临出发的时候，我教你三戒的第一条和第三条及努力去掉骄傲、懒惰两种弊病，想必已经牢牢记住了。参加科考之前不可与州官、县官往来，不可以递送条子。特别是将来提拔任用之始，务必知道自重。

【评析】

这是曾国藩写给其儿子曾纪泽家信中的一段话。曾国藩在这篇家训中郑重其事地告诫儿子，处世一定要以“谦、谨”二字为主。正因为“世家子弟、门第过盛、万目所属”，更应当严格要求。“场前不可与州县来往，不可送条子”，即主张不要“走后门”。这在当时是难能可贵的。

“勤敬” 二字断不可忽视

【原文】

接尔元夕禀[1]，知叔父大人病极沉重。余未在家，尔宜常至白玉堂服侍汤药[2]，勤敬二字断不可忽[3]。若在老宅[4]而有倦色有肆容[5]，则与不去无异。余往年在外多愧悔之端，近两年补救不少。至在家亦有可愧悔者，儿为我补救可也。澄叔分居上腰里[6]，应用粗细器皿须由下腰里分去[7]，尔禀母亲雇工陆续送去。尔至长沙看望岳母，须待叔祖病减乃去[8]，禀商澄、沅两叔父遵行。

——节录自岳麓书社版《曾国藩全集·家书一》

【注释】

［1］元夕：农历正月十五日，旧称上元，上元之夕叫元夕，即元宵。

［2］汤药：中药的汤剂。

[3] 勤敬：殷勤；恭敬。忽：忽略；忽视。

[4] 老宅：老屋，此指曾家“白玉堂”老屋。

[5] 倦色：厌倦的神色。肆容：放肆的仪态。

[6] 上腰里：指曾家附近一地名。

[7] 粗细器皿：泛指各种日常用品。下腰里：曾家住处一地名。

[8] 乃：才。

【译文】

接到你正月十五日晚上元宵节写来的信，得知我叔父大人病得很重。我不在家，你应该常去白玉堂侍候他老人家服药，“勤敬”二字绝不能忽视。你如果人在老屋，但神色厌倦，仪态放肆，那么就跟不去侍候没有两样。我往年在外边，许多地方令我惭愧和懊悔，幸亏近两年补救不少。至于在家里也有叫我惭愧和懊悔的地方，你就替我补偿好了。你澄叔刚刚从大家庭里分出去，住在上腰里，需要用的什么日常用品，应该从你们下腰里分出一些来，请你母亲雇人陆陆续续送去。你去长沙看望岳母，一定要等到你叔祖父病情减轻了才去，并且要告诉澄叔、沅叔两位叔父，商量妥贴后再遵照他们的意思启程。

【评析】

这是曾国藩写给其儿子曾纪泽的一封家信。曾国藩在这篇家训中具体入微地教导儿子对长辈一定要做到孝顺敬重，不应有半点悖逆行为，还勉励儿子补偿他这个做父亲的在家里感到惭愧和懊悔的地方。他的这种教育方法，今天做父母的和做儿女的都应当从中得到启发。

“劳俭” 二字是最好的安身之法

【原文】

处兹乱世[1]，银钱愈少，则愈可免祸；用度愈省[2]，则愈可养福。尔兄弟奉母，除劳字俭字之外，别无安身之法[3]。

——节录自岳麓书社版《曾国藩全集·家书一》

【注释】

［1］兹：这个。

［2］用度：费用；开销；花销。

［3］安身：存身；容身；立身。

【译文】

处在今天这样的乱世，银钱愈少，就愈可免祸；费用愈省，就愈可养福。你们兄弟侍奉母亲，除了“劳”字、“俭”字之外，就再也没有存身的办法了。

【评析】

银钱少“可免祸”，用度省“可养福”；坚持“劳俭”是最好的“安身之法”。如果没有一定的经验阅历，没有一定的远见卓识，是提不出来这种见解的。

要成大器须谨守俭朴

【原文】

凡世家子弟衣食起居，无一不与寒士相同[1]，庶可以成大器[2]；若沾染富贵气习，则难望有成。吾忝为将相[3]，而所有衣服不值三百金[4]。愿尔等常守此俭朴之风，亦惜福之道也。

——节录自岳麓书社版《曾国藩全集·家书二》

【注释】

［1］寒士：出身寒微的读书人；贫苦的读书人。

［2］庶：将近；差不多。

［3］忝：羞辱；有愧于。

[4] 金：此处作“银”解。

【译文】

凡是世代显贵家族的子弟，他们的衣食起居如与贫苦士人相同，则也许可以成大器。但如果沾染上富贵习气，就难以期望他们有什么成就了。我愧为将相，但所有的衣服还不值三百两银子。希望你们经常保持这样俭朴的作风，这也是珍惜幸福的方法。

【评析】

此篇写作宗旨是教育儿辈只有谨守“俭朴”二字才能成大器；反之，就难以有成就。这一观点是很有道理的。

国和家之兴皆由克勤克俭所致

【原文】

历览有国有家之兴，皆由克勤克俭所致[1]。其衰也，则反是。

余生平亦颇以勤字自励[2]，而实不能勤。故读书无手抄之册[3]，居官无可存之牍[4]。生平亦好以俭字教人，而自问实不能俭。今署中内外服役之人，厨房日用之数，亦云奢矣。……由俭入奢易于下水，由奢反俭难于登天。

——节录自岳麓书社版《曾国藩全集·家书二》

【注释】

[1] 克勤克俭：能勤劳而节俭。
[2] 励：劝勉；勉励。
[3] 册：书简；书册。
[4] 牍：此处可作文书解。

【译文】

遍览历代有国有家者的兴起，都是由勤劳而节俭所带来的结果。走向衰落，则是相反。

我平生也能够以“勤”字来勉励自己，而实际上还是不够勤劳。所以在读书方面没有手抄的书册，在居官方面没有可以保存的文书。同样，我平生也喜欢以“俭”字教人，而扪心自问实际上还是不够节俭。今官署中内外服役之人，厨房日用之数，也可以说是够奢侈的了。……由节俭转变为奢侈如同下水一般容易，由奢侈返回到节俭则比上青天还要难。

【评析】

曾国藩凭着自己的经验阅历清醒地懂得，勤俭能使有国有家者走向兴盛，不勤不俭能使有国有家者走向衰落。他用历史上这个经验教训来反观自己，认为自己实际上既不够“勤劳”，也不够“节俭”。更重要的是，他通过对自己所经历的事进行分析，得出了“由俭入奢易于下水”和“由奢返俭难于登天”这一发人深省的结论。

须力行节俭

【原文】

余合室小大平安。惟署中所用弁仆妪婢等太多[1]，食口众，则用度浩繁。又兼治病医药，百端奢靡[2]，入少出多，江督岁中进款竟不敷一岁之用。曩者尝怪澄弟日用太侈[3]，不能节俭，以致欠债甚巨。今余亦因用度不俭，亦将欠债，深为可讶。……近嘱戒纪泽等必须从上房、厨房两处节省，而后不致亏空。澄弟负累本重，沅弟亦无源之水，以后三家均须力行节俭。余平日自誓不欲身后多留馀财，亦不宜留债与后人耳。

——节录自岳麓书社版《曾国藩全集·家书二》

【注释】

［1］弁（biàn）：本指帽子。因武官服皮弁，故称武官为弁，清代专称低级武官为弁。

［2］奢靡：奢侈浪费。

［3］曩（nǎng）：以往；过去。

【译文】

我全家大小平安。只是府中所用的弁、仆、妪、婢等随从太多，吃饭之人很多，因而开支巨大且繁杂。又加上治病服药，许多地方奢侈浪费，收入少而支出多。我任两江总督，可全年收入竟不够一年的开支费用。过去我曾怪澄弟日常开支太大，不能节俭以致欠了很多债。现在我也因为开支不节省，也将欠债，实在令人惊讶。……近来我已叮嘱纪泽等人，必须从上房、厨房两处节省开支，使以后不致亏空。澄弟负担本来很重，沅弟也是无源之水，以后我们三家都必须力行节约。我平日发誓身后不愿多留余财，但也不宜给后人留下债务。

【评析】

曾国藩身为朝廷重臣，手中实权在握，竟然入不敷出，“亦将欠债”，并再三叮嘱家人要力行节俭以不致亏空，这在一般人看来是不可思议的事情。然而，这却是实实在在的一个“廉”字。这个“廉”字，作为封建士大夫的曾国藩做到了，与今天那些利用职权大捞国家钱财而中饱私囊的“蛀虫”，形成了鲜明的对照。

切莫买田起屋

【原文】

家事有弟照料，甚可放心，但恐黄金堂买田起屋，以重余之罪戾[1]，则寸心大为不安，不特生前做人不安，即死后做鬼也是不安。特此预告贤弟，切莫玉成黄金堂买田起屋。弟若听我，我便感激尔；弟若不听我，我便恨尔。但令世界略得太平，大局略有挽回，我家断不怕没饭吃。若大局难挽，劫数难逃，则田产愈多，指摘愈多；银钱愈多，抢劫愈甚，亦何益之有哉？

——节录自岳麓书社版《曾国藩全集·家书一》

【注释】

[1] 罪戾（lì）：罪过。

【译文】

家里的事情有弟弟你主持料理，我甚为放心，只是担心在黄金堂买田起屋一事，会加重我的罪过，想到这一点心里就非常不安。不但生前做人不安，就是死了变鬼也是不安。特此预先告诉贤弟，切记莫要助成黄金堂买田起屋的事。弟弟你如果听从我的话，我会感激你；如果你不听我的话，我就怨恨你。只要当今世道略为太平，整个局势有所好转，我们家的人绝对不怕没有饭吃。如果大局难以挽回，命中注定有灾祸难以避免，那么田产越多，指摘的人就会越多；钱财越多，抢劫的人也会更多，那又有什么益处呢？

【评析】

曾国藩在篇中把一家的平安与一国的平安联系起来，想自家的安危但首先着眼于国家大局的安危。这一观点能够给人以启迪。当然，他在这里所试图挽回的“大局”指的是封建国家的“大局”，所谓不置田产、不积钱财之类也多有乱世避祸的因素。这一点，是需要我们认真加以分析的。

居屋莫太宏丽

【原文】

沅弟所画屋样，余已批出。若作三代祠堂，则规模不妨闳大[1]；若另起祠堂于雷家湾，而此仅作住屋，则不宜太宏丽[2]。盖吾邑带勇诸公[3]，置田起屋者甚少，峙衡家起屋亦乡间结构耳[4]。我家若太修造壮丽，则沅弟必为众人所指摘，且乱世而居华屋广厦，尤非所宜。

——节录自岳麓书社版《曾国藩全集·家书一》

【注释】

［1］闳大：宏大。
［2］宏丽：宏伟华丽。
［3］盖：大概。邑：乡里；小城镇。
［4］峙衡：指湘军将领刘峙衡。

【译文】

沅弟设计的房屋图样，我已改定。如果是作为祖宗祠堂，那么规模大一点也没有关系；如果另在雷家湾建祠堂，这里只是建住房，那就不宜盖得太宏大、太华丽。因我县带兵的各位将领，买田起屋的很少，刘峙衡家起屋也不过乡间结构。我们家如果修造得过于华丽，沅弟一定会被人指责。且处此乱世而住这种又高大又漂亮的房子，更为不妥。

【评析】

曾国藩在篇中阐述了盖房建屋不要太大太华丽的两条理由是：乱世居家，不可过于张扬；大手大脚，大操大办，超出一般人的水平是违背了勤朴持家的宗旨。这其中除了消极避世、明哲保身的因素之外，力求俭朴的内容则具有借鉴意义。

蔬竹鱼猪四事须时时讲究

【原文】

家中种蔬一事，千万不可怠忽。屋门首塘养鱼，亦有一种生机。养猪亦内政之要者。下首台上新竹，过伏天后有枯者否？此四事者，可以觇人家兴衰气象[1]，望时时与朱见四兄熟商。

——节录自岳麓书社版《曾国藩全集·家书一》

【注释】

［1］觇（chān）：窥视；观测。

【译文】

家里种植蔬菜的事情，千万不要放松。利用屋门前塘中养鱼，也会显出一种生机。养猪也是持家最要紧的事。下首冈上新栽的竹子，经过这个热天有没有枯死的呢？这四件事做得怎样，可以看出一户人家是兴旺发达，还是衰微破败。希望你能经常与朱见四兄反复商量。

【评析】

此时的曾国藩官至二品，以军务繁冗之身，却将“蔬竹鱼猪”这类家庭琐事看得非常重要，并把它与家庭之“兴衰气象”联系在一起阐述问题，这也许正是曾国藩善于“从大处着眼，从小处着手”的过人之处。

应以“爱民”二字报双亲

【原文】

默观近日之吏治、人心及各省之督抚将帅，天下似无戡定之理[1]。吾惟以一勤字报吾君，以爱民二字报吾亲。才识平常，断难立功，但守一勤字，终日劳苦，以少分宵旰之忧[2]。行军本扰民之事，但刻刻存爱民之心，不使先人之积累自我一人耗尽。此兄之所自矢者[3]，不知两弟以为然否？

——节录自岳麓书社版《曾国藩全集·家书一》

【注释】

[1] 戡定：止息平定。

[2] 宵旰之忧：宵衣旰食的辛劳。宵衣旰食：天未明就起床，傍晚才进食，比喻政务辛劳，为美化封建帝王的套语。

[3] 自矢者：自己立下的誓言。

【译文】

冷静观察最近的吏治、人心及各省督抚将帅的情况，天下大概不会有安静平定的现象。我只有用一“勤”字上报皇恩，用“爱民”二字下报我的双亲。才识一般，绝对难以建功立业，只有抱定一个“勤”字，起早睡晚，任劳任怨，多少为皇上分担一点政务繁冗的辛劳。行军本来就是烦扰老百姓的事，只有时刻把“爱民”二字放在心上，不使祖先积留下来的功德被我一人断送。这就是我自己立下的誓愿，不知两位弟弟认为正确不正确？

【评析】

曾国藩在篇中多少流露出“知其不可为而强为之”的意思，乱世无戡定之理，个人无回天之力，但他认为待人处事总以尽心尽力、无愧无悔为要才是明智之举，也只有时时将爱民之念放在心上才有可能减少罪过。

“孝友” 二字可使家势经久不衰

【原文】

吾细思凡天下官宦之家，多只一代享用便尽。其子孙始而骄佚[1]，继而流荡，终而沟壑[2]，能庆延一二代者鲜矣[3]。商贾之家，勤俭者能延三四代；耕读之家，谨朴者能延五六代；孝友之家[4]，则可以绵延十代八代。我今赖祖宗之积累，少年早达，深恐其以一身享用殆尽，故教诸弟及儿辈，但愿其为耕读孝友之家，不愿其为仕宦之家。诸弟读书不可不多，用功不可不勤，切不可时时为科第仕宦起见[5]。若不能看透此层道理，则虽巍科显宦[6]，终算不得祖父之贤肖[7]，我家之功臣，若能看透此层道理，则我钦佩之至。

——节录自岳麓书社版《曾国藩全集·家书一》

【注释】

[1] 骄佚：骄横放肆。

[2] 沟壑（hè）：指人死了被弃尸溪谷。

[3] 鲜：少。

[4] 孝友：孝顺父母，友爱兄长。

[5] 科第：指科举考试登第。仕宦：指做官。

[6] 巍科：古代科举考试时，榜上名分等次，排在前列者。显宦：显赫之官。

[7] 贤肖：贤能子孙。

【译文】

我仔细思索着这样一个问题，大凡天下做官的人家，其福禄大多只一代享用就没有了。其子孙起初骄横放肆，接着流落放荡，最终被人弃尸溪谷，能够庆幸绵延一到两代者不多见。做生意的人家，勤劳俭朴者能够绵延三到四代；既耕作又读书的人家，谨慎朴实者能够绵延五至六代；孝顺父母、友爱兄长的人家，则可以绵延十代八代。我现今依靠祖宗所积累下来的恩德，少年得志，深深忧虑我自己一个人会把这种恩德享用殆尽，所以告诫各位弟弟及儿辈们，但愿成为耕读和孝友之家，不可成为做官的人家。各位弟弟读书不可不多，用功也不可不勤，千万不能时时存有读书为了做官的想法。如果不能看透这其中的道理，即使是科考中榜名列前茅、做了显赫之官，终究算不得祖父之贤能子孙，也算不得我们曾家之功臣。如果能看透这其中的道理，则是我所钦佩之至的人。

【评析】

曾国藩在上述这段富有哲理的文字中，反复强调家势兴衰与个人修身、立志好坏具有极其密切的关系。读书不能为了做官，重要的在于知书达理，做一个好人。这样家庭就会兴旺发达，长久延绵而不致衰败。这一家教观至今仍有启发意义。

家运之兴在于和睦、孝道、勤俭

【原文】

然祸福由天主之，善恶由人主之。由天主者，无可如何，只得听之；

由人主者，尽得一分算一分，撑得一日算一日。吾兄弟断不可不洗心涤虑，以求力挽家运。第一，贵兄弟和睦。……第二，贵体孝道。……第三，要实行勤俭二字。……勤者生动之气，俭者收敛之气[1]。有此二字，家运断无不兴之理。

——节录自岳麓书社版《曾国藩全集·家书一》

【注释】

[1] 敛：收起；收束；收住。

【译文】

然而祸福由天做主，善恶由人做主。由天做主的事，人力无可奈何，只得听之任之；由人做主的事，就要做到尽一分力便算一分力，能坚持一天就坚持一天。我们兄弟绝对不可不洗心革面，以求努力挽回家运。第一，要做到兄弟和睦相处。……第二，要尽力体会实行孝顺父母的道理。……第三，要实行“勤俭”二字。……勤劳是生机勃勃的气象，俭朴是守志不乱的气象，有了这两个字，家运绝对没有不兴旺的道理。

【评析】

曾国藩在篇中强调，“谋事在人，成事在天”，真正能做到和睦、孝道、勤俭这三件事，家运没有不兴旺的。这一观点颇具哲理，我们可以吸取其积极的一面。

富贵之家不可敬远亲而慢近邻

【原文】

戒富贵之家不可敬远亲而慢近邻也[1]。我家初移富托[2]，不可轻慢近邻，酒饭宜松，礼貌宜恭。……除不管闲事，不帮官司外，有可行方便之处，亦无吝也。

——节录自岳麓书社版《曾国藩全集·家书二》

【注释】

[1] 慢：怠慢；轻慢。

[2] 富圫：曾国藩家居之地，名富厚堂。

【译文】

我郑重告诫纪泽儿，富贵之家不可敬远亲而怠慢近邻。我家前不久才移居富圫，不可以轻慢近邻，酒饭宜松动一点，礼貌宜恭敬一点。……除了不管闲事、不帮别人打官司这两件事以外，凡是有可行方便的地方，也不要吝啬呀！

【评析】

曾国藩认为，远亲重要，近邻更重要，所以“富贵之家不可敬远亲而慢近邻”。为此，他再三教诫后辈，对近邻酒饭宜松，礼貌宜恭，有可行方便之处也不要吝啬。

治家八事缺一不可

【原文】

初一接尔十六日禀，澄叔已移寓新居[1]，则黄金堂老宅，尔为一家之主矣。昔吾祖星冈公最讲求治家之法，第一起早，第二打扫洁净，第三诚修祭祀[2]，第四善待亲族邻里。凡亲族邻里来家，无不恭敬款接，有急必周济之[3]，有讼必排解之[4]，有喜必庆贺之，有疾必问，有丧必吊。此四事之外，于读书、种菜等事尤为刻刻留心，故余近写家信，常常提及书、蔬、鱼、猪四端者，盖祖父相传之家法也[5]。尔现读书无暇[6]，此八事，纵不能一一亲自经理[7]，而不可不识得此意，请朱运四先生细心经理，八者缺一不可。

——节录自岳麓书社版《曾国藩全集·家书一》

【注释】

［1］寓：居住。

［2］诚修祭祀：是指虔诚地进行祭祀神佛、祖宗的活动。

［3］周济：对穷困人给予物质上的帮助。

［4］讼：争辩是非打官司。此处指争执纠纷。

［5］盖：承上文说明理由或原因。

［6］无暇：没有空闲。

［7］经理：这里指经手料理。

【译文】

初一日接到了你上个月十六日写的来信，得知你澄叔已住进了新居，那么在黄金堂老屋，你就成了一家之主了。从前，我的祖父星冈公最讲求治家的规矩：第一，早早起床；第二，打扫卫生；第三，虔诚祭祀神佛祖宗；第四，善待亲戚邻居，凡是亲戚邻居来我们家，没有不恭敬款待的。他们当中有急难就一定给以周济，有纠纷就一定予以排解，有喜事就一定前往庆贺，有疾病就一定去慰问，有丧事就一定去吊唁。除以上四条家规之外，对于读书、种菜等事也最为时时留心，所以我近来写家信回家时，常常提及读书、种菜、养鱼、喂猪等四个方面的事，这都是祖父传下来的家规。你现在正在读书，没什么空闲，这八个方面的事纵然不能一一去亲手料理，也不能不认识到它们的重要意义，具体的事就请朱运四先生留心经管。总而言之，这八个方面的家规是缺一不可的。……

【评析】

曾国藩在这里重申了他家祖辈以来的“治家八事”，要求家人勤俭持家、读书明理、敬事祖宗、善待宗邻，以及读书、种菜、养鱼、喂猪等，这充分体现出他坚守半耕半读家风的一贯主张。

家教八字诀

【原文】

余与沅弟论治家之道，一切以星冈公为法[1]，大约有八个字诀。其四字即上年所称书、蔬、鱼、猪也，又四字则曰早、扫、考、宝。早者，起早也；扫者，扫屋也；考者[2]，祖先祭祀，敬奉显考、王考、曾祖考，言考而妣可该也[3]；宝者，亲族邻里，时时周旋，贺喜吊丧，问疾济急，星冈公常曰人待人无价之宝也。星冈公生平于此数端最为认真。故余戏述为八字诀曰：书、蔬、鱼、猪、早、扫、考、宝也。此言虽涉谐谑[4]，而拟即写屏上，以祝贤弟夫妇寿辰．使后世子孙知吾兄弟家教，亦知吾兄弟风趣也。

——节录自岳麓书社版《曾国藩全集·家书一》

【注释】

[1] 星冈公：指曾国藩的祖父曾玉屏，字星冈。

[2] 考：原指父亲，后只称亡父为考。《礼记》："生曰父……死曰考。"后文之显考、王考、曾祖考，分别为亡父、祖父、曾祖父。

[3] 妣（bǐ）：亡母。《礼记》："生曰父曰母曰妻，死曰考曰妣曰嫔。"该：完备、包括。这里的意思是说祭祀亡父也就包括祭祀亡母在内。

[4] 谐谑：诙谐逗趣、开玩笑。

【译文】

我与沅弟讨论治家的原则，各个方面都照祖父星冈公的做法，大约有八个字诀。其中四个字就是去年所说的书、蔬、鱼、猪，还有四个字就是早、扫、考、宝。早就是黎明即起；扫就是洒扫庭除；考就是祭祀祖先，对父亲、祖父、曾祖父要恭敬，这里讲对父亲恭敬，自然也包括对母亲在内；宝就是与亲族邻里之间要经常往来，贺喜吊丧，探视疾病，接济急难。祖父常说人与人之间和睦相处是无价之宝。祖父一生对这几条最为认真。

所以我试着把它概括为八个字诀，这就是书、蔬、鱼、猪、早、扫、考、宝。这种说法也许不太庄重，不过我还是打算把它写在字屏上，用以祝贺你们夫妇寿辰，使后世子孙知道我们兄弟的家教，也了解我们兄弟间的情趣。

【评析】

曾国藩综合祖父的治家之道，提出了家教八字诀，包括读书、勤劳、俭朴、邻里关系等各个方面的内容，可谓全面、系统而又具体、细微。他自称这种提法略涉“谐谑”，其实却是十分认真严肃的。它对今人尤其是那些高干家庭是很有启发意义的。

应谨守“八好六恼”之家规

【原文】

家中要得兴旺，全靠出贤子弟。若子弟不贤不才，虽多积银积钱积谷积产积衣积书，总是枉然[1]。子弟之贤否，六分本于天生，四分由于家教。吾家代代皆有世德明训[2]，惟星冈公之教尤应谨守牢记。吾近将星冈公之家规编成八句，云：“书、蔬、鱼、猪、早、扫、考、宝，常说常行，八者都好；地、命、医理、僧巫、祈祷[3]、留客久住，六者俱恼。”盖星冈公于地、命、医、僧、巫五项人，进门便恼，即亲友远客久住亦恼。此八好六恼者，我家世世守之，永为家训。子孙虽愚，亦必略有范围也[4]。

——节录自岳麓书社版《曾国藩全集·家书二》

【注释】

［1］枉然：徒然；白费。

［2］世德：世代相传的功德。

［3］祈祷：向神明祷告以求福，即敬神。

［4］范围：规范；概括。后多用作周围界限之义，犹言规矩。

【译文】

家庭要兴旺发达，全靠出贤良子弟。如果子弟不贤良也没有才能，即使积累了很多银钱、谷物、产业、衣服、书籍，最终是白费劲。子弟的贤良与否，六分是天生的，四分是由于家庭教育所致。我们家每一代都有前辈流传下来的功德以及贤明的教诲，祖父星冈公的教诲尤其要小心遵守，牢牢记住。近来我将星冈公制订的家规编成八句话："书、疏、鱼、猪、早、扫、考、宝，你们要常念在口中并常常落实在行动中，这八个方面都是好的；地仙、算命、医理、僧巫、敬神、留客久住，这六件事都令人烦恼。"星冈公对地仙、算命、医生、僧人、神巫这五种类型的人，一进门就感到烦恼。即使是亲戚朋友或远道而来的客人，住久了也会感到烦恼。这八种爱好六种烦恼，我们家世世代代都应谨守它，永远作为家训。这样，即使子孙愚蠢，也必定稍有规范。

【评析】

曾国藩在篇中反复强调，子弟之贤良与否，家庭教育对他们的成长是很重要的。而这其中的内容就是要求子弟从小树立起勤劳、俭朴以及讲求实际的良好品行。这一观点是今天做父母的值得深思的。

不能忘却寒士风味

【原文】

吾家现虽鼎盛，不可忘寒士家风味[1]，子弟力戒傲惰。戒傲以不大声骂仆从为首，戒惰以不晏起为首。吾则不忘蒋市街卖菜篮情景[2]，弟则不忘竹山坳拖碑车风景[3]。昔日苦况，安知异日不再尝之？自知谨慎矣。

——节录自岳麓书社版《曾国藩全集·家书二》

【注释】

[1] 寒士：指出身寒微或生活清苦的读书人。风味：情趣；特色。

［2］蒋市街卖菜篮：曾国藩小时候在离家不远的小镇做过小生意。
［3］竹山坳拖碑车：曾国潢小时候在离家不远的地方干过体力活。

【译文】

我们家现在虽然正值鼎盛之时，但不能忘掉清贫的读书人家的特色。子弟们要力戒“傲”“惰”二字。戒傲以不大声责骂仆人随从为首要，戒惰以不睡懒觉、不晚起为起码的事情。我没有忘记当年在蒋市街卖菜篮的情景，弟弟你也不应忘记当年到竹山坳去拖碑车的情形。过去那种艰苦的滋味，怎能知道以后不会再尝了呢？只有这样，自己才会知道谨慎从事了。

【评析】

曾国藩在篇中反复指出，在鼎盛之时绝对不能忘掉寒士家风味。这一思想对于一个封建士大夫来说实属难得，时至今日仍具明显儆省作用。

应以“耕读”二字为长久之计

【原文】

吾自五十以后百无所求，惟望星冈公之后丁口繁盛[1]，此念刻刻不忘。吾德不及祖父远甚，惟此心则与祖父无殊。……吾精力日衰，断不能久作此官，内人率儿妇辈久居乡间[2]，将一切规模立定，以耕读二字为本，乃是长久之计。

——节录自岳麓书社版《曾国藩全集·家书二》

【注释】

［1］丁口：人口。
［2］内人：夫人。儿妇：儿子的媳妇。

【译文】

我自五十以后百无所求，唯一希望的是祖父大人之后家里人口繁衍兴盛，这个想法时刻没有忘记。我的学识品行不及祖父太远，唯望儿孙众多，兴旺发达的心情与祖父没有什么差别。……我的精力日益衰弱，绝对不能长时间当总督这个官了。我的夫人率领儿媳妇们长期居住在乡下，将一切规模已经立定，因此我认为，只有重视耕作农事和教导子孙读书这两件事，才是延续家风的长久之计。

【评析】

“耕读”为本，这是曾国藩重视家教的一贯主张。他既希望曾家后人兴旺发达，又时刻忧虑他们养尊处优，沾染坏习气，因而反复对他的弟弟指出，要坚持把“耕读”二字作为根本来对待。后来的事实证明，曾国藩的这一治家思想产生了积极的效果。

临危嘱子一意读书并勤俭治家

【原文】

目下值局势万紧之际[1]，四面梗塞[2]，接济已断[3]，加此一挫，军心尤大震动。所盼望者，左军能破景德镇、乐平之贼，鲍军能从湖口迅速来援，事或略有转机，否则不堪设想矣。

余自从军以来，即怀见危授命之志[4]。丁、戊年在家抱病，常恐溘逝牖下[5]，渝我初志[6]，失信于世。起复再出，意尤坚定。此次若遂不测[7]，毫无牵恋。自念贫窭无知[8]，官至一品，寿逾五十[9]，薄有浮名[10]，兼秉兵权[11]，忝窃万分[12]，夫复何憾[13]！惟古文与诗，二者用力颇深，探索颇苦，而未能介然用之[14]，独辟康庄[15]。古文尤确有依据，若遽先朝露[16]，则寸心所得，遂成广陵之散[17]。作字用功最浅，而近年亦略有入处[18]。三者一无所成，不无耿耿[19]。至行军本非余所长[20]，兵贵奇而余太平[21]，兵贵诈而余太直，岂能办此滔天之贼[22]？即前此屡有克捷[23]，已为侥幸[24]，出于非望矣。尔等长大之后，切不可涉历兵间，此事难于见功，易于造孽[25]，尤易于贻万世口实[26]。余久处行间[27]，日日如坐针毡[28]，所差不负吾心[29]，不负所学者，未尝须臾忘爱民之意耳[30]。近来阅历愈多，深谙督师之苦[31]。尔曹惟当一意读书[32]，不可从军，亦不必作官。

吾教子弟不离八本、三致祥[33]。八者曰：读古书以训诂为本，作诗文以声调为本[34]，养亲以得欢心为本，养生以少恼怒为本，立身以不妄语为本，治家以不晏起为本[35]，居官以不要钱为本，行军以不扰民为本。三者曰：孝致祥，勤致祥，恕致祥。吾父竹亭公之教人，则专重孝字，其少壮敬亲，暮年爱亲，出于至诚。故吾纂墓志[36]，仅叙一事。吾祖星冈公之教人，则有八字、三不信。八者曰考、宝、早、扫、书、蔬、鱼、猪[37]。三者曰僧巫[38]，曰地仙[39]，曰医药，皆不信也。处兹乱世，银钱愈少，则愈可免祸；用度愈省[40]，则愈可养福。尔兄弟奉母[41]，除劳字俭字之外，别无安身之法。吾当军事极危，辄将此二字叮嘱一遍[42]，此外亦别无遗训之语，尔可禀告诸叔及尔母无忘。

——节录自岳麓书社版《曾国藩全集·家书一》

【注释】

[1] 目下：目前。

[2] 梗塞：阻塞。

[3] 接济：接应、援助。

[4] 见危授命：看到了危亡关系却勇于献出生命，相当于“临危授命”。

[5] 溘（kè）逝：突然死去。牖（yǒu）：窗户。

[6] 渝：改变。

[7] 遂：遇到。

[8] 贫窭（jù）：贫穷。

[9] 逾：超过。

[10] 薄有浮名：即“稍有虚名”。

[11] 秉：掌握；执掌。

[12] 忝窃：私下感到惭愧。

[13] 夫：语助词，用在一句话的开始。

[14] 介然：独特地。

[15] 康庄：指宽阔平坦的道路，即“康庄大道”。

［16］遽：匆忙；急忙。朝露：这里是说受到朝露的滋润，比喻为受到良好的文学熏陶。

［17］广陵之散：指《广陵散》，为三国时嵇康所作琴曲。嵇康后被杀，临刑前索琴奏《广陵散》，曲终叹曰："《广陵散》于今绝矣。"后称人事凋零或事成绝响为广陵之散。

［18］入处：收到成效的地方，相当于"进步、长进"。

［19］耿耿：形容有心事。

［20］至：至于。行军：从事军务。

［21］贵：重视；崇尚。

［22］办：惩办。

［23］克捷：胜利。

［24］侥幸：由于偶然的原因而得到成功或免去灾祸。

［25］造孽（niè）：做坏事而在将来受到报应。

［26］贻万世口实：遗留下来，永远让人当做话柄。

［27］行间：指行营，即临时的军营。

［28］如坐针毡：形容心神不宁。

［29］所差：幸亏。

［30］须臾：极短的时间；片刻。

［31］谙（ān）：熟悉。

［32］尔曹：指你们。曹，辈。

［33］本：根本。

［34］声调：指声韵节奏，语调语气。

［35］晏：迟；晚。

［36］纂（zuǎn）：编纂。这里可作"撰写"解。

［37］考、宝：本义分别为已死去的父亲、珍爱。这里分别指祭祀祖宗、善待他人。

［38］僧巫：和尚、巫婆，这里指迷信。

［39］地仙：看地测风水的人。

［40］用度：费用。

［41］奉：奉养，赡养。

［42］辄（zhé）：即；就。

【译文】

目前，正值局势危急的时刻，我军四面都被围困，接应和援助全都已中断，加上这一次挫败，军心大为动摇。现在能盼望的是，左宗棠军能破景德镇、乐平的贼，鲍超军能从湖口迅速来援，战事或许稍有转机，否则不堪设想了。

我自步入军界以来，就抱着临危受命的志向和决心。丁未年（1847）、戊申年（1848）在家养病，常常担心就此突然死在自家窗下，以致不能了却我当初的心愿，在世人面前失信。等到康复后再被启用，信念尤其坚定。这次如果险遭不测，也毫无牵挂了。我私下认为自己出身贫寒，学识浅薄，却做到了一品高官，现在年过五十岁，稍有虚名，又兼掌军事大权，暗暗感到万分惭愧，对于我本人来说，还有什么遗憾呢？唯独古文和诗词，这方面虽下的工夫很是深厚，钻研得也够艰苦，却没能有所独创，开辟出一条宽广的新路子来。古文学得尤其扎实，可以做到引经据典，但虽然有所收获，有所成就，却有没深入下去的遗憾。至于写字下的工夫最少，近几年虽也稍稍有些长进。但总的来说，以上三方面都仍是一无所成，这不能不心怀耿耿了。至于从事军务本不是我的长处。用兵打仗贵在出奇制胜，而我却是太平淡无奇，用兵打仗注重兵不厌诈，而我却是太正直忠诚，又怎能对付得了这些贼寇呢？即使以前多次获胜，那也已经是侥幸了，并非出于我的期望。你们长大以后，切切不能涉足于军营，干这个难于有所建树，却易于做出不好的事，尤其容易给千秋万代留下一个话柄。我这么长的时间身在行营，每一天都如坐针毡，非常不安，幸亏没有辜负我的心愿，也没辜负我所学的东西，也未曾须臾忘却爱护百姓的意愿罢了。近来经历得更多，深深懂得领兵打仗的艰难。你们只有一心读书，不能从军，也不必做官。

我教导子弟们不要背离八个根本、三个吉祥。八个根本是：阅读古书要把字句训诂当做根本，赋诗作文要把声韵语气当做根本，供养亲人要把讨得欢心当做根本，修身养性要把少生恼怒当做根本，为人处世要把不乱言谈当做根本，治理家务要把不迟起床当做根本，做官治民要把不要钱当做根本，从事军务要把不扰百姓当做根本。三个吉祥是：孝顺带来吉祥，勤俭带来吉祥，仁爱带来吉祥。我父亲竹亭公教育人，则专门注重一个

“孝”字。他青壮年时期孝敬长辈，到年老的时候则爱护晚辈，这都发自他最真诚的内心。所以我为他老人家编修墓志，就写的这一方面。我祖父星冈公教育人，则有八个字、三个不信。八个字是考、宝、早、扫、书、蔬、鱼、猪；三个“不信”是僧巫迷信、风水地仙、医术药剂，都不相信。我们身处现今这个离乱的时代，银钱越少，就越能避开灾祸；费用越节俭，就越能创造幸福。你们兄弟几个奉养母亲，除了“劳”字和“俭”字以外，再也没有什么其他的为人处世的诀窍了。我在这个军事形势极其危急的关头，就将这两个字叮嘱一次，此外也没有其他什么遗教了，你们可要将这禀告给几位叔父以及你们的母亲，千万不要忘记了。

【评析】

曾国藩在当时时局极度紧张、极度艰难的时候，仍然不忘教诲儿子，并严肃地要求他们从以下两个方面作出努力：一是“一意读书”，因为自己读书、作文、写字“三者一无所成，不无耿耿”，而且又“深谙督师之苦”。那么后辈应该弥补自己的短处，吸取自己的教训，专心致志地读书，争取学有所成。二是“勤俭治家”，这不仅是曾家祖辈遗留下来的传统家风，也是当今乱世的“安身之法”。以上两个方面的教诲，正是曾国藩贯穿一辈子的教子之方、治家之法的主要内容所在。

切戒家中过于奢华

【原文】

惟各家规模总嫌过于奢华[1]。即如四轿一事[2]，家中坐者太多，闻纪泽亦坐四轿，此断不可。弟曷不严加教责[3]？即弟亦只可偶一坐之，常坐则不可。篾结轿而远行，四抬则不可；呢轿而四抬则不可入县城、衡城，省城则尤不可。……凡事皆当存一谨慎俭朴之见。……吾恐家中奢靡太惯，享受太过，故不肯多寄钱物回家。

——节录自岳麓书社版《曾国藩全集·家书二》

【注释】

[1] 规模：格局；规制。
[2] 四轿：四人抬的轿，简称“四轿”或“四抬”。
[3] 曷不：何不。

【译文】

唯有我们兄弟各家的气概我总嫌过于奢侈豪华。就拿四人抬的轿来说吧，家中坐的人太多，听说纪泽儿也坐四人抬的轿，这个绝对不行。弟弟你为何不对他严加教责呢？就是你自己也只能偶尔坐之，常坐则不可以。用竹蔑结成的轿可以远行，而四人抬的轿则不可以；用呢绒轿帘而由四人抬则不可入湘乡县城、衡州城，入省城则尤其不可以。……任何事情都应当保存一点谨慎俭朴之见识。……我唯恐家中奢靡已养成了习惯，享受太过分，所以才不肯多寄银钱物品回来。

【评析】

不论坐什么轿，都是劳动人民用肩抬着走的。只知禁坐太奢华的四人抬轿，而不禁坐所有的轿，反映出曾国藩的阶级和历史的局限性。但他在这篇家训中，一则责备各家规模过于奢华，坐四人轿者太多；再则指责家人享受太过分，所以不肯多寄钱物回家。这些看法和举措确是应该肯定的。

孝勤恕可致家势祥和

【原文】

自去冬至今，无日不在危机骇浪之中。所欲常常告诫诸弟与子侄者，惟星冈公之八字、三不信及余之八本、三致祥而已。……三致祥曰：“孝致祥、勤致祥、恕致祥。”[1]兹因军事日危，旦夕不测，又与诸弟重言以申明之。家中无论老少男妇，总以习勤劳为第一义，谦谨为第二义。劳则不佚，谦则不傲，万善皆从此生矣。

——节录自岳麓书社版《曾国藩全集·家书一》

【注释】

［1］恕：宽容。

【译文】

从去年冬天到现在，没有一天不是处在危机四伏的惊涛骇浪之中。我所想要常常告诫诸弟与各位子侄的，只有祖父星冈公的八个字、三不信和我的八条根本、三致祥而已。……三致祥就是："孝顺使一家祥和，勤勉使一家祥和，宽容使一家祥和。"兹因军事局势日益危急，随时随地都可能遭遇不测，所以又对各位弟弟再讲一遍以申述明白。家中无论男女老少，都要把养成勤劳的习惯作为头等大事，把谦虚谨慎作为次等大事。勤勉劳苦就不会贪图安逸，谦虚谨慎就不会骄傲自满，有了这两条，所有的好处都跟着来了。

【评析】

曾国藩在篇中提出的"孝致祥、勤致祥、恕致祥"的主张，对于居家来说，确是不易之论。所有这些文字又都是在军事日危、旦夕不测的危殆局势中写下的，由此可见曾国藩治家的一片良苦用心。

应时时在"俭"字上用功

【原文】

俭之一字，弟言时时用功，极慰极慰！然此事殊不易易[1]。由既奢之后而返之于俭，若登天然[2]。即如雇夫赴县，昔年仅轿夫二名，挑夫一名，今已增至十余名。欲挽回仅用七八名且不可得，况挽至三四名乎？

——节录自岳麓书社版《曾国藩全集·家书二》

【注释】

［1］殊不易易：特别不容易；实在不容易。

［2］若登天然：其难度就好像登天一样。

【译文】

“俭”这个字，弟弟你说时时用功，我感到非常欣慰。然而，做这件事特别不容易。由奢侈豪华转回到俭朴，就好像登天一样难。就拿雇夫到县城来说吧，以前仅用轿夫两人，挑夫一人，今天已猛增至十余人。在这种情况下，想再要挽回到仅用七八人尚且不可能，更何况挽回三至三四人呢？

【评析】

曾国藩在这篇家训中，用形象的比喻，生动的事实，简明扼要地说明了由俭入奢易，由奢返俭难的道理。今天的人们，不应该从中受到启迪和吸取有益的东西吗？

用财太奢最可耻

【原文】

富圫修理旧屋[1]，何以花钱至七千串之多？即新造一屋，亦不应费钱许多。余生平以大官之家买田起屋为可愧之事，不料我家竟尔行之[2]。澄叔诸事皆能体我之心，独用财太奢与我意大不相合。凡居官不可有清名，若名清而实不清，尤为造物所怒[3]。……

尔于经营外事颇有才而精细，何不禀商尔母暨澄叔，将家中每年用度必不可少者逐条开出，计一岁除田谷所入外，尚少若干寄营，余核定后以便按年付回。……余将来不积银钱留与儿孙，惟书籍尚思添买耳。

——节录自岳麓书社版《曾国藩全集·家书二》

【注释】

［1］富圫：指曾家富厚堂。

［2］竟尔：竟然。尔：犹“然”。

［3］造物：古时以为万物是天造的，故称天为“造物”。

【译文】

富厚堂修理旧屋，为什么花钱至七千串之多呢？就是新建一栋房屋，也不应花费这么多钱。我生平常常以做大官之人家大花钱财购买田地、兴建房屋为有愧之事，没料想到我们家竟然也做出这种事。你的澄叔样样事情都能合我的心意，唯独用财过于奢侈与我的意见大相径庭。大凡身居官位的人不可以有清正廉洁之名，如果名义上清廉而实际上不清廉，尤其要引起老天爷的愤怒。……

你于经营筹划外边的事颇有才干而且精明仔细，为何不请示你母亲及你澄叔，将家中每年用度中必不可少者逐条开出清单，综计一年除去租谷收入之外还少多少，寄来营中经我审定后，以便按年付回给你。……我将来不准备积聚银钱留给子孙后代，唯有书籍一项还想多添购一些。

【评析】

这是曾国藩写给其儿子曾纪泽家信中的几段话。曾国藩在信中对于其子曾纪泽自作主张修建旧屋而花钱过多的行为感到气愤，反复告诫他用钱太奢为可耻之事，并明确表示不打算留下过多的钱财给子孙后代，要求他们自谋生计，早作自立之打算，这一思想在清末那种政治腐败的环境和条件下是难能可贵的。

切莫干预公事

【原文】

凡官运极盛之时，子弟经手公事格外顺手，一倡百和，然闲言即由此起，怨谤即由此兴。吾兄弟当于极盛之时预作衰时设想，当盛时百事平顺之际预为衰时百事拂逆地步[1]。弟此后若到长沙、衡州、湘乡等处，总以不干预公事为第一义。此阿兄阅历极深之言[2]，望弟记之。

——节录自岳麓书社版《曾国藩全集·家书二》

【注释】

［1］拂逆：违背；不平顺；不顺心。
［2］阅历：所见所闻所亲身实践过的经历。

【译文】

凡是官运极盛的时候，子弟们经手的公事就会格外顺手，几乎是一倡百和，然而闲言闲语也会因此而起，怨恨毁谤也会因此而兴。我们兄弟一定要在极盛的时候预作衰时的设想，一定要在兴盛时百事平顺之际预计衰时百事违背、不顺心的地步。弟在今后如到长沙、衡州、湘乡等处，总以不干预公事为第一条。这是做哥哥的经历很多得来的肺腑之言，希望弟弟们好好记住。

【评析】

在这篇家训中，曾国藩利用自己多年来积累起来的经验阅历，教诲自家兄弟在极盛之时要预作衰时的设想，在百事平顺之时要预计百事违背的地步，要以不干预公事为第一义。由此可知，在政治风云变幻莫测的清末社会里，曾氏家族无颠坠之虞，曾氏兄弟无覆灭之灾，绝不是偶然的。

大官之家不应讼涉公庭

【原文】

我县新官加赋我家[1]，不必答言，任他加多少，我家依而行之。如有告官者，我家不必入场。凡大员之家，无半字涉公庭[2]，乃为得体。为民除害之说，为所辖之属言之，非谓去本地方官也。

——节录自岳麓书社版《曾国藩全集·家书一》

【注释】

［1］赋：指田地应上缴之税收。

［2］公庭：官署；衙门。

【译文】

我们湘乡县新上任之官增加税收于我家，不必说什么，任他加多少，我家照数缴纳就是。如有人控告官吏，我家的人不必参与进去。凡是当大官的人家，一点都不涉迹官署，才是得体之举。为民除害之说，是针对管辖的地方而言的，并不是说要罢免本地方官。

【评析】

曾国藩自做上大官之后，时刻忧虑的是家里人不加检点，仗势凌人，从而明确告诫几位弟弟应当听从地方官管束，决不要讼涉官署。这种资态是值得肯定的。

应做到“不贪财不失信不自是”

【原文】

澄侯在县和八都官司，忠信见孚于众人[1]，可喜之至。……此后近而乡党[2]，远而县城省城，皆靠澄弟一人与人相酬酢[3]。总之不贪财、不失信、不自是，有此三者，自然鬼服神钦[4]，到处人皆敬重。此刻初出茆庐[5]，尤宜慎之又慎。若三者有一，则不为人所与矣[6]。

——节录自岳麓书社版《曾国藩全集·家书一》

【注释】

［1］孚：为人所信服。

［2］乡党：指乡里。

［3］酬酢（chóu zuò）：交际往来

［4］鬼服神钦：形容谁都感到信服钦佩。

［5］茆：通“茅”。茆庐即草屋。

［6］与：赞许；赞助。

【译文】

澄弟在县里和八都与人打官司，忠信被众人所信服，非常可喜。……此后近至乡里，远至县城和省城，都靠澄弟一人与人交际往来。总之，应以不贪别人钱财、不失信于人、不自以为是为处世做人之根本，谨守了这三个方面，自然谁都会对你信服钦佩，各个地方的人都会敬重你的为人。此刻初次出外办理公事，尤其应当慎之又慎。如果这三个方面只做到一个方面，就不会为别人所赞许了。

【评析】

这是曾国藩写给其弟曾国潢家信中的一段话。曾国藩在信中进一步告诫其弟，不管是居家还是出外办事，都应谨守“不贪财、不失信、不自是”这三条处世为人的根本，只有这样才能见信于乡里，少惹烦恼于官署。这一观点，与他力求避免大官之家“树大招风”的思想是一致的。

由俭入奢易由奢返俭难

【原文】

家中人来营者，多称尔举止大方，余为少慰[1]。凡人多望子孙为大官，余不愿为大官，但愿为读书明理之君子。勤俭自持，习劳习苦，可以处乐，可以处约。此君子也。余服官二十年[2]，不敢稍染官宦气习，饮食起居，尚守寒素家风，极俭也可，略丰也可，太丰则吾不敢也。凡仕宦之家[3]，由俭入奢易，由奢返俭难。尔年尚幼，切不可贪爱奢华，不可惯习懒惰。无论大家小家、士农工商，勤苦俭约，未有不兴，骄奢倦怠，未有不败。尔读书写字不可间断，早晨要早起，莫坠高曾祖考以来相传之家风[4]。吾父吾叔，皆黎明即起，尔之所知也。

凡富贵功名，皆有命定，半由人力，半由天事。惟学作圣贤，全由自己作主，不与天命相干涉。吾有志学为圣贤，少时欠居敬工夫，至今犹不免偶有戏言戏动[5]。尔宜举止端庄，言不妄发，则人德之基也。

——节录自岳麓书社版《曾国藩全集·家书一》

【注释】

［1］少：稍；略微。

［2］服官：做官。

［3］仕宦：旧指做官。

［4］坠：失去；丢掉。高曾祖考：指高祖、曾祖、祖父、父亲。

［5］戏：开玩笑。

【译文】

家里的人来到军营里，大多说你举止大方，我感到些许欣慰。大抵人们多半希望自己的子孙做大官，我却不愿意我的子孙们做大官，只愿你们做读书明理的君子。勤俭自持，习于劳苦，既能身处安乐之中，又可身处俭省之中，这样的人就是节操高尚的君子。我做官二十年，不敢稍稍沾染一点达官贵人的习气，饮食起居，还是要遵循清贫的家风，可以非常节俭，也可以略微丰裕，而过分的丰裕我就不敢享用了。大凡做官的人家，从勤俭走向奢侈很容易，而从奢侈转到节俭却相当艰难。你年纪还小，千万不能贪求奢华，不能惯于懒惰。你要知道，无论是大家庭还是小家庭，也无论是读书人还是种田的，做工的或者经商的，凡是勤劳、艰苦、俭省、节约的人家都无一不兴旺；相反，凡是骄横、奢侈、懒倦、懈怠的人家都无一不衰败。你读书练字，不能间断。早晨一定要早起床，不要丢掉从我高祖、曾祖、祖父和我父亲一贯相传的这一优良家风。我的父亲、叔父，都天一亮就起床，这是你亲身了解到了的。

大凡富贵功名，都由命运来安排决定，一半由人本身做出努力，一半则由天意去成全。只有学做圣贤，全由自己本身主观努力，并不与天命相关。我有志于学做圣贤，只可惜小时候没有好好养成毕恭毕敬的习惯，到现在都不免偶尔有不庄重的行为举止。你应该做到举止端庄，不随便乱说话，这才是培养自己优良品德的基础。

【评析】

曾国藩教育后代，坚持以身作则，坚持身教重于言教。他自己服官二十年，“不敢稍染官宦气习，饮食起居尚守寒素家风”，因而也明白告诫儿子必须懂得“由俭入奢易，由奢返俭难”和“勤苦俭约未有不兴，骄奢倦怠未有不败”的道理。这种教育方法与一般庸俗士大夫迥然不同。

势利机巧与清廉虚名均不可取

【原文】

然余生平最怕以势利相接，以机心相贸，决计不作京官，亦不愿久作直督[1]。约计履任一年即当引疾悬车[2]，若到官有掣肘之处[3]，并不待一年期满矣。

凡散财最忌有名，总不可使一人知（一有名便有许多窒碍，或捏作善后局之零用，或留作报销局之部费，不可捐为善举费）。至嘱！至嘱！余生平以享大名为忧，若清廉之名尤恐折福也。

——节录自岳麓书社版《曾国藩全集·家书二》

【注释】

［1］直督：直隶（今属河北、天津）总督。

［2］悬车：停车，比喻辞官归家。

［3］掣（chè）肘：比喻在别人做事的时候，从旁牵制。

【译文】

然而我平生最害怕以势利去交接别人，以智巧变诈的心计去与人交往，从而下定决心不做京城之官，也不愿久做直隶总督之官。大约到任一年后即要以身体有病为由辞职。如果到任后做事有受到别人牵制之处，就不要等到一年期满。

凡是散送钱财给别人，最怕的是留下姓名，总以不让一个人知道才好（一有姓名，便会产生许多意想不到的麻烦。那么，怎样才能不让人知道呢？或者谎称用于抚恤军民的善后局费用，或者留作军营报销局之部拨经费，绝不可捐为公开名目的慈善赈济费用）。这点特别嘱咐你们引起注意。我一生常常以享誉大名为忧虑不安之事，如果猎取得清廉之名声，尤其害怕折福。

【评析】

曾国藩在篇中特别强调为人处世应以“务实”二字为准则，不要贪高位、享大名，不要着意去追取清廉虚名，认为只有这样才能对自己立身处世，尤其对保持大节和晚节甚有益处。这种处世哲学也是可以批判地予以借鉴的。

应善待本县父母官

【原文】

来信言余于沅弟既爱其才，宜略其小节，甚是甚是。……然为兄者，总宜奖其所长，而兼规其短[1]。若明知其错，而一概不说，则非特沅一人之错，而一家之错也。

吾家于本县父母官，不必力赞其贤，不可力诋其非[2]。与之相处，宜在若远若近、不亲不疏之间。……子侄若与官相见，总以谦谨二字为主。

——节录自岳麓书社版《曾国藩全集·家书二》

【注释】

［1］规：规劝；谏诤。

［2］诋：毁谤。此处可作“讲”和“宣扬”解。

【译文】

你在来信中说对于沅弟，既然爱他的才能，就应该略其小节，很对很时。……不过，作为兄长，总宜褒奖他的长处、鼓励他的优点，同时也应规劝他的短处和弱点。如果明明知道他有明显的过失，而一概不说，如此则不仅仅是沅弟一人之错，而且成了一家人之错了。

我们家对于本县的父母官，既没有必要去竭力称赞他们的贤能，但也不可以宣扬他们的不是。与这些父母官打交道，其分寸应掌握在若即若离、不亲不疏之间。……至于子侄晚辈如有必要同地方官相见时，总宜以“谦”“谨”二字为主。

【评析】

在这篇家训中，曾国藩对其弟曾国荃的长处、短处既一目了然，又处理得体；对当地父母官保持既不力赞，也不诋毁的态度，保持若远若近、不亲不疏的距离。这反映出位高权重的曾国藩在处理当时错综复杂的社会矛盾中，其见识确实高出别人一筹。

治军应“以爱民为第一义”

【原文】

苏州阊门[1]外民房十余里，繁华甲于天下，此时乃系金陵大营之逃兵溃勇先行焚烧劫抢而贼乃后至[2]。兵犹火也，弗戢自焚[3]，古人洵不余欺[4]。弟在军中，望常以爱民诚恳之意、理学迂阔之语时时与弁兵说及，庶胜则可以立功，败亦不至造孽。当此大乱之世，吾辈立身行间[5]，最易造孽，亦最易积德。吾自三年初招勇时，即以爱民为第一义。历年以来，纵未必行得到[6]，而寸心总不敢忘爱民两个字，尤悔颇寡。

——节录自岳麓书社版《曾国藩全集·家书一》

【注释】

[1] 阊（tāng）门：城门名，在江苏苏州市城西。

[2] 金陵大营：清军为围剿太平天国起义军在南京城外建立的兵营。1861 年 5 月，该营被太平天国李秀成等部攻破。贼：曾国藩对太平军的污称。

[3] 弗戢（jí）自焚：如不加止息，就会自我焚毁。

[4] 洵不余欺：确实没有欺骗我。

[5] 行间：行伍之间，指军队。

[6] 纵：即使。

【译文】

苏州城门外民房相接，逶迤十多里，是天下第一繁华之地，这一次是被金陵大营逃散的兵勇先行焚烧抢劫，贼才随后赶到的。军队像火一样凶猛，不加管教就会自己把自己烧掉，古人确实没欺骗我们。你在带兵打仗时，希望你经常把爱民的恳切之情和理学的一般道理多给官兵们讲解，这样才可能做到胜则立功，打了败仗也不至于做坏事。现在世道乱得很，我们这些人致力于带兵打仗，最容易遣孽做坏事，也最容易做好事积德。我从咸丰三年（1853）初招练湘军时起，就把爱民作为第一等要紧的事来对待。多年以来，即使没有完全做到，心里也始终不敢忘记“爱民”这两个字。在这一点上，至今问心无愧。

【评析】

不管曾国藩所说的“爱民”，有多少封建地主阶级的局限性，这一立论的主旨还是应当肯定的。特别是他在战乱时期提出这一问题，强调立身军伍之间，要多“积德”，不“造孽”，更可见其深意。

治军应以“勤”字为主

【原文】

季弟言出色之人断非有心所能做得，此语确不可易。名位大小，万般由命不由人，特父兄之教家[1]、将帅之训士不能如此立言耳。季弟天分绝高，见道甚早，可喜可爱！然办理营中小事，教训弁勇[2]，仍宜以勤字作主，不宜以命字谕众。

——节录自岳麓书社版《曾国藩全集·家书一》

【注释】

［1］特：只；仅；独。作副词用。

［2］弁：下级武官。

【译文】

季弟说，一个人要想出类拔萃绝不是只要有这门心思就能做到的，这话确有道理。一个人名位大小，都是命中注定而不由自己做主。只是作为父兄教育子弟、将帅教育士兵就不能这样讲了。季弟天资极高，明白事理极早，可喜可爱！但办理营中军务，教育训导将士，还是要教他们以“勤”字立身，而不要以“命”字去教谕他们都去听从命运。

【评析】

曾国藩在篇中强调的宜以“勤”字做主，不宜以“命”字谕众的观点，其积极的意义在于：一个人要想脱颖而出，确实不能完全由自己做主，但一个有理想有抱负的人绝不应放松自己的主观努力，而一味地听天由命，无所适从。

制胜之道在人不在器

【原文】

然制胜之道[1]，实在人而不在器[2]。……真美人不甚争珠翠，真书家不甚争笔墨，然则将士之真善战者，岂必力争洋枪洋药乎？

——节录自岳麓书社版《曾国藩全集·家书二》

【注释】

[1] 制胜：制服对方以取胜。

[2] 器：这里指洋枪洋药等武器。

【译文】

然而制服对方以取胜的方法，确确实实在于人而不在于洋枪洋药等武器。……真正的美人并不怎么去争珠翠之类的东西，真正的书法家并不怎么去争笔墨之类的工具，然则作为真正善战的将士，难道一定要去力争那些洋枪洋药等武器吗?

【评析】

曾国藩本为一介书生，后来在战争实践中却能摸索、总结出一套“制胜之道在人不在器”这种具有战略意义的战争规律来，并教导其弟“深思”“猛省”。可见，他具有高出一般封建官僚士大夫的远见卓识。

切不可浪掷光阴

【原文】

……尔今年十八岁，齿已渐长[1]，而学业未见其益。陈岱云姻伯之子号杏生者[2]，今年入学，学院批其诗冠通场。渠系戊戌二月所生[3]，比尔仅长一岁，以其无父无母，家渐清贫，遂尔勤苦好学[4]，少年成名。尔幸托祖父馀荫[5]，衣食丰适，宽然无虑，遂尔酣豢佚乐[6]，不复以读书立身为事。古人云劳则善心生，佚则淫心生；孟子云“生于忧患，死于安乐”。吾虑尔之过于佚也。……余在军中不废学问，读书写字未甚间断，惜年老眼蒙，无甚长进。尔今未弱冠[7]，一刻千金，切不可浪掷光阴。……

——节录自岳麓书社版《曾国藩全集·家书一》

【注释】

[1] 齿：指年龄。

[2] 姻伯：由于婚姻关系而结成的亲戚称为姻亲，姻亲关系中比父亲年长的人称为姻伯。号：过去指名和字以外另起的别号，如今也泛指名以外的字和别号。

[3] 渠：他。戊戌：1838 年。

[4] 遂尔：于是。

[5] 馀荫：指先辈遗留下来的恩福和恩泽。

[6] 酣豢（huàn）佚乐：尽情地吃饱喝足，安闲享乐。

[7] 弱冠：古时男子二十岁成人，初加冠，体还未壮，故称弱冠。后

来沿称年少为弱冠。

【译文】

你今年十八岁，已经渐渐成年了，可是你的学业并未见有多少长进。陈岱云姻伯有个叫杏生的儿子，今年入学，学院把他所作的诗批为整个考场的第一名。他是戊戌年二月出生的，仅仅比你大一岁，他因为父母双双去世而家境渐渐贫寒，于是勤奋好学，刻苦读书，年纪轻轻就成名了。而你只是有幸依托祖父传留下来的福荫，穿衣吃饭都丰足舒适，心情宽舒而无忧无虑，于是就只知吃饱喝足，安闲享乐，不再把读书学习、立身处世当做一回事。古人说过人一劳苦就会产生善良的心地，人一安逸就会产生淫邪的念头；孟子也说过“生于忧患，死于安乐”。我担心你是过于安逸了呀！……我虽在军营里，却不曾废弃学问，读书写字都没有怎么间断，只可惜年老眼花，没有太大的长进。你现在已经十八岁了，时光一刻值千金啊，切切不可让光阴白白地浪费掉！

【评析】

这是曾国藩写给其儿子曾子泽家信中的一段话。“劳则善心生，佚则淫心生”“生于忧患，死于安乐”这一古训，经验阅历十分丰富的曾国藩是深知个中道理的，因而一旦觉察到长子纪泽已经十八岁了而学业竟“未见其益”，便拿“少年成名”的陈杏生对比，进而指出纪泽“不复以读书立身为事”的根本原因就在于“幸托祖父余荫，衣食丰适，宽然无虑”，以致“酣豢佚乐”。最后又以自己治军不废学问、年老而读书写字未曾间断这一生动事实与纪泽对比，造成强烈反差，从而叮嘱儿子“切不可浪掷光阴”。当今做父母和做儿女的，读了这段文字，难道不应当从中得到启迪吗？

早婚不利读书

【原文】

弟好劝人早婚。好处固多，然亦微有差处[1]。谚云“床上添双足，诗书高挂搁”[2]，亦至言也[3]。

——节录自岳麓书社版《曾国藩全集·家书二》

【注释】

［1］微有：少有；稍有；略有。

［2］挂搁：悬搁。

［3］至言：至善之言；至理之言。

【译文】

弟弟你向来喜欢劝人早婚。早婚好处固然很多，然而也有一些不好的地方。俗话说：“床上添一双脚，诗书就会高高悬搁起来。”这也是至理之言。

【评析】

曾国藩在篇中明确指出，早婚不利于读书。当然，早婚的害处是多方面的，远不止不利于读书一桩，但仅就“不利读书”这点说，也是值得今人思考的。

联姻不必富室名门

【原文】

近世人家，一入宦途即习于骄奢，吾深以为戒。三女许字[1]，意欲择一俭朴耕读之家，不必定富室名门也。

——节录自岳麓书社版《曾国藩全集·家书一》

【注释】

［1］许字：许嫁。字：取表字。女子成年许嫁始命字，后遂称女子许嫁为字，如待字闺中。

【译文】

近世人家，只要一有人当官就开始习惯于骄横奢侈，我实在担心这种事情。三女许嫁，我的意思是要选择一户俭朴耕读的人家，不一定非要富室名门不可。

【评析】

旧时缔结儿女亲家讲究门当户对，至今仍有其残余。这篇家训突破了门户之见。这种突破不仅在于不为习俗所动，不为虚名所累，而重在于它以简练的几句话语，表达了曾国藩治家理论的深刻见解。

切记礼厚不如情真

【原文】

南五舅母弃世，纪泽往吊后，弟亦往吊唁否？此等处，吾兄弟有亲往者为妙。从前星冈公之于彭家并无厚礼厚物[1]，而意甚殷勤[2]，亲去之时甚多。我兄弟宜取以为法。大抵富贵人家气习，礼物厚而情意薄，使人多而亲到少。吾兄弟若能彼此常常互相规诫，必有裨益[3]。

——节录自岳麓书社版《曾国藩全集·家书一》

【注释】

［1］彭家：指曾国藩的祖父曾玉屏（星冈）的岳父家。

［2］殷勤：情意恳切。

［3］裨益：补益；增益。

【译文】

南五舅母去世，纪泽儿去吊唁后，弟弟你也去吊唁了吗？这样的事，我们兄弟中有人亲自去吊唁为最好。从前祖父星冈公对彭家并不送什么丰厚的礼物，但情深意切，亲自去的时候居多。我们兄弟也应仿效这种做法。

现在一般富贵人家的风气，往往礼物很丰厚但情意很淡薄，支使别人去的多，自己亲自去的少。我们兄弟之间如果能常常互相提醒，一定会大有好处。

【评析】

在封建时代，“大抵富贵人家气习，礼物厚而情意薄”。但曾国藩却认为，礼不在厚也不在多，重在情真意切。这不仅反映了他比较讲求实际，而且也体现了他力戒奢侈浪费的一贯思想。

养生与力学缺一不可

【原文】

吾见家中后辈体皆虚弱，读书不甚长进，曾以养生六事勖儿辈[1]：一曰饭后千步，一曰将睡洗脚，一曰胸无恼怒，一曰静坐有常时，一曰习射有常时（射足以习威仪强筋力，子弟宜多习），一曰黎明吃白饭一碗不沾点菜。此皆闻诸老人，累试毫无流弊者[2]，今亦望家中诸侄试行之。又曾以为学四字勖儿辈：一曰看生书宜求速，不多阅则太陋；一曰温旧书宜求熟，不背诵则易忘；一曰习字宜有恒，不善写则如身之无衣，山之无木；一曰作文宜苦思，不善作则如人之哑不能言，马之跛不能行。四者缺一不可。盖阅历一生，而深知之深悔之者，今亦望家中诸侄力行之。养生与力学，二者兼营并进，则志强而身亦不弱，或是家中振兴之象[3]。

——节录自岳麓书社版《曾国藩全集·家书二》

【注释】

［1］勖（xù）：勉励。

［2］流弊：相沿下来的弊病。

［3］或：也许。

【译文】

我见家中后辈们身体都较虚弱，读书也没有什么长进，曾经以养生六件事勉励儿辈们：一是饭后走千步；一是临睡前洗脚；一是胸中没有烦恼、怒气；一是经常静坐；一是经常练习射箭打猎（射箭打猎足以学习庄严的容貌举止和强筋壮骨，子弟宜多练习）；一是黎明时吃白饭一碗不沾一点菜。这些都是从老人那里听来，多次尝试而毫无弊病的，现今也希望家中诸位贤侄试行。同时，我还曾以为学四个方面勉励儿辈：一是看初次接触的书速度要快，不多读些书则知识太简陋贫乏；一是温习旧书要熟练，不背诵则容易忘记；一是习字要持之以恒，不善写字就像身上没有衣服，山上没有树木；一是作文章要苦苦思索，不善作文章就像人哑了不能说话，马跛了不能行走。这四个方面缺一不可。这也是我经历一生所深深懂得的道理，也是深为后悔的事情。现在也希望家中诸位贤侄着力据此行动。养生与力学，二者同时注重并求得进步，则志向坚定而身体也不虚弱，也许这就是家道振兴的景象了。

【评析】

曾国藩在篇中集自己一生之阅历，勉励子弟对于养生与力学两者兼营并进，志强体壮，以振家业。论述充满哲理而又语重心长，时至今日仍具积极意义。

生日不可宴客称庆

【原文】

生日在即[1]，万不可宴客称庆[2]。此间谋送礼者，余已力辞之矣；弟在营亦宜婉辞而严却之。至嘱！至嘱！家门大盛，常存日慎一日而恐其不终之念，或可自保。否则颠蹶之速[3]，有非意计所能及者。

——节录自岳麓书社版《曾国藩全集·家书二》

【注释】

［1］即：就；靠近。

［2］称庆：道贺。

［3］颠蹶：倾跌。

【译文】

我生日就快到了，万万不可以宴客道贺。在我这里谋议送礼的人，我已经极力推辞了；弟在军营，也应当婉言辞谢而严肃拒绝。千万！千万！家门大盛，如果常常有日慎一日而唯恐不得善终的念头，也许还可以自保。不然的话，其倾跌之速，有非意料所能度的。

【评析】

曾家越是家门大盛，曾国藩就越是小心翼翼，就越是在家训中教诫自家兄弟谨慎从事，防患于未然。这是曾国藩治家理论和实践中一个重要内容，至今仍有启发意义。

办丧事不可铺张

【原文】

一出家辄十四年[1]，吾母音容不可再见，痛极！痛极！不孝之罪，岂有稍减之处！兹念京寓眷口尚多，还家甚难。特寄信到京，料理一切。

开吊散讣不可太滥[2]，除同年同乡门生外，惟门簿上有来往者散之，此外不可散一分。其单请庞省三先生定。此系无途费，不得已而为之，不可滥也；即不滥，我已愧恨极矣！

外间亲友，不能不讣告寄信，然尤不可滥。大约不过二三十封，我到武昌时当寄一单来，并寄信稿，此刻不可遽发信[3]。

——节录自岳麓书社版《曾国藩全集·家书一》

【注释】

［1］辄：即；就。

［2］开吊：有丧事的人家在出殡以前定期接待亲友来吊唁。讣：报丧，也指报丧的通知。

［3］遽（jù）：急；仓促。

【译文】

我一离家就十四年了，母亲大人的音容笑貌不能再看到了，真是悲痛至极！不孝之罪，哪里有稍微减轻的地方。现在想起北京寓所里家眷还不少，回老家是一件不容易的事情，所以特地寄信到京，安排一切。

举行吊唁、散发讣文不可太多，除了我的同年、同乡、门生之外，只有门簿上有往来的才可散发，此外不能多散一份。这件事就请庞省三先生决定吧。这是因为没有路费，不得已才这么做的，千万不能过滥；即使不滥，我已非常愧疚了。

外面的亲友，不能不写信告诉他们，但是尤其不可太滥，大约不过二十至三十封吧。我到武昌时，你们就寄一个名单来，并且附上信稿。不过，现在还不可以仓促发信。

【评析】

在曾国藩的伦常观念里，他最重视孝道，因而平日十分敬爱自己的母亲。他对于母亲的去世，深感悲痛。然而作为一员朝中重臣，却又在信中反复叮咛其子在办理丧事时，不管是“开吊散讣”还是“讣告亲友”，都“不可滥”，绝不许铺张浪费。当今某些一遇大事小事就比阔气、讲排场的人们，在读到曾国藩这封家书时，难道不感到汗颜，甚或作一点反省吗？

对儿女不要看得过于娇贵

【原文】

尔之天分甚高，胸襟颇广，而于儿女一事不免沾滞之象[1]。吾观乡里贫家儿女愈看得贱愈易长大，富户儿女愈看得娇愈难成器。尔夫妇视儿女过于娇贵。柳子厚《郭橐驼传》所谓旦视而暮抚、爪肤而摇本者，爱之而反以害之。彼谓养树通于养民，吾谓养树通于养儿。尔与冢妇宜深晓此意[2]。庄子每说委心任运听其自然之道[3]，当令人读之首肯，思之发口（编著者按：原文如此）。东坡有目疾不肯医治[4]，引《庄子》曰："闻在宥天下，不闻治天下也。"吾家自尔母以下皆好吃药，尔宜深明此理，而渐渐劝谏止之。

——节录自岳麓书社版《曾国藩全集·家书二》

【注释】

［1］沾滞：挂碍；牵挂。

［2］冢（zhǒng）妇：嫡长子的妻子。

［3］庄子：战国时期思想家庄周。

［4］东坡：北宋文学家苏轼，字东坡。

【译文】

你的秉性天赋甚高，胸怀也颇为广大，然而对于儿女一事仍不免牵挂过多。我看乡村中那些贫苦人家的儿女，父母把他们看得越低贱，就越易于长大成人；而那些富裕人家的儿女，父母把他们看得越娇贵，就越难于成为人材。你夫妇把儿女看得过于娇贵，柳宗元在《郭橐驼传》中所说"早上细心看护而晚上百般爱抚、掐其皮肤而动摇其根本者，爱之而反以害之"。有人说养树之法适宜于养民，我认为养树之法适宜于抚养儿女。你作为长子应当与你的妻子深刻体会这个意思。中国古代思想家庄周常常说的"听任本心自然和任凭命运摆布"的道理，令人读起来点头称善，思索起来回味无穷。苏轼也有患眼疾不肯医治的说法。引述《庄子》一书的话说："只听说顺应天下，没听说强治天下。"我们家自你母亲以下都相信吃药能治病，你应当深明上述道理，而渐渐对他们加以劝导制止才对。

【评析】

曾国藩在篇中道出了一个很中肯的观点，即父母对于儿女过分娇惯、宠爱，不仅对他们没有益处，反而有害于他们的身心。这一观点对于我们今天那些独生子女的父母来说，是值得领会和借鉴的。

养生之道在顺其自然

【原文】

老年来始知圣人教孟武伯问孝一节之真切[1]。尔虽体弱多病，然只宜清静调养，不宜妄施攻治。庄生[2]云："闻在宥天下[3]，不闻治天下也。"东坡取此二语，以为养生之法。尔熟于小学，试取"在宥"二字之训诂体味一番，则知庄、苏皆有顺其自然之意。养生亦然，治天下亦然。若服药而日更数方，无故而终年峻补，疾轻而妄施攻伐强求发汗，则如商君治秦[4]、荆公治宋[5]，全失自然之妙。柳子厚[6]所谓名为爱之其实害之，陆务观所谓天下本无事庸人自扰之[7]，皆此义也。东坡游罗浮诗云："小儿少年有奇志，中宵起坐存黄庭。"[8]下一存字，正合庄子在宥二字之意。盖苏氏兄弟父子皆讲养生，窃取黄老微旨，故称其子为有奇志。以尔之聪明，岂不能窥透此旨？余教尔从眠食二端用功，看似粗浅，却得自然之妙。尔以后不轻服药，自然日就壮健矣。……

——节录自岳麓书社版《曾国藩全集·家书二》

【注释】

[1] 孟武伯问孝：见《论语·为政第二》"孟武伯问孝，子曰：'父母唯其疾之忧。'"意思是：孟武伯向孔子问孝顺父母要怎么样，孔子说，父母唯恐子女有疾病，做子女的应该体贴父母，保重身子，不要使父母担忧。

[2] 庄生：即战国时期思想家庄子（庄周）。

[3] 在宥：庄子所论述的无为而治，任事物自然发展。

[4] 商君：战国时政治家，姓公孙名鞅。初为魏国宰相公孙痤家臣，后入秦游说秦孝公，历任左庶长、大良造。辅助秦孝公变法，因战功封商十五邑，故称"商鞅"或"商君"。他两次变法，提出"治世不一道，便国不法古"，废井田，开阡陌，奖励耕战，使秦国富强。秦孝公死后，被贵族诬陷，车裂而死。

[5] 荆公：北宋政治家、文学家、思想家王安石。他积极推行新法，

抑制大官僚地主和商人的特权，以期富国强兵，缓和阶级矛盾。由于保守派固执反对，新政推行迭遭阻碍。因曾封为荆国公，故称“荆公”。

［6］柳子厚：唐代思想家柳宗元。

［7］陆务观：南宋大诗人陆游，字务观。

［8］黄庭：道家以人之脑中、心中、脾中为黄庭；或自然界之天中、地中、人中为黄庭。此处指心中。

【译文】

我进入老年以来才开始知道《论语》中孔子回答孟武伯请教孝顺那一节的真切。你虽然身体虚弱多病，但只适合清净地调养，不适宜胡乱地加以强行治疗。庄子说：“只听说顺应天下，没听说治理天下。”苏东坡把这两句话拿来作为养生的方法。你对语言文字学很熟悉，试把“在宥”两个字的解释仔细体会一番，就知道庄子、苏东坡都有顺其自然的意思。养生是这样，治理天下也是这样。如果服药每天换上好几个处方，无缘无故一年到头大吃补药，疾病并不重而胡乱采取强行发汗的攻逐措施，就像商鞅变法治理秦国、王安石变法治理北宋一样，全然失去了顺其自然的妙处。柳宗元所说的“名义上是爱它其实是害它”，陆游说的“天下本来没有什么事情，只不过是那些庸人自扰罢了。”都是这个意思。苏东坡的《游罗浮山》诗里说：“小儿小小年纪有着不平凡的志向，半夜起坐存黄庭以学习道家养生之法。”这里写下一个“存”字，正好合符庄子“在宥”二字的含义。因为苏东坡兄弟父子都讲究养生，暗取黄老的隐微旨意，所以称他的儿子有不平凡的志向。以你的聪明，怎不能领会透这层意思？我教你从睡眠、饮食两个方面用功，看起来好像粗浅，却能收到顺其自然的好处。你以后不要轻易吃药，自然会一天比一天壮实强健起来。

【评析】

这是曾国藩给其儿子曾纪泽家信中的一段话。在这段话中，曾国藩告诫儿子，体弱多病的人宜清静调养，不宜妄施攻治，不宜日更数方，不宜终年峻补，不宜强求发汗，而应以顺其自然作为养生之道，强调了睡眠、饮食的重要，并勉励儿子以后不要轻易服药，“自然日就壮健矣”。这说明，曾国藩并不完全反对服药，只是强调不要迷信医药，不要轻易服药，这一观点不是没有道理。

毋恼毋怒以养肝疾

【原文】

弟信中有云肝病已深，痼疾已成[1]，逢人辄怒[2]，遇事辄忧等语，读之不胜焦虑。……此病非药饵所能为力，必须将万事看空，毋恼毋怒，乃可渐渐减轻。蝮蛇螫手[3]，则壮士断其手，所以全生也。吾兄弟欲全其生，亦当视恼怒如蝮蛇，去之不可不勇，至嘱！至嘱！

——节录自岳麓书社版《曾国藩全集·家书二》

【注释】

［1］痼疾：积久难治的病。

［2］辄：动不动就。

［3］蝮蛇：毒蛇。螫（shì）：毒害。

【译文】

弟弟你这次来信中说到肝病严重，已形成积久难治的病，心情很不好，逢人便发脾气，遇事就产生忧愁等话。读完你的信后，我的心里感到十分忧虑。……肝病一般非药饵所能治愈，必须将万事看空，不要烦恼，不要发怒，才可渐渐减轻。毒蛇咬伤了手，则壮士断其手，所以保全了生命。我们兄弟要保全生命，也应该把恼怒当做毒蛇，要想除去它不能不勇敢些。特此叮嘱！

【评析】

曾国藩在篇中教诲其弟一定要戒除恼怒以养肝疾，并且巧妙地运用“蝮蛇螫手，壮士断其手”这一生动形象的比喻，鼓励弟弟除去烦恼和愤怒，达到善养身的目的。这一观点重在身体内部气血的调养。

养老不在服补药

【原文】

服药之事，余阅历极久，不特标病服表剂最易错误[1]，利害参半，即本病服参茸等味亦鲜实效[2]。如胡文忠公[3]、李勇毅公以参茸燕菜作家常酒饭[4]，亦终无所补救。余现在调养之法，饭必精凿[5]，蔬菜以肉汤煮之，鸡鸭鱼羊豕炖得极烂，又多办酱菜腌菜之属，以为天下之至味，大补莫过于此。《孟子》[6]及《礼记》[7]所载养老之法、事亲之道皆不出乎此。岂古之圣贤皆愚，必如后世之好服参茸燕菜鱼翅海参而后为智耶？星冈公之家法，后世当守者极多，而其不信巫医地仙和尚，吾兄弟尤当竭力守之。

——节录自岳麓书社版《曾国藩全集·家书二》

【注释】

[1] 标：梢，与“本”相对，引申为非根本性的。

[2] 鲜：少。

[3] 胡文忠公：指湘军将领胡林翼。

[4] 李勇毅公：指湘军将领李续宜。

[5] 精凿：纯净。

[6]《孟子》：书名，儒家经典之一。

[7]《礼记》：书名，儒家经典之一。

【译文】

服药之事，我经历得极多，不仅表面的病服一般的药最容易出错，好坏各半，即使是带根本性的病服参茸等药也很少有实际效果。如胡林翼、李续宜用参茸、燕窝做家常酒饭，最终也没有什么用处。我现在的调养之法，煮饭必定要用好米，蔬菜用肉汤煮，鸡鸭鱼羊猪肉都炖得很烂，又多做些酱菜、腌菜之类的菜肴，我认为天下最好的东西、最补的东西也不过是这些。《孟子》及《礼记》上所记载的养老的方法、侍奉亲人的办法都不出乎这些。难道古代的圣贤都很愚蠢，而必定要像后世那样喜欢吃参茸、燕窝、鱼翅、海参以后才能成为聪明的人吗？祖父星冈公制订的家法，后世的人应当遵守的很多，而他不信巫医、地仙、和尚这一点，我们兄弟尤其应该尽力去遵守。

【评析】

曾国藩在信中明确指出，养老不在于服药，不要迷信巫医、地仙、和尚，只要有寻常饭食即可，重点强调的是加强自身体质的锻炼。

生病不宜乱投医乱服药

【原文】

纪泽于看书等事似有过人之聪明，而于医药等事似又有过人之愚蠢。即如汗者，心之精液，古人以与精血并重。养生家惟恐出汗，有伤元气[1]。泽儿则伤风初至即求发汗，伤风将愈尚求大汗。屡汗元气焉得不伤？腠理焉得不疏[2]？又如服药以达荣卫[3]，有似送信以达军营。治标病者似送百里之信，隔日乃有回信；治本病者似送三五百里之信，经旬乃有回信。泽儿则日更数方，譬之辰刻送信百里[4]，午刻未回又换一信[5]，酉刻未回再换一令[6]。号令数更，军营将安所适从？方剂屡改，脏腑安所听命？以后于已病母病宜切记此二事。即沅叔脚上湿毒，亦宜戒克伐之剂，禁屡换之方。余近年学祖父星冈公夜夜洗脚、不轻服药，日见康强。尔与沅叔及诸昆弟能学之否？

——节录自岳麓书社版《曾国藩全集·家书二》

【注释】

[1] 元气：精神；生气。中医指人体维持组织、器官生理功能的基本物质与活动能力。

[2] 腠理：中医指人体皮肤、肌肉和脏腑的纹理。是气血流通灌注之处。腠理外连皮肤，为卫气散布和汗液等渗泄的通路。

[3] 荣卫：中医指人体的营养作用，卫外机能和血气循环。卫指血气的作用。

[4] 辰刻：上午七点到九点。

[5] 午刻：上午十一点到下午一点。

[6] 酉刻：下午五点到七点。

【译文】

纪泽儿于看书等事似乎有过人的聪明，而对医药等事又好像有过人的愚蠢。就拿汗来说吧，它是心的精液，古人把它与精血看成同样重要，养生的行家唯恐出汗，有伤元气。纪泽儿却刚得了伤风就想要发汗，伤风快好了还求发大汗，频繁地发汗怎么会不伤元气呢？腠理又怎么会不粗疏呢？又如服药是用来达到血气循环的，好像送信是为了送到军营一样；医治表面病症就像送百里远的信件，隔一天就会有回信；医治病根就像送三百至五百里远的信件，要过十来天才有回信。纪泽儿每天更换好几个处方，如同上午送信一百里远，中午还没有得到回信又换一封信，下午还没有回信又再换一道令，号令变换了几次，军营又怎么能够适从呢？处方药剂更改了多次，人的内脏又怎么能够听从命令呢？以后你对自己的病和你母亲的病，应当切实记取这两件事。就是沅叔脚上的湿毒，也应当戒除攻逐的药剂，不要频繁更换药方。我近年来学习祖父星冈公的习惯，每天夜里坚持洗脚，不轻易吃药，一天比一天健康强壮。你与沅叔及各兄弟都能学习这么做吗？

【评析】

此篇写作宗旨是教儿子懂一点医药知识，明白治病有标本之分，并以生动浅显的道理说明了“戒克伐之剂，禁屡换之方”的医学道理。

惩忿窒欲为养生要诀

【原文】

以后在家则莳养花竹[1]，出门则饱看山水，环金陵百里内外，可以遍游也。算学书切不可再看，读他书亦以半日为率。未刻以后[2]，即宜歇息游观。古人以惩忿窒欲为养生要诀。惩忿即吾前信所谓少恼怒也，窒欲即吾前信所谓知节啬也。因好名好胜而用心太过，亦欲之类也。药虽有利，害亦随之，不可轻服。切嘱！

——节录自岳麓书社版《曾国藩全集·家书二》

【注释】

[1] 莳养：种养。

[2] 未刻：相当于下午一点到三点。

【译文】

以后在家时就种养花竹，出门则饱看山水，环金陵一百里内外，可以遍游一番。天文、数学一类的书切不可再看，阅读其他书也以半天为准。下午三点以后，就应当歇息游览。古人以“惩忿窒欲”为养生的重要诀窍。所谓“惩忿”，就是我前面信中所说的减少恼怒；所谓“窒欲”，就是我前面信中所说的懂得节俭。如果是因为贪图虚荣、争强好胜而用的心思太过分，也算是“欲”之类。药虽然有利，害处亦随之而来，不可轻易服用。切切嘱咐。

【评析】

此篇的写作宗旨是教育儿子修身养性、保养身体、处理好读书与休息（包括游玩）的关系。启迪儿子明了以“惩忿窒欲”为养生要诀，不要“好名好胜而用心太过”，还特别指出“药虽有利，害亦随之，不可轻服”，这些都是颇有见地的。

多食蔬菜有利于节俭和养生之道

【原文】

吾近夜饭不用荤菜，以肉汤炖蔬菜一二种，令其烂如羹[1]，味美无比，必可以资培养（菜不必贵，适口则足养人），试炖与尔母食之（星冈公好于日入时手摘鲜蔬，以供夜餐。吾当时侍食，实觉津津有味。今则加以肉汤，而味尚不逮于昔时）。后辈则夜饭不荤，专食蔬而不用肉汤，亦养生之宜，且崇俭之道也。颜黄门（之推）《颜氏家训》作于乱离之世[2]，张文端（英）《聪训斋语》作于承平之世[3]，所以教家者极精。尔兄弟各觅一册，常常阅习，则日进矣。

——节录自岳麓书社版《曾国藩全集·家书二》

【注释】

[1] 臡（ní）：有骨的肉酱。

[2] 颜黄门：即北朝颜之推，撰有《颜氏家训》，叙述立身治家之法，辨正时俗之谬，以训子孙。黄门：古代官名。

[3] 张文端：即清学者张英，谥号文端，撰有《聪训斋语》。

【译文】

我近来晚饭不吃荤菜，用肉汤炖一两种蔬菜，把它们炖烂像肉酱一样，味道鲜美无比，必定可以用来提供人体所需的营养（菜不必贵，适口就足以养人），你试着炖给你母亲食用（星冈公喜欢在太阳落山时手摘新鲜蔬菜，用来做晚餐。我当时服侍他吃饭，实在觉得津津有味。如今加入肉汤，味道反不如以前）。后辈晚饭不吃荤菜，专吃蔬菜而不用肉汤，也是养生的菜肴，而且是崇尚节俭的办法。颜之推的《颜氏家训》写于动荡不安的世道，张英的《聪训斋语》写于安定平稳的时期，所以用来作家庭教育的读本是很好的。你们兄弟各找一册来常常阅读学习，那么每天都会有进步。

【评析】

此篇写作宗旨是告诫儿子崇尚节俭。大鱼大肉并非就是养生的菜肴；而夜饭不荤，专食菜蔬，既养生，又是崇俭之道。从科学养生和崇尚节俭两个方面对后辈进行了言传身教。

“心常用则活，不用则窒”

【原文】

尔现看《文选》[1]，宜略抄典故藻汇，分类抄记，以为馈贫之粮[2]。《文选》前数本系汉人之赋，极难领会，后半则易看矣。余所见友朋中，无能知汉赋之意味者。尔不能记忆，亦由于不知其意味。此刻不必求记，将来若能识得意味，自可渐记一二。余向来记性极坏，近老年反略好些，由于识得意味也。时文亦不必苦心孤诣去作[3]，但常常作文。心常用则活，不用则窒；常用则细，不用则粗。

——节录自岳麓书社版《曾国藩全集·家书一》

【注释】

[1]《文选》：即南朝萧统编《昭明文选》。

[2] 馈贫之粮：济贫之粮。这是比喻学者之需要博闻广见，如贫者之需要食粮。

[3] 时文：指科举应试之文。明清时期称八股文为时文。苦心孤诣：费尽心思。

【译文】

你现在看《文选》，应该抄录一些典故词藻，分类抄记，以作为济贫之粮。《文选》前数本为汉人之赋，很难领会，后半则比较容易看了。我所见到的一些朋友当中，没有多少人能够理解汉赋之意味的。你记性不好，加之也不理解其中意味，所以此刻不必急于求记，等到将来如能识得其中意味，自然可以逐渐记得一些。我向来记性很差，可是接近老年反而略觉好些，是由于识得其中意味的缘故。科举应试的八股文不必费尽心思去作，但却要常常作文。因为，心常用则活，不用则窒；常用则细，不用则粗。

【评析】

曾国藩为了教育儿子成才，真是费尽了心血：针对儿子为文词藻贫乏，就指导儿子读《文选》、抄《文选》上的典故词藻以为济贫之粮；针对儿子记性不好、又不理解汉赋的意味，就指出儿子对汉赋暂不要急于求记；针对八股文易使人思想僵化、无大用处，就要求儿子不必花大力气去作八股文；针对心常用则活、常用则细的特点，又勉励儿子要常常作八股以外的文章，等等。值得指出的是，他在这里重点讲的是读书学习的问题，但立脚点是强调愉悦身心与读书学习之间的关系，二者是紧密联系在一起的。

左宗棠家训

【撰主简介】

左宗棠（1812—1885），字季高，湖南湘阴人。举人出身，累官浙江巡抚、闽浙总督、陕甘总督、军机大臣，晋大学士，封一等恪靖伯，晋二等侯，谥文襄。

左宗棠早年深受陶澍、林则徐等人经世致用思想的影响，屡考进士不售后，遂绝意科场。曾办教育，默默无闻，专心过着偏处山村的“湘上农人”的生活，直至不惑之年入曾国藩幕府，以军功而跻身官场，深得满清中央朝廷褒奖，以致当时流传说：“天下不可一日无湖南，湖南不可一日无左宗棠。”的确，左宗棠名重一时，是晚清政局中一位显赫于世的人物。这不仅因为他参与并独当一面镇压过太平军、捻军和回民起义军，为延长满清王朝六十余年寿命立下了汗马功劳，而且更重要的是有两件事情与这紧密相关。一件事情是他作为洋务运动中的重要人物，于1862年创办了中国第一个制造船舰的马尾船政局，1880年创建了中国首用机器生产羊毛纺织品的兰州织呢局。另一件事情是他力主抗沙俄，毅然率军收复新疆。

左宗棠对于子女的督教既严格且亲切。他一生写下了一百多封家书，内容大多集中在对子女如何处世为人、治事作官等方面。

读书须做到 “纯一专静”

【原文】

霖儿娶妇后渐有成人之度否？读书不必急求进功，只要有恒无间，养得此心纯一专静，自然所学日进耳。新妇性质何如？“教妇初来”[1]，须令其多识道理。为家门久远计，《小学》《女诫》可令诸姊勤为讲明也[2]。

——节录自岳麓书社版《左宗棠全集》第十三册

【注释】

[1]“教妇新来”：此语出自北齐颜之推《颜氏家训·教子篇》，意即施教必须及早。

[2]《小学》：中国旧时儿童的教育课本。宋朱熹、刘子澄编。辑录符合封建道德的言行，共六卷，分内、外篇。内篇包括《立教》《明伦》《敬身》和《稽古》，外篇包括《嘉言》和《善行》。《女戒》：东汉班昭著，宣扬男尊女卑、三从四德的封建伦理。

【译文】

霖儿结婚以后渐有当家作主的样子没有呢？夫人你要教导他读书没有必要急于求成，只要持之以恒，从不间断，养成一种心地纯朴安静的境界，自然而然学习就会日有长进。新到左家来的媳妇品性怎么样呢？古代教育家颜之推曾经说过：“对后辈施教必须及早进行。”你应该教导她多懂得做人的道理，为左家声望长久沿袭而考虑，《小学》和《女戒》等书中有关男尊女卑、三从四德的至理名言，可以吩咐她的各位姐妹经常为之说明。

【评析】

左宗棠的夫人周氏出身于湘潭一个名门望族，知书达理，教育儿女的重任完全可以由其承担，但左宗棠在外军书傍午之闲，仍不放心对后代的教养问题。他叮嘱其夫人，儿子虽然成家，但仍有必要加以管教，读书不仅仅是为了猎取功名，重要的是学到真本领，而新嫁到左家的儿媳妇，更有必要从一开始就对之教以有关做人的道理，因为家道兴衰与否同主妇品性好坏有极大的关系。这一观点是很有道理的，惟其宣扬男尊女卑、三从四德的封建伦理思想却是要批判的。

应谨守半耕半读之良好家风

【原文】

试馆已动工，凡工师工费赏犒之需少从宽裕，俾乐于从事[1]。孝威主之[2]，不必问之二伯。家下事一切以谨厚朴俭为主。秋收后还是移居柳庄，耕田读书，可远嚣杂[3]。十数年前风景，想堪寻味也。

——节录自岳麓书社版《左宗棠全集》第十三册

【注释】

[1] 俾：使。

[2] 孝威：左宗棠的儿子左孝威。

[3] 嚣杂：喧闹嘈杂。

【译文】

供学生考试用的房子已经动工兴建，凡属工匠的工钱和奖赏慰劳所需费用可以稍微手松一点，以使工匠们乐于把这件事办好。孝威儿主持就行了，不必去请示他的二伯父。家里的事情一切应以遵循朴实节俭的宗旨为主。秋收以后还是移居柳庄乡下为妙，在那里一边种田一边读书，可以远离城市里那种喧闹嘈杂的气氛。十多年前我们一起在乡间度过的优闲自在的生活情趣，想来还是值得探求玩味的。

【评析】

左宗棠早年家境贫寒，上门作为湘潭周家之女婿，故对勤俭节约之道看得较为透彻。在篇中，他反复提醒其夫人，要坚持教育儿女谨守半耕半读之家风。然而，对待那些为左家办事的劳作之人，决不能亏待他们。这种治家态度和方法，对于今人来说仍然具有启迪作用。

做官不如读书居家

【原文】

霖儿兄弟总是读书居家为是，断不可令作官，致自寻苦恼。

——节录自岳麓书社版《左宗棠全集》第十三册

【译文】

我认为，霖儿兄弟归根到底还是读书居住家乡才是，我劝你教导他们不要一心想出外做官，以致于自寻烦恼。

【评析】

这是左宗棠写给其夫人周氏信中的一段话。左宗棠一生对于那些为了做官而泯灭自己本性以求名利的小人深恶痛绝，从而他在篇中要求夫人周氏教导诸儿静居乡间，读书做学问才是久远之计。

读书须明圣贤之理

【原文】

尔近来读《小学》否[1]?《小学》一书是圣贤教人作人的样子。尔读一句，须要晓得一句的解；晓得解，就要照样做。古人说，事父母[2]，事君上，事兄长，待昆弟、朋友、夫妇之道，以及洒扫、应对、进退、吃饭、穿衣，均有见成的好榜样[3]。口里读着者一句[4]，心里就想着者一句，又看自己能照者样做否。能如古人就是好人；不能就不好，就要改，方是会读书。将来可成就一个好子弟，我心里就欢喜，者就是尔能听我教，就是尔的孝。

读书要眼到（一笔一画莫看错）、口到（一字莫含糊）、心到（一字莫放过）。写字（要端身正坐，要悬大腕，大指节要凸起，五指爪均要用劲，要爱惜笔墨纸）。温书要多遍数想解，读生书要细心听解。走路、吃饭、穿衣、说话，均要学好样（也有古人的样子，也有今人的样子，拣好的就学）。此纸可粘学堂墙壁，日看一遍。

——节录自岳麓书社版《左宗棠全集》第十三册

【注释】

［1］尔：你。

［2］事：侍奉。

［3］见：同“现”。

［4］者：此处指“这”“此”。

【译文】

你近来读《小学》这部书没有呢？它是一部古圣先贤教导人们做好人的范本。你读此书读一句，就必须晓得一句的含义所在；晓得其中的含义所在，就要照着去实践。古人说，侍奉父母，侍奉君王，侍奉兄长，对待弟弟、朋友、夫妇之道，以及居家、处世、待人接物、吃饭穿衣等，都有现成的好榜样在。口里读着这一句，心里就想着这一句，又看自己能照这样去做了没有。能够如古人那样读书以明道理就是一个好人；不能做到这样就不好，就要痛加改正，才是会读书。将来就可以成为一个好子弟，我的心里就会高兴，这就说明你能听我的教导，就是你对我的孝顺。

读书要做到眼到（即书中的一笔一画不要看错）、口到（即一字一句都不要含糊）、心到（即一字一句要心领神会，万万不要走马观花，轻易放过）。写字（则做到端正身子，要悬大腕，大拇指关节要突起，五个手指爪子都要用力，要爱惜笔墨纸张）。复习功课要做到反复理解其中的道理，先生教新课时要做到细心听讲。总之，走路、吃饭、穿衣、说话，样样都要学好样子（古人的好样，也有今人的好样，挑选其好样子去学）。这封信你可以把它粘贴在学堂的墙壁上，每天看一遍。

【评析】

这是左宗棠写给其儿子左孝威信中的两段话。左宗棠在信中强调读书与做人的关系非常密切，读书不仅仅是掌握那些华丽的词藻、动听的语句，更重要的是以理解古圣先贤们的思想观点，学做好人为最终目的。这一观点反映出左宗棠非常讲究经世致用之学，是值得今人借鉴的。

读书做人先须立志

【原文】

世局如何，家事如何，均不必为尔等言之。惟刻难忘者，尔等近年读书无甚进境，气质毫未变化，恐日复一日，将求为寻常子弟不可得，空负我一片期望之心耳。夜间思及，辄不成眠[1]。今复为尔等言之。尔等能领受与否，则我不能强，然固不能已于言也。

读书要目到、口到、心到。尔读书不看清字画偏旁，不辨明句读[2]，不记清首尾，是目不到也。喉、舌、唇、牙、齿五音并不清晰伶俐，朦胧含糊，听不明白，或多几字，或少几字，只图混过就是，是口不到也。经传精义奥旨[3]，初学固不能通，至于大略粗解，原易明白，稍肯用心体会，一字求一字下落，一句求一句道理，一事求一事原委，虚字审其神气，实字测其义理，自然渐有所悟。一时思索不得，即请先生解说；一时尚未融释，即将上下文或别章别部义理相近者反复推寻，务期了然于心，了然于口，始可放手，总要将此心运在字里行间，时复思绎，乃为心到。今尔等读书总是混过日子，身在案前，耳目不知用到何处。心中胡思乱想，全无收敛归着之时，悠悠忽忽，日复一日，好似读书是答应人家工夫，是欺哄人家、掩饰人家耳目的勾当。昨日所不知不能者，今日仍是不知不能；去年所不知不能者，今年仍是不知不能。孝威今年十五，孝宽今年十四，转眼就长大成人矣。从前所知所能者，究竟能比乡村子弟之佳者否？试自忖之。

读书做人，先要立志。想古来圣贤豪杰是我者般年纪时是何气象？是何学问？是何才干？我现在那一件可以比他？想父母送我读书、延师训课是何志愿？是何意思？我那一件可以对父母？看同时一辈人，父母常背后夸赞者是何好样？斥詈者是何坏样[4]？好样要学，坏样断不可学。心中要想个明白，立定主意，念念要学好，事事要学好。自己坏样一概猛省猛改，断不许少有回护，断不可因循苟且。务期与古时圣贤豪杰少小时志气一般，方可慰父母之心，免被他人耻笑。

志患不立，尤患不坚。偶然听一段好话，听一件好事，亦知歆动羡慕，当时亦说我要与他一样，不过几日几时，此念就不知如何销歇去了。此是尔志不坚，还由不能立志之故。如果一心向上，有何事业不能做成？

陶桓公有云："大禹惜寸阴，吾辈当惜分阴。"[5]古人用心之勤如此。韩文公云："业精于勤而荒于嬉。"[6]凡事皆然，不仅读书，而读书更要勤苦。何也？百工技艺及医学、农学，均是一件事，道理尚易通晓。至吾儒读书，天地民物，莫非己任。宇宙古今事理，均须融澈于心，然后施为有本。人生读书之日最是难得，尔等有成与否，就在此数年上见分晓。若仍如从前悠忽过日，再数年依然故我，还能冒读书名色充读书人否？思之！思之！

孝威气质轻浮，心思不能沉下，年逾成童而童心未化，视听言动，无非一种轻扬浮躁之气。屡经谕责，毫不知改。孝宽气质昏惰，外蠢内傲，又贪嬉戏，毫无一点好处（可取），开卷便昏昏欲睡，全不提醒振作。一至偷闲玩（耍），便觉分外精神。年已十四，而诗文不知何物，字画又丑劣不堪。见人好处，不知自愧，真不知将来作何等人物。我在家时常训督，未见悛改[7]。今我出门，想起尔等顽钝不成材料光景，心中片刻不能放下。尔等如有人心，想尔父此段苦心，亦知自愧自恨，求痛改前非以慰我否？

亲朋中子弟佳者颇少，我不在家，尔等在塾读书，不必应酬交接，外受傅训[8]，入奉母仪可也。

读书用功，最要专一，无间断。……今特谕尔：自二月初一日起，将每日功课按月各写一小本寄京一次，便我查阅。如先生是日未在馆，亦即注明，使我知之。屋前街道，屋后菜园，不准擅出行走。如奉母命出外，亦须速出速归。出必告，反必面[9]，断不可任意往来。同学之友，如果诚实发愤，无妄言妄动，固宜引为同类。倘或不然，则同斋割席[10]，勿与亲昵为要。

——节录自岳麓书社版《左宗棠全集》第十三册

【注释】

［1］辄：总是。

［2］句读（dòu）：文辞语意已尽处为句，语意未尽而须停顿处为读，书面上用圈（句号）和点（读号）来标记。

［3］奥旨：要旨。

［4］詈（lì）：骂。

［5］陶桓公：指陶侃，晋浔阳人，在军营四十余年，果毅善断，死后谥桓。“大禹惜寸阴，吾辈当惜分阴”：系陶侃教导士卒励志之语。

［6］韩文公：指韩愈，又称韩昌黎，是古文大家，死后谥文。“业精于勤而荒于嬉”：此语见《昌黎先生集》。

［7］悛改：悔改。

［8］傅训：老师的训导。

［9］出必告，反必面：出去必须告诉家人，返回后必须当面禀复。

［10］同斋：共同在一所学校读书。割席：《世说新语·德行》：“（管宁、华歆）尝同席读书，有乘轩冕过门者，宁读如故，歆废书出看。宁割席分坐，曰：‘子非吾友也。”后因称朋友绝交为“割席”。

【译文】

外面世界的局势如何，家中事情如何，都没有必要和你们谈。我惟有时刻放心不下的，就是你们近年来读书没有什么进展，品性没有发生丝毫好的转变；我害怕你们这样一天天下去，将要寻求做一个平常人家的子弟都不可能，白白辜负了我对你们一片殷切期望之心。夜晚考虑到这个问题时，总是睡不着。今又为了这个问题对你们讲一讲。你们能不能接受我的意见，我则不能强求你们，然而我作为你们的父亲，没有理由不对你们说一说这个问题。

读书一定要做到眼到、口到、心到这三个方面。你们读书不能先看清字划偏旁，不能辨明一篇文章的句读，不能记清书中每段每句的头和尾，这就是眼不到。你们的喉、舌、唇、牙、齿五音，都不清晰伶俐，朦胧含糊，使人听不明白，或者多几个字，或者少几个字，全不在意，只图混日子过，这就是口不到。古代经传的精义要旨，初学时固然不能全通，至于大略粗解，基本意思本来是易于明白的。如果稍微肯用心体会，一字求一字的下落，一句求一句的道理，一事求一事的原由，虚字审察其神气，实字推测其义理，这样自然渐渐有所明白。一时思索不得其意，就请先生加以解说；一时尚未融汇贯通，就将上下文或者把其他章节部分义理相近者反复推敲寻研，务期了解并体会于自己的心中，了解并体会于自己的口中，直至如此才罢休。总要将这个心思运用于书中字里行间，经常反复思索考究，这就叫做心到。现今你们读书总是混日子过，身子虽坐在书桌前面，耳目却不知道用到哪里去了。你们心中胡思乱想，全无收束沉静之时，悠悠忽忽，日复一日，好像读书是为了应付人家对你们的请求，是敷衍应付人家、掩饰人家耳目的勾当。你们昨天不知不能的事情，今天仍是不知不能；去年不知不能的事情，今年仍是不知不能。孝威今年已有十五岁了，孝宽今年也有十四岁了，转眼功夫你们就要长大成人了。你们从前所知道所能做的事情，究竟能否比得上乡下那些农家子弟中的优秀者吗？你们自己去想一想吧。

读书做人，先要树立一个好志向。想一想，自古以来那些圣贤豪杰在我这个年纪的时候，是一种什么样子呢？是一种什么样的学问呢？是一种什么样的才干呢？我现在哪一样可以同他们相比较呢？想一想父母送我去读书学习，聘请先生教我功课，是一种什么样的目的和愿望呢？是一番什么样的心意呢？我哪一件事情可以无悔于父母双亲呢？看一看与我同一辈的人中，父母经常背地夸奖者，是一种什么样的人呢？父母经常斥骂者，又是一种什么样的人呢？别人的好样子要学，坏样子则万万不可学。心里要对这个问题想个明白，打定主意，时时要学好，事事要学好，把自己的恶习一概加以深刻省悟悔改，决不能对其有少许姑息袒护，不可照旧不改，得过且过。务期与古代圣贤豪杰少年时的志气那样，才可以使父母心情愉快，免得被他人耻笑。

值得忧虑的是不能树立志向，尤其值得忧虑是立了志又不坚决。偶然听别人的一段好话，听一件好事情，也知道喜爱羡慕，当时也表示我要与他一样做个好人。没过多久，这个想法就糊里糊涂地消失了。这是你们立志不坚决，更是你们没有立志的缘故。如果你们一心奋发向上，有什么事业不能做成呢？

晋代浔阳人陶侃对他的士卒们说过：“大禹爱惜一寸光阴，我们这些人应当爱惜一分光阴。”古代的人用心之勤实在如此。唐代大学问家、思想家韩愈说过：“一个人的事业成功在于他的勤奋，事业荒废失败在于他的懒怠玩耍。”世界上的任何一件事都是这样，不仅读书如此，而且读书更要勤奋刻苦，才能有所收获。为什么呢？各行各业，医学、农学都是一回事，此中道理是容易明白的；至于我们这些人读书，天下之物无不为己任，宇宙古今之事理，都须融汇贯通于自己的心中，然后施展其才能才会有来源。一个人的一生中读书的那些日子最为重要，你们能不能成材，就在这几年中见分晓。假若仍然如从前那样混日子过，再过几年依然如故，还能够冒读书这个名份去充当读书人吗？你们要对这个问题进行一番慎重思考阿！

孝威气质轻浮无实，心思不能沉静下来，年纪已经过了童年而童心仍未开化，耳闻目睹，一言一行，无非表现出一种轻薄浮躁的习气。多次经我批评，仍不知改过。孝宽气质糊涂懒惰，表面愚顽内心虚骄，又贪玩耍，没有一点好样。学习时昏昏沉沉，一点也没有振作的精神。一到偷闲玩耍时，便觉得格外有精神。年已十四岁了，而诗文不知是什么东西，字画则丑劣不堪。见到别人好的地方，不知自愧，真不知将来会成为什么样的人物！我在家里时已经常常教训督促，未见悔改。我今天身在外面，想起你们这样顽皮愚钝不成人材的样子，心中片刻都放不下。你们如有人性，想想你们的父亲这般爱护你们的苦心，也知道自愧自恨自己的过错，以求得痛改前非来安慰我吗？

在我们那些亲戚朋友的子弟中，优秀者不多，我不在你们身边，你们在学校读书，不要和别人交际往来，在学校里接受先生的训导，在家里听从母亲的吩咐就行了。

读书用功，最重要的是要做到专一无间断。……今特郑重告诫你们：自二月初一日起，你们要将每天的功课按月各写一小本寄到我这里一次，以便我查阅。如果先生哪一天不在学校，也须注明，使我心中有数。屋前街道，屋后菜园，不准你们擅自到处行走。如经你们的母亲批准外出，也须速去速归。出去必须告诉家里，返归必须当面回报，绝对不能任意往来。同学中之朋友，如果是诚实发愤伺上，没有不正当的言行者，当然可以引以为知己。倘若不是这样的人，虽同在一个学校读书，也要与之绝交，远离他们一些为妙。

【评析】

这是左宗棠写给其儿子孝威、孝宽的一封家信。左宗棠这封家书在旧社会影响很大，曾被作为范文选入中学语文课本。篇中特别强调读书要目到、口到、心到，并指出“人生读书之日最难得”，应当抓住青少年时期发奋读书，学习做人。这对于我们今天做家长的如何督促儿女不要放过人生学习的最好时光，是有一定启发意义的。

“学做圣贤不在科名一路”

【原文】

尔年已渐长，读书最为要事。所贵读书者，为能明白事理。学作圣贤，不在科名一路，如果是品端学优之君子，即不得科第亦自尊贵。若徒然写一笔时派字，作几句工致诗，摹几篇时下八股[1]，骗一个秀才、举人、进士、翰林，究竟是甚么人物？尔父二十七岁以后即不赴会试[2]，只想读书课子以绵世泽，守此耕读家风，作一个好人，留些榜样与后辈看而已。生尔等最迟，盼尔等最切。前因尔等不知好学，故尝以科名歆动尔[3]，其实尔等能向学作好人，我岂望尔等科名哉？来书言每日作文一篇，三六九日作文两篇。虽见尔近来力学远胜从前，然但想赴小试做秀才，志趣尚非远大。且尔向来体气薄弱，自去春病后，形容憔悴，尚未复元，我与尔母每以为忧，尔亦知之矣。

读书能令人心旷神怡，聪明强固，盖义理悦心之效也。若徒然信口诵读而无得于心，如和尚念经一般，不但毫无意趣，且久坐伤血，久读伤气，于身体有损。徒然揣摩时尚腔调而不求之于理，如戏子演戏一般，上台是忠臣孝子，下台仍一贱汉。且揣摹刻画，勾心斗角，徒耗心神，尤于身体有损。近来时事日坏，都由人才不佳。人才之少，由于专心做时下科名之学者多，留心本原之学者少。且人生精力有限，尽用之科名之学，到一旦大事当前，心神耗尽，胆气薄弱，反不如乡里粗才尚能集事，尚有担当。试看近时人才有一从八股出身者否？八股愈做得入格，人才愈见庸下。此我阅历有得之言，非好骂时下自命为文人学士者也。读书要循序渐进，熟读深思，务在从容涵泳以博其义理之趣，不可只做苟且草率工夫。所以养心者在此，所以养身者在此。府试、院试如尚未过[4]，即不必与试。我不望尔成个世俗之名，只要尔读书明理，将来做一个好秀才，即是大幸。

家中大小事件亦宜留意，家有长子曰“家督”[5]，尔责非轻。长一岁年纪，须增一岁志气，须去尽童心为要。

——节录自岳麓书社版《左宗棠全集》第十三册

【注释】

[1] 八股：明清科举考试的文体之一，也称制艺、制义、时艺、时文、八比文。

[2] 会试：明清时每三年一次会集各省举人在京城举行的考试。

[3] 歆动：谓动情。

[4] 府试：又称府考。明清时考取生员（秀才）前的预备性考试之一。由知府主持，报名手续、考试方法等皆与县试大同小异。府试通过者准续考院试。院试：又称郡试、道试。明清科举取得生员（秀才）资格的考试，在府城或直属省州治所举行。

[5] 家督：此语出自《史记·越王勾践世家》，称长子督理家事。

【译文】

孝威你年纪已逐渐长大，读书学习是一件最为重要的事情。读书之所以重要，就在于它能使人明白世上许多事理。人们学习作圣贤豪杰，不在于科举成名一条道路，如果是一个品行端正、学问优异的正人君子，即使未取得科举名份也自然是至尊至贵的。如果徒然写得一笔时髦流行的字体，作得几句工整雅致的诗句，临摹几篇入时的酸臭八股文，骗取得一个什么秀才、举人、进士、翰林之类的虚名，到底是一个什么样的人物呢？我在二十七岁以后就不再参加在京城举行的会试，一心只想一边读有用之书一边设馆课教子弟以延续祖先遗留下来的恩惠，守住这种半耕半读的良好家风，做一个有用的人，留一些好榜样给子孙后代看看而已。生你们的时候我的年纪已经较大了，因此盼望你们成人的心情最为迫切。以前因为你们不知道好好学习，所以曾经以科举成名来激励你们的兴趣，其实你们如果能够喜爱学习做好人，我怎么会一心指望你们去追逐科举成名啊。你在书信中说每天作文章一篇，逢三、逢六、逢九等日作文章两篇。虽然从这里可以看出你近来致力于学习远远胜过了从前，然而你仅仅想到经历一次小的考试取得一个秀才的名份，那你的志向兴趣并不远大。况且你一向体质和气质都很虚弱，自去年春天生病以后，形容憔悴，身体还没有恢复元气，我与你母亲每当想到此就为之深深忧虑不安，你自己也是知道这种情况的。

读书能够使人心旷神怡，聪明强壮，原因就在于其中的道理有能使人心情舒畅的效果。如果徒然凭一时心血来潮背诵朗读而不能融汇于精神深处，像和尚念经一般，不但没有一点意趣，而且久坐会损害血液之循环，久读会损害自身的元气，对于身体是十分不利的。徒然追求摹仿那种时尚的怪腔怪调而不去求得其中的道理所在，就像那些演员在台上演戏一样，在台上是忠臣孝子，在台下仍是一个低贱无知的莽汉。况且，描摹刻画别人，与人勾心斗角，空费了心力精神，尤其对身体不利。近来局势一天天变坏，都是由于没有品学兼优人才的缘故。品学兼优的人才之所以不多，是由于专心致力于追寻科举成名貌视有学问的人太多，而留心于实际学问的人太少。而且一个人的生命有限，尽用于科举成名的学问，到了一旦大事当前，就会出现心力和精神均已耗尽的情况，胆气薄弱，反不如乡村中那些粗野之人还能应付事变，还能担当所尽之责。你试想想看，近时有用的人才中有一个是科举出身的吗？八股文章做得越合符规范，人才就会越来越显得庸俗低下。这是我从实践中得来的看法，并不是我喜欢咒骂当今那些自命为文人学士的人。读书要做到循序渐进，熟读深思，务必在从容涵泳上下工夫，以求得其精深要旨之趣味，不能只做苟且草率的工夫。所以说能养心的道理在于此，所以说能养身的道理也在于此。准备考秀才和取得秀才资格的考试如果没有通过，你就不必再去赴考了。我不希望你取得不切实际的功名，只要你读书能够明白事理，将来做一个有用的秀才，那就感到很欣慰了。

家里大大小小的事情你也应当时刻留意，家有长子叫“督理家事”，你的责任不轻。增长一岁年纪，就应当增长一岁志气，就应当做到以去尽童稚之心为要。

【评析】

左宗棠三十五岁时得长子左孝威，希望其子成人的心情自然是很迫切的。他反复告诫其子不要刻意追逐虚名，做那两耳不闻窗外事的酸腐文人，重要的是要做到读书明理，读书做一个有用的人。

“小时志气要远大”

【原文】

小时志趣要远大，高谈阔论固自不妨，但须时时反躬自问[1]：我口边是如此说话，我胸中究有者般道理否[2]？我说人家作得不是，我自己作事时又何如？即如看人家好文章，亦要仔细去寻他思路，摩他笔路，仿他腔调。看时就要着想：要是我做者篇文字必会是如何，他却不然，所以比我强。先看通篇，次则分起，节节看下去，一字一句都要细心体会，方晓得他的好处，方学得他的好处，亦是不容易的。心思能如此用惯，则以后遇大小事到手便不至粗浮苟且。我看尔喜看书，却不肯用心。我小来亦有此病，且曾自夸目力之捷，究竟未曾仔细，了无所得，尔当戒之。

子弟之资分各有不同，总是书气不可少。好读书之人自有书气，外面一切嗜好不能诱之。世之所贵读书寒士者，以其用心苦（读书），境遇苦（寒士），可望成材也。若读书不耐苦，则无所用心之人；境遇不耐苦，则无所成就之人。

我在军中，作一日是一日，作一事是一事，日日检点，总觉得自己多少不是，多少欠缺，方知陆清献公诗“老大始知气质驳”一句真是阅历后语。少年志高自大，我最欢喜。却愁心思一放，便难收束，以后恃才傲物，是己非人种种毛病都从此出。如学生荒疏之后，看人好文章总觉得不如我，渐成目高手低之病。人家背后讪笑，自己反得意也，尔当识之。

——节录自岳麓书社版《左宗棠全集》第十三册

【注释】

［1］反躬：反身自省；反求诸己。

［2］者：此处意为“这”。

【译文】

一个人小时候志趣要远大，高谈阔论自然不会有什么问题，但须时刻回过头来问问自己：我嘴上是这么说的话，我的胸里究竟是不是有这样的道理呢？我说别人做得不是，我自己做事情又怎么样呢？即如看别人写的好文章，也要仔细去领会他的思路，揣摩他的笔路，模仿他的腔调。看别人写的好文章时就要想一想：要是我自己做这篇文字一定会做到怎样，他却不一样，所以比我强。先看别人这篇文章的全文，再看分段，一节一节地仔细看下去，一字一句都要细心体会，才晓得他写这篇文章的优点，才学得到他写这篇文章的优点，这也是不容易的。心思如能这样坚持不懈，那么你以后遇到什么大大小小的事情，就不至于粗浮苟且了。我发现你喜欢看书，但不肯用心思。我小的时候也有这种毛病，而且曾经自夸目力敏捷，到底未曾仔细，走马观花，收获不大，你应当引以为戒。

同胞兄弟中的天赋各有不同，然而读书学习的习气却不能少。好读书的人自然有读书学习的兴趣，外面一切具有吸引力的东西都不能动摇他的志向。世界上所看重的是那些用功读书的贫寒之士，他们以其用心苦读书，所处环境条件很差，这样的人就有可能成为有用的人。如果读书耐不得苦，则是无所用心的人；对恶劣的环境条件耐不得苦，则是无所成就的人。

我在军营里，呆一天就认真呆一天，做一件事就认真做一件事，每天加以检点，总觉得自己有不完满的地方，有不周到的地方，这才真正知道了陆清献在诗中说的“年纪大了才知道自己品性不纯静”一句，确是从实践中得来的至理名言。少年人志气高远，说话没有顾忌，我是最喜欢的。但却忧虑的是，这种人如果忘乎所以，便会难于收束自己，以后就会自恃才识过人而看不起人家，总认为自己的对别人的不是，种种缺点都由这种忘乎所以的习气引发而来。正如一个学生久不读书学习之后，看别人写的好文章总以为不如自己，逐渐养成一种眼高手低的毛病。别人背后斥笑他，他自己反而自鸣得意，你应当看到这一点。

【评析】

左孝威十七岁考中秀才后，又考中湖南乡试第三十二名举人，左宗棠于是在高兴之余一再告诫儿子要正确估价自己的才识，时时看到自己的不足，绝不可恃才傲物，眼高手低，以致于不思上进，招人斥笑。

谦虚使人进步

【原文】

自古功名振世之人，大都早年备尝辛苦，至晚岁事权到手乃有建树，未闻早达而能大有所成者。天道非翕聚不能发舒[1]，人事非历练不能通晓。《孟子》“孤臣孽子”一章[2]，原其所以达之故在于操心危、虑患深，正谓此也。儿但知吾频年事功之易，不知吾频年涉历之难；但知此日肃清之易，不知吾后此负荷之难。观儿上尔母书谓“闽事当易了办”一语，可见儿之易视天下事也。《书》曰：“思其艰以图其易。”又曰：“臣克艰厥臣。”古人建立丰功伟绩无不本其难其慎之心出之，事后尚不敢稍自放恣，则事前更可知矣。少年意气正盛，视天下无难事，及至事务盘错，一再无成，而后爽然自失，岂不可惜？

至交游必择胜我者，一言一动必慎其悔，尤为切近之图。断不可旷言高论[3]，自蹈轻浮恶习，不可胡思乱作，致为下流之归。儿当谨记吾言，不复多告。

——节录自岳麓书社版《左宗棠全集》第十三册

【注释】

[1] 翕（xī）：聚；合。

[2]《孟子》：书名。系孟轲弟子所纂辑，宋以后与《大学》《论语》《中庸》合称为四书。

[3] 旷言高论：高谈阔论。

【译文】

自古以来那些功名影响很大的人，大都是早年历尽千辛万苦，到了晚年作事的权能掌握以后才有所建树，没有听到过早年通晓事理而能建立起伟大功业的。自然界的规律是，不和顺合聚就不能表现自如，人世间的事情不经过反复磨炼就不能普遍知晓。《孟子》一书中的“孤臣孽子”一章，推源所以通达事理的缘故，就在于平时考虑的问题多、思索的问题深刻，说的正是这个意思。你只知道我多年作事的功劳来得容易，却不晓得我多年遇到许多艰难困苦；只知道这个时候清平的容易，却不晓得我以后在这方面的责任重大。看到你给你母亲的书信中说“福建发生的事情当容易了结”一句话，可见你轻看天下事情的艰难。《尚书》中说：“今天思考其艰难图的就是明天的容易”。又说：“臣克服艰难是为了臣自己。”古人建立丰功伟绩无不本守艰难容易这两个方面的精神而任大事，事后还不敢稍微放任自为，忘乎所以，而在处事之前考虑之多更可想而知了。少年人意气正当旺盛，认为世界上没有什么难事情，一旦事务复杂，多次处事无成，而后就会很快缺乏自信心，难道不可惜吗？

至于交往他人，必须选择比我做得好的人，一言一行必须慎重考虑到后果如何，这是尤其重要的。绝对不能高谈阔论，使自己流于轻浮不讲实际的坏习气；绝对不能胡思乱为，陷入不好的境地。你应当牢牢记住我说的这些话，其他我就不想多讲了。

【评析】

这是左宗棠写给其儿子左孝威的一封家信。左宗棠在信中引用古人的例子，结合他本人的经历，温言细语，不厌其烦地反复告诫其子不要自满，不要把世界上的事情看得很容易，应当做到谦虚谨慎，不骄不躁。在结交朋友方面，必须选择品性端庄的人，更重要的是约束自己的言行，做一个正人君子，做一个务实的才德高尚的人。这种教育方法，没有生硬的说教，充满着哲理。

不要仰赖父辈余荫而败坏家风

【原文】

吾愿尔兄弟读书做人，宜常守我训。兄弟天亲[1]，本无间隔，家人之离起于妇子。外面和好，中无实意，吾观世俗人多由此而衰替也。我一介寒儒，忝窃方镇[2]，功名事业兼而有之，岂不能增置田产以为子孙之计？然子弟欲其成人，总要从寒苦艰难中做起，多蕴酿一代，多延久一代也。西事艰阻万分[3]，人人望而却步，我独一力承当，亦是欲受尽苦楚，留点福泽与儿孙，留点榜样在人世耳。尔为家督[4]，须率诸弟及弟妇加意刻省，菲衣薄食，早作夜思，各勤职业。樽节有馀[5]，除奉母外润赡宗党，再有馀则济穷乏孤苦。其自奉也至薄，其待人也必厚。兄弟之间情文交至，妯娌承风，毫无乖异[6]，庶几能支门户矣。时时存一倾覆之想，或可保全；时时存一败裂之想，或免颠越[7]。断不可恃乃父，乃父亦无可恃也。

——节录自岳麓书社版《左宗棠全集》第十三册

【注释】

[1] 天亲：天生的亲近。

[2] 忝（tiǎn）窃方镇：愧居掌握一方兵权的军事长官。

[3] 西事：指镇压陕西、甘肃等地捻军和回民起义军。

[4] 家督：指家中长子督理家事。

[5] 樽节：抑制；节省。樽：通“撙”。

[6] 乖异：离异。

[7] 颠越：陨落；坠落。引申为丧失。

【译文】

我很希望你们兄弟读书做人，随时谨守我对你们的教训之言。兄弟之间天然亲近，本来是没有隔阂的，家中内部的人之所以分离往往起因于媳妇和儿女。表面上和和气气，其实却貌合神离，矛盾重重，我看一般人家大都由此而致于衰败。我区区一个贫寒读书人，愧居一方的军政大员，功名和事业都有所成就，怎么不可以去增置田产为子孙后代作点打算呢？然而子弟想要成人，总要从寒苦艰难的事情做起，多积聚一代，就能多延绵一代。削平陕甘捻军、回民起事，很多艰难困苦，人人望而却步，我一个人则鼎力担当，也是要多吃点苦楚，留点福泽与儿孙，留点榜样在人世上。你作为长子督理家事，必须带领各位弟弟及弟媳妇们加意刻苦节省，省衣节食，早起夜思，大家专事自己的职业。节省有余，除了奉母命资助亲朋戚友外，再有余则接济穷乏孤苦乡邻。对自己的生活必须尽量省俭，对待别人则必须宽厚周到。兄弟之间感情言语都要无微不至，叔伯母之间要发扬这种好的风气，彼此之间没有半点矛盾不和，这就差不多能支撑一个大家庭了。大家心中时时刻刻存有一种害怕败坏名声的念头，或许可以保全延续良好的家风；大家时时刻刻存有一种害怕家门衰败离散的念头，或许可以避免那种家族陨落的现象发生。绝对不可以依恃我的余荫过日子，况且我也没有什么可以让你们依恃的。

【评析】

左宗棠在篇中强调，生长在官宦人家的子弟，彼此之间应当讲究团结和睦，秉承半耕半读之良好家风，勤俭节省，自食其力，读书明理，做一个有用的人、名声好的人，绝对不能依恃父辈的“余荫”混日子过。这一观点，诚为至理之言。

切戒铺张奢侈之风

【原文】

家中加盖后栋已觉劳费，见又改作轿厅[1]，合买地基及工料等费，又须六百馀两。孝宽竟不禀命，妄自举动，托言尔伯父所命。无论旧屋改作非宜，且当此西事未宁、廉项将竭之时，兴此可已不已之工，但求观美，不顾事理，殊非我意料所及。据称欲为我作六十生辰，似亦古人洗腆之义[2]，但不知孝宽果能一日仰承亲训，默体亲心否？养口体不如养心志，况数千里外张筵受祝[3]，亦忆及黄沙远塞、长征未归之苦况否？贫寒家儿忽染脑满肠肥习气，令人笑骂，惹我恼恨。计尔到家，工已就矣。成事不说，可出此谕与尔诸弟共读之。今年满甲之日[4]，不准宴客开筵，亲好中有来祝者照常款以酒面，不准下帖，至要！至要！

——节录自岳麓书社版《左宗棠全集》第十三册

【注释】

［1］见：同“现”。

［2］洗腆：谓置办洁净丰盛的酒席。

［3］筵：酒席。

［4］满甲：年满六十岁。

【译文】

家中之前加盖后栋房屋已经感到花费太多，今又将其改作置放轿子的厅屋，合计买地基及工料等费用，又需花去六百余两。孝宽竟然不经请示批准，擅自作主为之，假托遵照你二伯父的吩咐。无论如何，旧屋改作也是不应该的，况且在西北一带秩序极不安宁、俸禄经费即将用尽之时，兴此可动可不动之工程，只求美观大方，不顾事理，绝不是我意料所及的。据说这是要为我做六十岁大寿，似乎有古人陈设丰盛饮食来孝敬父母的意思，但不知孝宽真的能不能每天悉心遵照父母的教诲之言，仔细体会父母的殷切心情否？赡养父母的躯体不如顺养父母的精神，况且在我离家数千里之外大摆酒席接受别人的祝贺，是否也还想到老父在满目黄沙的塞外远征未归、备尝辛苦的景况呢？贫寒人家的儿子忽然沾染一种吃喝玩乐的坏习气，引起别人的斥笑谩骂，惹起我对你们的恼恨之情。估计孝威到家时，建房工程已经就绪了。既成事实不说，你可以把我这封信与你的各位弟弟共同看看。我今年六十岁生辰那天，不准邀请宾客大摆酒席，亲朋好友之中有来祝寿者，按照常规招待酒饭，不准正式发出邀请书，这点特别重要，特别重要。

【评析】

左宗棠在篇中指出，在他六十岁大寿即将到来之前，不仅他的儿子们而且一般亲朋戚友们觉得是显示家势的大好时机，既增修屋又准备大摆宴席。针对这一实情，他感到问题非常严重。他特别强调，现今国事艰难，民生困苦，官宦之家更应讲究勤劳俭朴，千万不可铺张浪费。所以，他在批评儿子孝宽改建房屋，追求奢华浪费太不应该，“惹我恼恨”的同时，不准为庆祝他六十岁大寿而大肆宴请宾客，再度铺张浪费。这在政治腐败的清朝末年，确属难能可贵。

“耕读”二字为自谋生计之本

【原文】

吾积世寒素，近乃称巨室。虽屡申儆不可沾染世宦积习[1]，而家用日增，已有不能撙节之势[2]。我廉金不以肥家，有馀辄随手散去，尔辈宜早自为谋。大约廉馀拟作五分，以一为爵田[3]，馀作四分均给尔辈，已与勋、同言之，每分不得过五千两也。爵田以授宗子袭爵者，凡公用均于此取之。

吾平生志在务本，耕读而外别无所尚。三试礼部[4]，即无意仕进，时值危乱，乃以戎幕起家[5]。厥后以不求闻达之人，上动天鉴，建节锡封[6]，忝窃非分[7]。嗣复以乙科入阁，在家世为未有之殊荣，在国家为特见之旷典[8]，此岂天下拟议所能到？此生梦想所能期？子孙能学吾之耕读为业，务本为怀，吾心慰矣。若必谓功名事业、高官显爵无忝乃祖，此岂可期必之事，亦岂数见之事哉？或且以科名为门户计，为利禄计，则并耕读务本之素志而忘之，是谓不肖矣[9]！

——节录自岳麓书社版《左宗棠全集》第十三册

【注释】

[1] 申儆（jǐng）：一再提醒。
[2] 撙节：抑制；节省。
[3] 爵田：爵位的田地。
[4] 礼部：官署名，专管国家的典章法度。
[5] 戎幕：军事幕府。
[6] 锡封：皇帝赐予的官位。
[7] 忝窃：谦词，即有愧于所封官职。
[8] 旷典：罕见难逢的典礼。
[9] 不肖：不才；不正派。

【译文】

我们家世代以来就贫穷寒微，近来才称得上富裕之家。我对你们虽然一再提醒不能沾染上那些官宦人家不好的习气，而家中用费却日益增加，已有不能节减的势头。我的薪金不用来养肥自家，有剩余就随手散去，你们自己要早作打算。剩下来的钱准备分作五份，以一份留作为爵位的田地，以四份平均分给你们兄弟，已经同孝勋、孝同讲过，每份不得超过五千两。爵位的田地以接济子孙中那些继承官位的人，凡公用都取之于这份田地。

我平生志在着力于根本，除耕田读书外不再崇尚其他。我三次参加礼部考试以后，已经再无兴趣于仕途，时值国家危乱之际，乃以军营幕僚而发迹。后来以不求作显达的人，却劳皇上明察，执持符节赐予官职，愧居所封官位。随后又以举人资格进入内阁，这在我们整个家世来说是从来没有过的特殊荣誉，在整个国家来说也是非常罕见的典礼。这难道是天下人所能想象得到的吗？难道是我这一生梦想所能期望得到的吗？子孙能学我以耕读为业，以专心根本为怀，我就得到安慰了。如果硬要你们以取得功名事业、高官显爵来无愧于你们的祖父辈，这怎么能够期望它是必然的事情呢？又怎么可以说是经常见到的事情呢？又或者为了门户、为了利禄去猎取功名，连带把祖辈耕读务本的夙志全部忘掉，那就成了我们左家的不肖子孙了。

【评析】

左宗棠仅是举人出身，没有中过进士，但他的功名和业绩、地位和权势却远远超过了一般进士出身的人。这在封建时代是罕见的事例，自然是时代环境和条件造就的结果，同时也是他注重实际、讲求实效，为朝廷尽忠的结果。他根据自己的切身体会，反复强调“读书只要明理，不必望以科名”，子孙贤达不在科名，不在文字好坏。因此，他谆谆告诫子孙后代必须致力于耕田读书这两件根本大事。他严格要求子孙后代不要追求钱财，不要讲究豪华奢侈，不要坐享清福，应当自己早作谋生之路。这一观点至今仍有借鉴意义。

李鸿章家训

【撰主简介】

李鸿章（1823—1901），字少荃，清代安徽庐州（今合肥）人。清道光年间进士。咸丰三年（1853）随侍郎吕贤基回老家合肥举办团练，与太平军为敌。咸丰八年（1858）入曾国藩幕府，襄办营务。咸丰十一年（1861）奉曾国藩命编练淮军，悉法湘军。从此以后，拜巡抚，升总督，晋大学士，授爵一等伯，任首席封疆大吏兼北洋大臣达二十五年，主持海军衙署达十年之久，握清廷水陆兵权，出将入相，位尊名显。一生深受清廷殊恩，经久不衰。汉族大臣中生受荣，死受荣，除了他的老师曾国藩之外，没有几个人能与他比肩。他在清末内阁大学士中，地位最高。自清乾隆以降，汉人为文华殿大学士、位居内阁首辅者，仅他一人而已。他被清廷赏戴三眼花翎，除王公贵族之外，在汉人官僚中是绝无仅有的。他死后被立专祠于京师，也是汉族官僚中独一无二的人。这是因为，在中国近代史上几乎所有重大的历史事件都与他相关：他曾参与镇压过太平天国和捻军起义，主持洋务运动和筹办海防事务，在中法战争、甲午中日战争中国失败的过程中起过举足轻重的作用，并亲身经历了戊戌维新运动和八国联军侵华之役，扮演了受后人指责的角色。尤其突出的是，他受命与西方列强签订了一系列丧权辱国的不平等条约：十九世纪七十年代主持订立了中英《烟台条约》，八十年代订立了《中法新约》，九十年代代表清政府亲赴日本签订了《马关条约》，继则去俄国签订了《中俄密约》，1901年即在他去世之前还与西方主要帝国主义国家签订了标志着中国近代半殖民地屈辱地位完全确立的《辛丑条约》。他以“议和专家”而闻名中外，在中国近代外交史上，他成了一个多受谴责的人物。然而，在李鸿章的一生中也有值得肯定的地方，即他主持从事洋务自强新政三十余年，其民用企业中出现的中国第一个大型兵工厂、第一座近代化炼钢炉、第一条铁路、第一个大型煤矿和金矿、第一个大型纺织厂、第一支近代海军舰队……尽管这些工矿企业并没有能够使中国富强起来，但至少在荆棘丛中踩出了一条小路，在死气沉沉的近代中国开了资本主义经济的风气。与此同时，作为进士出身的李鸿章，从小饱览中国传统文化，封建士大夫“修身、齐家、治国、平天下”的人生信条，在他身上体现得很充分。他曾在家书中对家人予以严格的训示，要求他们按照传统文化的义理去处世为人、治事做官，其中体现了某些可资借鉴的积极成份。

读经书应以研寻义理为本

【原文】

《朱子家训》内[1]，有子孙虽愚，经书不可不读，兄意亦然。兄少时从徐明经游，常告读经之法：穷经必专一经，不可泛骛[2]。读经以研寻义理为本，考据名物为末。读经有一耐字诀：一句不通，不看下句；今日不通，明日再读；今年不精，明年再读；此所谓“耐”也。弟亦不妨照此行之。经学之道，不患不精焉。

——节录自中国华侨出版社《李鸿章家书》

【注释】

[1] 朱子家训：指宋代理学大师朱熹的家训。

[2] 骛（wù）：追求。

【译文】

宋代理学家朱熹的《朱子家训》内，有“儿孙虽然天赋不高，但博大精深的经典之书不可不读”。为兄我也是这样认为。我在年少的时候跟随徐明经先生到处求学，他常常告诉我如何阅读经籍的方法。要掌握经学之义理所在，就必须做到专攻一经，不可三心二意，泛泛而读。学习经书以探寻义理为主，考证名号物色为次。阅读经书有一不厌烦、不急躁的诀窍，一句意思未弄懂，决不看下句；今天未弄懂，明天继续阅读；今年未深入理解，明年继续阅读。这就是说的不厌烦、不急躁的意思。弟弟你不妨依照这个方法去实行。如能做到这样，那么对于经学中所说的道理，就不会担心不深入理解了。

【评析】

李鸿章在信中强调，阅读中国古代经典之书籍，要做到掌握和深入理解其义理所在，就必须讲究正确的学习方法。这个方法的关键就是要坚持一个“耐”字，对所学之书不厌烦、不急躁，日积月累，专攻一门，就会受益无穷。这种对于做学问须专尤须耐得住寂寞的观点，至今仍有借鉴意义。

练书法应做到博取众长

【原文】

三弟笔性颇佳，习颜、柳各体似太拘束[1]，活泼之气不能现于纸上；最宜改习赵字[2]，而参以北海之《云麾碑》[3]，则大有可观。

——节录自中国华侨出版社《李鸿章家书》

【注释】

［1］颜：指颜真卿，唐代临沂人。开元年间进士，累官至监察御史，后又任刑部尚书，封鲁郡公，世人称之为颜鲁公。他的楷书自成一体，又善正、草各书，笔力沉着雄浑，世称“颜体”。柳：指柳公权，唐代华原人，官至太子少师。善正、行各体，“体势劲媚，自成一家”，世人称之为“柳体”。

［2］赵字：指元代赵孟頫之字。赵孟頫，字子昂，元代浙江吴兴人。书法初以钟绍京、王羲之为宗，至晚稍入李邕，篆隶真行草各书无不冠绝一时，遂以书名天下。所写碑版甚多，回转遒丽，人称“赵字”或“赵体”。

［3］北海：指唐代李邕，江苏扬州人，唐玄宗时历任户部郎中、御史中丞、陈州刺史和汲郡、北海太守，世人称之为李北海。工文，善书，尤擅以行、楷写碑，初学王羲之，后乃摆脱其形迹，自具风格。《云麾碑》：指李邕的著名碑刻《云麾将军李思训碑》。

【译文】

三弟爱好书法是件好事，但学习颜真卿、柳公权各种字体似乎过于拘谨、呆板，活泼洒脱的气势不能在纸上体现出来，最适合于改习赵孟頫字体，而配合练习李邕留下的真迹碑刻《云麾将军李思训碑》帖。如能坚持做到这样，你的书法必定会大有长进。

【评析】

篇中强调学书法应结合各人的实际，博采众长，选择适宜于自己特点去坚持实践。这不仅反映出李鸿章对中国书学历史有着深入的研究，而且使我们可以看到，他对待中国传统文化采取了兼收并蓄的态度。

学书法须有恒心

【原文】

三弟来函，既改习赵字，慰甚！惟以功夫太浅，不能深得其意。此天然之理，不足道。只须有恒，不必多写。多写则生厌，厌则无功。每日临赵松雪《道教碑》三页足矣[1]。尚有一言以相告，临过之后，默思赵字之结构，以指画之，多看亦易进步。所临之字不可废，至朔日斋集订成一册[2]，以之比较，自有心得。

——节录自中国华侨出版社《李鸿章家书》

【注释】

［1］赵松雪：指赵孟頫，松雪为其号。《道教碑》：指赵孟頫的书迹《道德经》。

［2］朔日：指农历每月初一。斋集：在书房汇合收拢成册。

【译文】

三弟在来信中说，已经听从我的建议改习“赵体”，非常令人高兴。只是根底太浅，不能做到深刻体会赵氏书法之真谛。这是很自然的事情，算不了什么大问题，只须长期坚持，持之以恒，并不一定要每天写很多字。写得太多就会有厌恶感，厌恶感一产生，就不会有收获。每天临摹赵孟頫所书《道德经》碑帖三页就足够了。还有一句话要提醒你，临摹一次书法之后，静静思考寻求赵字基本结构，以手指头照样作出重点划记，多看也容易有收益。每次临摹过的字，不可丢弃，到农历每月初一日在书房里汇集装订成一册，彼此比较，自然就会有心得。

【评析】

李鸿章在篇中告戒其弟，练书法不要急于求成，贪多终将徒劳无功，关键的问题在于持之以恒，才不致于产生厌恶感。在坚持“赵体”的同时，每次练毕之后静加思索每一个字下笔的基本结构，找出特点，反复推敲，必定日有收获。并且要求其弟将练过之习作保存起来，按月收订成册以作比较。这种关于练字的方法，很具体，很切要。

读书不必急于求成

【原文】

体气多病，得名人文集静心读之，亦足以养病。凡读书有难解者，不必遽求甚解[1]。有一字不能记者，不必苦求强记，只须从容涵吟[2]。今日看几篇，明日看几篇，久久自然有益。但于已阅过者，自作暗号，略批几字，否则历久忘其为已阅未阅矣。

——节录自中国华侨出版社《李鸿章家书》

【注释】

［1］遽（jù）求：急于求得。

［2］涵吟：深入体会诵读。

【译文】

身体多病之时，有必要把名人的文集静心加以阅读，因为这也完全可以起到养病的作用。凡是读书碰到有疑难的地方，不必急于求得理解。有一字不能记者，不必苦苦寻求、死记硬背，只要深入体会诵读其意就行了。今天看几篇，明天看几篇，时间一长自然会有收获。但应将已经读过的篇章，自己作出记号，稍微批点几个字在书上，不然时间一久就会记不起究竟是读过还是没有读过。

【评析】

篇中强调人一患病，就需要休养，而适当读一些中国古代名人的文章，可以起到养病的作用。因为读名人之文章，可以使人静心入境，神志专一，身心也就会日渐健壮，抵御病毒的继续蔓延。当然，读书不要死记硬背，强求速效，只要持之以恒，且多记批点摘录，就会印象日深，不致浪费光阴。这种读书方法，是李鸿章对治学经验的总结，同时对于我们今天做学问也有一定启发意义。

人须立志自强自立

【原文】

曾夫子致其弟函曰[1]：“余蒙祖宗遗泽，祖父教训，幸得科名。内顾无所忧[2]、外遇无不如意[3]，一无所觖矣[4]。所望者再得诸弟强立，同心一力。何患令名之不显[5]？何患家运之不兴？”余意与曾公之意正同。余与诸弟虽隔千里，盼望诸人之心未尝或断[6]。每间一月，乃作一函训诸弟。未知诸弟对余意如何？

——节录自中国华侨出版社《李鸿章家书》

【注释】

［1］曾夫子：指曾国藩。1847 年，李鸿章初试于京城时，因其诗文作

得好而被曾氏所器重，李即拜曾为老师。

［2］内顾：人在外而对家事的顾念。

［3］外遇：外边碰到的事情。

［4］觖：不满。

［5］令名：好的名声。

［6］尝：曾经。

【译文】

曾国藩在写给他弟弟的书信中说："我承受着祖宗遗留下来的恩惠，熟知效法先人的教导，有幸获得科举考试的成功，家里的事情没有什么需要挂念的，外边碰到的事情也没有什么不顺心的，可以说没有一件事情不满意。我所希望者，更需要各位弟弟立志自强自立，齐心合力。如能做到这样，就不必去忧虑好的名声不会表现出来，不必去忧虑家庭运气不兴盛了。"我的想法与曾国藩老师的想法正相吻合。我与各位弟弟虽然相隔千里之远，但盼望你们自强自立的心愿未曾间断。每隔一月，我就写一封信开导你们。不知你们对我的想法是如何理解的呀？

【评析】

李鸿章借用曾国藩家训的话语，以平等的姿态反复开导他的弟弟们要立志自强自立，个个学好，人人功成名就。这虽然是从一家一姓之兴旺发达这个目的出发的，但从中可以看出李鸿章对治家的理论颇有研究，抓住了问题的要点所在。因为兄弟之间的言行好坏，是否立志自强自立，关系到长辈的榜样作用做得如何的问题。

有恒则终身家居也可成名

【原文】

为学之道，勿求外出，亦可成名。昔婺源王双鱼先生，家贫如洗，在三十岁之前，为窑工画碗；三十岁之后，读书训蒙到老[1]，终身不应科举，著作逾百，为本朝杰出名儒。彼一生未拜师友，不出闾里[2]。故余所望诸弟亦如是，惟不出恒之一字耳。

——节录自中国华侨出版社《李鸿章家书》

【注释】

[1] 训蒙：教育儿童。

[2] 闾里：乡里。

【译文】

做学问的方法，不寻求到外面去，也可以成就名声。从前婺源地方有一个叫王双鱼的先生，家里很穷，在三十岁之前为烧窑的工人画碗；三十岁以后他一边读书做学问，一边开设私塾教育儿童，终身没有参加过一次科举考试，但著作超过一百种，是清朝杰出的著名学者。他一生从未拜过老师、交过朋友，足迹不出乡里。因此，我所寄希望于各位弟弟的也是这样，强调做学问不外乎一个“恒”字罢了。

【评析】

篇中强调做学问不一定要拜师交友，游学外地，也不是单纯为了应付科举考试，重要的在于做真学问，持之以恒。这里反映出李鸿章灵活机动的为学观点。

学书法应了解各流派特点

【原文】

四弟来示言书法云“钩联顿挫，纯用孙过庭草法[1]；而间架纯用赵法[2]，柔中寓刚，绵里藏针，动合自然”等语。弟亦欣慰此说。子昂集古今之大成[3]，于初唐四家内师虞永兴[4]，而参以钟绍京[5]。因此以上窥二王[6]，下法庭间[7]，此一径也。唐中叶师李北海[8]，参以颜真卿、季斯之沉着[9]，又一径也。晚唐师苏灵芝[10]，亦一径也。由虞永兴以溯二王，以及六朝诸家，世称南派。由李北海以溯欧阳询、褚遂良及魏、北齐诸家[11]，世称北派。欲学书者，先明二派之所以分。南派以神韵胜，北派以魄力胜。宋之苏东坡、黄山谷[12]，似近南派。米襄阳[13]、蔡襄[14]，似近北派。子昂合二派而为一。嘱四弟从赵法入门，他日趋南派或北派，庶不迷于所往也[15]。望将此意转告二弟。大哥于公退之馀，可随时指导诸弟、侄。甚盼！

——节录自中国华侨出版社《李鸿章家书》

【注释】

［1］孙过庭：唐代书法家、书学理论家。字虔礼，陈留（今属河南）人。工正、行、草各书，尤以草书擅名。所撰《书谱》阐述正、草二体书法，有精辟独到见解，历代书家很重视这部书文并茂的书学理论著作。

［2］赵法：指元代赵孟頫的书法体裁。

［3］子昂：指赵孟頫，字子昂。

［4］虞永兴：即虞世南，唐初书法家。字伯施，越州余姚（今属浙江）人。唐贞观七年（633）授秘书监，受封永兴县，人称“虞秘监”或“虞永兴”。工于书法，亲承智永传授，勤于学。骨力遒劲，温润圆浑，世以其与欧阳询并称“欧虞”，后增褚遂良、薛稷，为唐初四大书法家。

［5］钟绍京：唐代书法家。虔州赣人，官至户部尚书、太子詹事。平生研究前人书法颇深，集王羲之、王献之、褚遂良各体于一身，并多有创造，自成一体。

［6］二王：指晋代书法家王羲之、王献之父子。

［7］庭间：孙过庭的字体间架布局。

［8］李北海：指唐代书法家李邕。

［9］颜真卿：指唐代书法家颜真卿。季斯：人名，古代书法家，生平待考。

［10］苏灵芝：唐代书法家。

［11］欧阳询：唐代书法家，字信本，潭州临湘（今属岳阳）人。累官至银青光禄大夫、太子率更令、弘文馆学士等。书法宗循王羲之、王献之及北齐三公郎中刘王民。劲险刻厉，于平正中见险绝，自成面目，人称“欧体”，对后世影响很大，与虞世南、褚遂良、薛稷并称为唐初四大书法家。褚遂良：唐代书法家，字登善，钱塘（今属杭州）人。贞观末年受唐

太宗命辅政，高宗即位被封为河南县公，人称“褚河南”。工隶、楷二体，初学史陵、欧阳询，继学虞世南，终取法二王，融汇汉隶。遒劲温婉，丰美富艳，自成一家。

[12] 苏东坡：北宋文学家、书画家苏轼，字子赡，号东坡居士，眉山（今属四川）人。官至翰林院学士兼侍读、龙图阁学士。善行书、楷二书，用笔丰腴跌宕，得天真烂漫之趣，与黄庭坚、蔡襄、米芾并称为“宋四家”。黄山谷：即宋代书法家黄庭坚，字鲁直，号涪翁，又号山谷，分宁（今属江西）人。善行书、草书，纵横奇倔，有独特之处，与苏轼、米芾、蔡襄并称为“宋四家”

[13] 米襄阳：宋代书画家米芾，字元章，号海岳外史、襄阳漫士等。世居太原，迁襄阳。宋徽宗时召为书画学博士，人称“米南宫”。妙于翰墨，用笔俊迈，尤得王献之笔意，与苏轼、黄庭坚、蔡襄等合称为“宋四家”。

[14] 蔡襄：北宋书法家，字君谟，兴化仙游（今属福建）人。官至端明殿学士，工正、行二书。正楷端重沉着，行书温淳婉媚。并以散笔作草书，谓之散草，其法皆生于飞白，自成一格。与苏轼、黄庭坚、米芾等合称为“宋四家”。

[15] 庶：将近；差不多。

【译文】

四弟你在来信中谈论书法所说“钩联顿挫，纯用唐代书法家孙过庭的草书体法，而字体间架纯用元代书法家赵孟頫的回转遒丽体法。柔弱之中包含着刚劲，软绵里面隐藏着坚硬，动合自然、伸缩自如等语，我也赞同这种观点。赵孟頫集古今书法之大成，于唐代初期四大书法家虞世南、欧阳询、褚遂良、薛稷中间专学虞永兴之体，而参酌唐代书法家钟绍京之法，所以能够做到往上看得王羲之、王献之父子书法之真谛，往后则仿效孙过庭间架之法。这是一条路子。唐代中期书法家中则效法李邕之行、楷体裁，而参考颜真卿和季斯等人沉着雄厚之笔法。这又是一条路子。晚唐则师法苏灵芝，这也是一条路子。由虞永兴而追溯王羲之、王献之以及六朝书法各名人，人们称之为南派。由李邕而追溯唐代书法家欧阳询、褚遂良以及魏、北齐时代书法各名家，人们称之为北派。想要学习书法的人，必须首先明瞭书学史上这南、北两派的区别所在。南派以其风度气质占优势，北派以其坚劲有力占优势。宋代之苏轼、黄庭坚，风格似乎接近南派；宋代之米芾、蔡襄，风格似乎接近北派；赵孟頫集聚这两派之长而合为一体。我嘱咐四弟从学赵孟頫书法起步，有了基础之后再向南派或北派深入发展，才有可能不迷失方向。希望你将我这个意思转告二位弟弟，你在公事办完的空闲时间里，可以随时随地指导各位弟弟和侄儿。我很盼望你能这样做。

【评析】

在封建科举考试中字写得如何是一个很重要的内容之一。字写得不好，即使在京城经过会试，也很难取得进士的资格。李鸿章跻身于进士之列，自然对中国书学历史进行过详细的考究，他在这封书信中所述就是明证。由于他对中国书学史流派之优长有着中肯的评价，所以他能够有针对性地指导弟弟和侄儿们练好书法。

有必要了解书学史源流及其特点

【原文】

兄从涤生夫子游时[1]，授书法云："其落笔结体，以珠圆玉润四字为主。"前以活字济弟不足，今后以圆字成其功。欧虞颜柳四大书家[2]，如天地之日星江河也。弟有志学书，须窥寻四人门径。用油纸临摹，间架则易进。

——节录自中国华侨出版社《李鸿章家书》

【注释】

［1］涤生：指曾国藩，字涤生。夫子：旧时指先生。

［2］欧、虞、颜、柳：指唐代四大书法家欧阳询、虞世南、颜真卿、柳公权。

【译文】

我跟随我的老师曾国藩游学之时，他教给我有关书法理论说："书法中的落笔结体，以‘珠圆玉润’四个字为主。”我以前以“活”字帮助和指导弟弟你解决学书法所遇到的问题，今后你应专心在“圆”字上下功夫取得成功。唐代书法家欧阳询、虞世南、颜真卿、柳公权，就如同自然界存在的太阳、星星和大江、大河一样。你有志于学习书法，必须洞察探求这四个人书法的源流和特点，用油纸加以临摹，字体间隔距离即整体框架就会容易取得进步。

【评析】

学习书法了解其各流派特点，吸取众长，很有必要。李鸿章嘱咐其弟在练书法初有成效之后，应着重掌握每个字的整体布局，反复练习直至自成一体。

治小学宜从字形训诂和音韵入手

【原文】

小学之道[1]，非深用功夫，仅得其面目。来函“弟今后研究小学”，颇好。今以小学门径[2]，略告我弟，俾易入手。小学约分三大宗：言字形者，以《说文》为宗[3]，古书惟大小徐二本[4]，至本朝而段氏特开生面[5]，而钱坫、王筠、桂馥之作[6]，亦可参观。言训诂者，以《尔雅》为宗[7]，古书惟郭注[8]、邢疏[9]；至本朝而邵二云之《尔雅正义》[10]、王怀祖之《广雅疏证》[11]、郝兰皋之《尔雅义疏》[12]，皆称不朽之作。言音韵者，以《唐韵》为宗[13]，古书惟《广韵》[14]《集韵》[15]，至本朝而顾氏《音学五书》[16]，乃为不刊之典[17]。而慎修[18]、东原[19]、茂堂[20]、怀祖[21]、巽轩[22]、晋三[23]诸作，亦可参观。弟欲小学，钻研古义，则三宗如顾、江、段、邵、郝、王六家之书[24]，均不可不涉猎而探讨之，则小学自可入门焉[25]。

——节录自中国华侨出版社《李鸿章家书》

【注释】

[1] 小学：汉代称文字学为小学。隋唐以后，范围扩大，成为训诂学、

文字学、音韵学的总称。

[2] 门径：进入治学的路子。

[3]《说文》：《说文解字》的简称。文字学书。东汉许慎撰。系中国第一部系统分析字形和考究字原的字书，也是世界最古的字书之一。

[4] 大小徐：指宋代徐铉、徐锴兄弟俩，精于小学，尤擅长治文字学。铉为大徐，锴为小徐。铉所校订《说文解字》，世称“大徐本”。锴著有《说文解字系传》《说文解字篆韵谱》等书。

[5] 段氏：指清代学者段玉裁。师事戴震，学通经史，精于音韵训诂，积数十年精力，专研《说文》。著有《说文解字读》《说文解字注》《六书音韵表》《古文尚书撰异》等书。

[6] 钱坫：清代书法家。著有《诗音表》《车制考》《说文斠诠》等书。王筠：清代学者。博涉经史，尤精《说文》之学，与段玉裁、桂馥、朱骏声同称为清代文字学四大家。著有《说文释例》《说文句读》《说文系传校录》《文字蒙求》等书。桂馥：清代学者。精于文字学，与段玉裁等合称为清代文字学四大家。著有《说文义证》《缪篆分韵》《札礼》等书。

[7]《尔雅》：中国最早的一部词典，所收集的材料早至西周，晚至西汉，在很长一段时间内，经过许多人的不断增补，最后成书于西汉初年，在唐宋时被列为十三种经籍之一。

[8] 郭注：指晋代学者郭璞所作《尔雅注》。

[9] 邢疏：指北宋经学家邢昺所著《尔雅义疏》。

[10] 邵二云：指清代学者邵晋涵，著有《尔雅正义》。

[11] 王怀祖：指清代学者王念孙，所著《广雅疏证》订补讹缺，因声求义，甚为精审。

[12] 郝兰皋：指清代学者郝懿行。

[13]《唐韵》：系唐代孙愐以陆法言等《切韵》为底本，增字加注，对部目也有所增订，重刊后改书名为《唐韵》。

[14]《广韵》：宋代陈彭年、邱雍等所著，本为增广《切韵》而作，故名为《大宋重修广韵》，简称为《广韵》。按四声分卷，其中平声较多，分作上下篇，共计五卷。

[15]《集韵》：宋代丁度等奉命对《广韵》重加修订而成。全书按四声分卷，平声四卷，上、去、入各两卷，共计十卷。其注文虽较《广韵》

为简，但保存的语言训诂材料弥足珍贵。

［16］顾氏：指明末清初学者顾炎武，著有《音学五书》等书，阐述音韵学源流，离析《唐韵》而求古音，分古韵为十部，为清代古音学的发展奠定了基础。

［17］刊：削除。古时书文字于竹简上，有误则削去。不刊，就是无可改易的意思。

［18］慎修：指清代音韵学家江永，著有《古韵标准》《音学辨微》等书。

［19］东原：指清代学者戴震，著有《声韵考》《声类表》《方言疏证》等书。

［20］茂堂：指清代学者段玉裁，字若膺，号茂堂。

［21］怀祖：指清代学者王念孙，字怀祖。著有音韵学著作《古韵谱》。

［22］巽轩：指清代学者孔广森，字众仲，号巽轩。著有《诗声类》，分古韵为十八部，明确提出阴阳对转之说。

［23］晋三：清音韵学家江有诰。著有《音学十书》。

［24］顾：指顾炎武。江：指江永和江有诰。段：指段玉裁。邵：指邵晋涵。郝：指郝懿行。王：指王念孙。

［25］焉：文言助词。

【译文】

训诂学、文字学、音韵学的道理，如果不深下苦功，则只能了解其皮毛。你在来信中说："弟今后拟研究小学这一门学问。"这是好的。我今天要把进入钻研小学的方法大略告诉你，以便你容易入手。小学大略可以分为三个大流派。说字形者，以《说文解字》一书为本源。过去有关这方面的著作，只有徐铉、徐锴兄弟俩的版本。到了我们清朝，著名文字学家段玉裁特开生面，而文字学家钱坫、王筠、桂馥等人的著作，也可以参考浏览。说训诂之学者，以《尔雅》为本源。过去有关这类的著作，只有晋代学者郭璞所写的《尔雅注》、邢昺所写的《尔雅义疏》。到了我们清朝，邵晋涵所写的《尔雅正义》、王念孙所写的《广雅疏证》、郝懿行所写的《水雅义疏》，都可以称得上是流芳百世的学术专著。说音韵之学者，以《唐韵》为本源。过去有关这方面的著作只有《广韵》和《集韵》。到了我们清朝，由顾炎武所写的《音学五书》，实在是不须修改的可以作为典范的书籍。而江永、戴震、段玉裁、王念孙、孔广森和江有诰等人所写的著作，也可参考浏览。你要作训诂、文字、音韵的学问，钻研古书的意旨所在，则这三个学术流派中如顾炎武、江永、江有诰、段玉裁、邵晋涵、郝懿行、王念孙这六家所写的书，均不可不广泛阅读而加以深入探求。如果这样，你做训诂、文字、音韵的学问自然可以入门了。

【评析】

篇中充分体现了李鸿章在学术方面的深刻见解，表明了他对中国传统文化加以继承和发展的基本观点，没有空洞的说教，而是经过仔细的学术考察得出的实在之言，使人易于接受。

学书应探取本原

【原文】

羲、献父子书法[1]，自唐初君相推崇，遂风行千古。唐代诸贤其孙曾[2]，而赵宋诸贤以下，无非其云仍也[3]。顾世人徒占占于转展翻刻之诸丛帖中。袭取其面目[4]，而不知探取本原，学古人之所学，故惜阴先生既述其逸事[5]，而兄以经验述其途径及方法，以授诸弟。羲之题《卫夫人笔阵图》后云[6]："夫字，先须引入八分、章草入隶字中[7]，发人意气。若直取俗字[8]，则不能先发意气[9]。"兄少时学卫夫人书，将谓大能；及北游名山，见李斯、曹喜等书[10]；又之许下[11]，见钟繇、梁鸿书[12]；又之洛下[13]，见蔡邕石经三体书[14]；又于涤笙夫子处见张昶《华岳碑》[15]，始知学卫夫人书，徒费年月耳！羲之于五十三岁时，改本师，手众碑学习，恐风烛奄及[16]，聊遣教于子孙耳[17]。又《笔势论》云："穷研篆籀[18]，功省而易成；纂集精专[19]，形彰而势显[20]。存意学者，半载可见其功。"如吾弟笔性灵敏，旬月亦知其本。羲之《笔阵图》云："每书，欲十迟五急，十曲五直，十藏五出，十起五伏，方可谓书[21]。若直点急牵急裹，此暂看似书，久味无力[22]。仍须用笔着墨不过三分，不得深浸，毛弱无力。墨用松节研之，久久不动弥佳矣。直点急牵急裹，俗书类然[23]。教者学者，或且以为能事，此宜切戒者也。”其十迟五急云云，首句极言运笔宜缓，万勿轻率，此最易解者也。十藏五出，则谓用笔务取中锋迎入，此必多习籀篆分隶乃悟[24]。如世所传二王及欧褚诸家书法佳拓[25]，其圆浑藏锋之笔[26]，多从篆分得来。不习篆分者，每苦不得其门而入。今兄授诸弟，若从籀篆隶入手，再学欧虞诸家[27]，神似不难。区区藏锋之法，何足为奇。其十起五伏之法，则必虚掌、圆腕、悬肩者能之。盖执笔法不讲，任令五指如猢狲爬树[28]，手腕如乌龟上阶沿，恶态如矛发戈斫[29]！盖执笔贵有力，而运笔贵灵活。果能使笔如优于技击者之用器，则方圆屈伸自无不神似矣。至十曲五直之法，向苦不得的解[30]。盖世俗通行之正草隶篆[31]，无不绢光削滑，从未有凹凸作钱串形。见钟鼎、石鼓、石门诸拓本乃恍然[32]。十曲五直者，直以笔著纸之后[33]。竖则一左一右，屈曲则向左行去。横则一上一下，屈曲则向右行去，而笔满画中之义亦悟。夫用此十曲五直之法以行笔，笔势不必凹凸如钱串形也，而笔量之沉厚，自与轻牵急裹者迥别。兄意用笔着墨不过三分，不可深浸毛弱之利病，兄以为不易之法，用长锋羊毫最妙。涤笙夫子曰：“写字，不熟则不速，不速则不能敏以图功。”吾弟其细察而仿行之。

——节录自中国华侨出版社《李鸿章家书》

【注释】

[1] 羲、献父子：王羲之、王献之父子。王羲之，东晋书法家。其书博采众长，备精诸体，尤擅正、行，字势雄强多变化，为历代学者所崇尚，影响极大。王献之，东晋书法家。王羲之第七子。书法兼精诸体，尤以行草擅名。其书英俊豪迈，饶有气势，对后世影响很大。与其父王羲之齐名，并称“二王”。

[2] 孙曾：孙和曾孙。

[3] 云仍：云孙和仍孙的合称，分别指从本身算起第九代和第八代孙。这里泛指远孙。《尔雅·释亲》：“昆孙之子为仍孙，仍孙之子为云孙。”

[4] 顾：但；特。占占：通“沾沾”，得意貌。转展：即“展转”。多次移转之意。

[5] 惜阴先生：人名，生平不详。逸事：世人不甚知道的事迹，多指

未经史书记载的事迹。

［6］卫夫人：东晋女书法家。姓卫，名铄，字茂漪。王羲之少时，曾从她学书。

［7］八分：汉字字体名，字体似隶而体势多波磔。章草：流行于东汉时的一种草书。是隶书的草写，但字不连写，可以用于章奏，故称章草。

［8］俗字：在民间流行的异体字，别于正体字而言。

［9］意气：意态；气概。

［10］李斯：秦代政治家。秦统一六国后，任丞相。工书，泰山、琅邪等刻石，传说均为他所手书。曹喜：东汉书法家。字仲则，扶风（今陕西兴平东南）人。善书法，工篆书。

［11］许：古国名。亦作鄦。公元前十一世纪周分封的诸侯国。

［12］钟繇：三国魏大臣，书法家。字元常，颍川长社（今河南长葛东）人。其书博取众长，兼善各体，尤精于隶、楷。与晋王羲之并称“钟王”。梁鸿：东汉初扶风平陵（今陕西咸阳西北）人。字伯鸾。

［13］洛：洛阳的简称。我国古都之一。

［14］蔡邕：东汉文学家、书法家。字伯喈，陈留圉（今河南杞县南）人。工篆、隶，尤以篆书著称。熹平四年（175），灵帝诏许邕与堂谿典等写定“六经”文字，部分由邕自书丹于石，立学门外，世称“熹平石经”。三体书：也叫“正始石经”“魏石经”。三国魏曹芳正始二年（241）刊立，刻有《尚书》《春秋》和《左传》（未刊全）。碑文皆用古文、小篆和汉隶三种字体书写，故称“三体石经”。

［15］涤笙：曾国藩，清末湘军首领。字涤笙，湖南湘乡人。张昶：东汉书法家，字文舒，敦煌酒泉（今属甘肃）人。大书法家张芝之弟。书类其兄，时人谓之“亚圣”。华岳碑：全称《华岳庙祠堂碑》，张昶所书。

［16］风烛：风中的烛焰容易熄灭，旧时常用来比喻人事无常，生命短促。

［17］聊：姑且。

［18］篆：汉字的一种字体。籀：汉字的一种字体，亦名大篆。

［19］纂：编纂。

［20］彰：明显。

［21］方：才。书：书法。

［22］味：研究体会。

［23］俗：一般的。类然：都是这样。

［24］分：即八分书，也叫分书；汉字书体名。

［25］二王：指王羲之、王献之父子俩。欧：欧阳询，唐代书法家。字信本，潭州临湘（今湖南长沙）人。工书法，学二王，劲险刻厉，于平正中见险绝，自成面目，人称“欧体”，对后世影响很大。褚：褚遂良，唐代大臣、书法家。字登善。钱塘（今浙江杭州）人，一作阳翟（今河南禹县）人。博涉文史，尤工书法。其书法继二王、欧（阳询）、虞（世南）以后，别开生面。正书丰艳，自成一家，对后代书风影响很大。

［26］圆浑：圆满。

［27］虞：虞世南，唐初书法家。越州余姚（今属浙江）人。能文辞，尤工书法，亲承王羲之七世孙僧智永传授，妙得其体。所书笔致圆融遒逸，外柔内刚，风神肃散，别开生面，与欧阳询齐名。

［28］猢狲：猴子的别称。

［29］斫（zhuó）：砍；削。

［30］的（dí）：确切。

［31］正：正书，即楷书。草：草书。

［32］钟鼎：古铜器之总称。上面铭刻有文字，称“钟鼎文”。石鼓：指石鼓文。中国现存最早的刻石文字。在十块鼓形的石上，每块各刻四言诗一首，内容歌颂秦国君游猎情况，所以也称“猎碣”。书体为大篆，即籀文”。石门：指石门颂或石门铭。石门颂，东汉摩崖刻石，隶书。因在陕西褒城北石门崖壁上，故名。石门铭，北魏摩崖刻石，正书。在今陕西汉中石门东壁。拓（tà）本：指以湿纸紧覆在碑帖或金石文物上，用墨打拓其文字或图形的印刷品。恍然：猛然领悟。

［33］著：“着”的本字。

【译文】

王羲之、王献之父子书法，因唐初国君、宰相加以推崇，于是风行千古。但唐代众多书法家不过如同二王的孙子和曾孙，而赵宋众多书法家，就如同二王的云孙和仍孙罢了。但世人徒然自我得意于多次移转翻刻的众多丛帖之中去袭取他们的表象，却不知探取他们的本原，学古人之所学。

因此惜阴先生已经陈述了二王的一些不为世人所知道的事迹，而我也凭个人的经验来陈述二王成功的途径和方法传授给弟弟们。王羲之题《卫夫人笔阵图》后说：“写字，首先必须将八分书和章草的写法引入到隶字之中，引发人的意气。如果径直采用俗字的写法，就不能首先引发人的意气。”我年轻的时候学习卫夫人的书法，认为自己会大有成就。等到向北游名山，见到李斯、曹喜等人的书法；又到许下，见到钟繇、梁鸿的书法；又到洛阳，见到蔡邕的石经三体书；又在曾国藩那里见到张昶所书《华岳碑》，才知道学卫夫人书法白白浪费年月。王羲之年少时曾从卫夫人学习书法，五十三岁时改变初学，亲手向众碑学习，他是恐怕自己忽然死去，姑且遗教给子孙罢了。他又在《笔势论》中说：“详尽地研究篆书和籀文，既省功夫又容易有所成就；编纂精心专一，成功的形势也就十分显明。有意学习的人，半年就可以见到功效。”如我弟笔性灵敏，十天或一个月也就知道其本原。王羲之《笔阵图》说：“每逢写字，希望十迟五急，十曲五直，十藏五出，十起五伏，才可以叫做书法。如果直点急牵急裹，这初看类似书法，但经久体味，就感觉无力。仍须在用笔着墨时不得超过三分，不能把笔深浸在墨中，使笔毛软弱无力。墨用松节来磨，久久不动更好。直点急牵急裹，一般的书法都是这样。学的人、教的人有的把这看成能事，这是应当切戒的啊。”他所谓十迟五急等话，第一句详尽地说明运笔应当迟缓，千万不要轻率，这是最容易理解的。十藏五出，就是说的用笔一定要从中锋迎入，这一定要多练习籀书、篆书、八分书和隶书的人才能领悟。像世人所传的二王和欧褚等书法家的书法佳拓，他们圆满藏锋的笔法，大多从篆书和八分书得来。不熟习篆书和八分书的人，每每苦于不得其门而入。现在我把这个诀窍传授给你们。如果从学习籀书、篆书、隶书入手，再学习欧虞等书法家的书法，要求神似不难，小小的藏锋之法，又何足为奇！其十起五伏之法，就一定要虚掌、圆腕、悬肩的人才能做到。大概执笔法不讲，听凭五个手指如同猴子爬树，手腕如同乌龟上阶沿，那种丑恶的姿态就如同矛发戈砍。大概执笔贵有力，而运笔贵灵活。如果真能做到用笔比技击者使用器械还要灵活，那么方圆屈伸，自然没有不神似的了。至于十曲五直之法，一向苦于得不到确切的解释。世间通行的正书、草书、隶书、篆书，没有不像绸绢一样、刀削一样光滑的，从来没有凹凸不平作钱串形的。见到了钟鼎文、石鼓文以及石门颂、石门铭那些拓本，才猛然领悟。所谓十曲五直，说的是用笔着纸以后，写竖就一左一右，屈曲时笔就向左走；写横就一上一下，屈曲时就向右走，而笔满画中的道理也领悟了。用这十曲五直的方法来行笔，笔势不必凹凸像钱串形，而笔量的沉厚，自然和轻牵急裹远别了。我的意思，用笔着墨不超过三分，不可深浸笔毛，使其软弱无力，我认为这是不可改变的法则，使用长锋羊毫笔最妙。我的老师曾国藩说："写字，不熟练就不能写快，写不快就不能敏捷而收到功效。"弟弟你要仔细体察这话的含义，并且仿照去实行。

【评析】

李鸿章在信中谈的虽然是关于如何学习书法的问题，但对我们搞好其他方面的学习同样很有启发。他认为，学习二王书法，不能只袭取其面目，而应探取其本原。这话很有见地。此外，他还认为，一个人拜师学习，应当从多方面学习，博采众长，兼收并蓄，才能有所成就。这同样是十分有益的。

文章贵在雍容含蓄

【原文】

日前寄母亲大人一禀中[1]，言及文墨能定人生夭寿[2]，想两弟均能神会。盖长于新奇藻丽[3]，短于含蓄雍容[4]，以之取科第则有馀[5]，享天年则不足。譬如出水芙蓉，光华夺目，曾几何时无复当初颜色？苍松翠柏，视似平常，而百年不谢也。此外于写字一层，极宜留意，如有始无终，则迟暮之年，难得善果。此曾夫子时时论及[6]，因转告吾弟，望善自为之。兄远客京师，晨昏定省[7]，不得不有劳两弟，兹得胡君晋甫南旋之便[8]，托渠带回毛颖二十管[9]，每管银一钱，望分赠亲友，留作纪念。试期在迩[10]，余不多述。

——节录自中国华侨出版社《李鸿章家书》

【注释】

［1］禀：下对上言事曰禀。

［2］文墨：文辞。夭：短命；早死。

［3］藻：文彩。

［4］雍容：形容态度大方，从容不迫。

［5］科第：科举考试。

［6］曾夫子：曾国藩。

［7］晨昏定省：亦作“昏定晨省”。《礼记·曲礼上》：“凡为人子之礼，冬温，而夏清，昏定而晨省。”指子女晚间服侍父母就寝，早上向父母省视问安。

［8］胡君晋甫：人名，生平事迹不详。旋：归；还。

［9］渠：他。毛颖：毛笔。唐代韩愈作《毛颖传》，以毛笔拟人，为笔作传，后因以“毛颖”为毛笔的代称。

［10］迩：近。

【译文】

几天前寄给母亲大人的一封信中，谈到文辞能够决定一个人一生是短命还是长寿，想两弟都能领会。大概文辞新奇华丽，但欠缺含蓄大方，用这样的文辞来参加科举考试绰绰有余，而用来享用人的自然的年寿就不足了。譬如出水芙蓉，光华夺目，但要不了多久，就再也没有当初那种鲜艳的颜色了；而苍松翠柏，看起来好像很平常，但经过一百年也不会凋谢。此外对于写字，最应当留意。如果有始无终，那么到了晚年，就很难有好的结果。曾国藩老师时时谈到这一点，我转告给你，希望你好自为之。我远离家乡，作客京城，早晚向父母请安，不得不有劳两位弟弟。现在趁胡晋甫君南归，托他带回毛笔二十支，每支一钱银子，希望你分别赠送给亲友，留作纪念。京城会试即将举行，其余就不多说了。

【评析】

这篇家训认为写文章不可追逐“新奇藻丽”，而应讲求“含蓄雍容”。李鸿章虽然是从养生之道的角度谈的这个问题，但他的意见是中肯的。华而不实的文章，不仅对个人本身无益，对社会、对他人也没有好处。此外，李鸿章在这封信中还谈到写字不能有始无终。不仅写字如此，做任何事都是这样。只有始终如一，坚持不懈，才能卓有成效。这集中到一点就是：

一个人不管做什么事情，都应脚踏实地，持之以恒，都应不断进取以达到最好境界。

对功名不要耿耿于怀

【原文】

兄蒙曾夫子垂爱[1]，荐馆于何仲高幕府[2]。居停系初年翰林[3]，学问渊博，晨昏清讲，实获吾心[4]。公子亦少年好学。读上月初九日两弟手书并《感怀》八章，足征刻苦用功[5]。远人闻之，无任欣悦[6]，惟功名有迟早，无须介介也[7]。细玩《感怀》诗中[8]，词锋未免太露。母亲大人前，望晨昏奉侍，千万留意，以慰旅人[9]。兹托同年朱吉甫寄上银六十两[10]，以充家用，到后速即作复，免兄悬系。

——节录自中国华侨出版社《李鸿章家书》

【注释】

［1］蒙：受。曾夫子：指曾国藩。垂爱：看重；见爱。

［2］馆：书塾。何仲高：人名，生平事迹不详。幕府：地方军政大臣的府署。

［3］居停：人名，生平事迹不详。初年：一年之初。翰林：清代翰林院属官侍读学士、侍讲学士、侍读、侍讲、修撰、编修、检讨、庶吉士的通称。

［4］获：得到。

［5］征：证验；证明。

［6］任：胜；堪。

［7］介介：心有所不安；不能忘怀。

［8］玩：研习。

［9］旅人：在外作客的人。

［10］同年：科举考试中称同科考中的人为同年。

【译文】

我受到曾国藩老师的看重，被荐举到何仲高的府署教书。居停是年初的翰林，学问渊博，早晚和他交谈议论，他的观点和我实在相同；何府公子也是少年好学之人。读了上月初九两位弟弟的来信以及《感怀诗》八章，足以证明你们刻苦用功。我这远离家乡的人看了，有说不出的高兴。只是功名有迟有早，没有必要对它耿耿于怀。我仔细玩味《感怀诗》，觉得词锋未免太显露。我前次信中希望你们在母亲大人面前做到早晚侍候，千万要小心留意，以安慰我这在外作客之人。现在拜托我的同年朱吉甫寄上银六十两，以充家用，收到后望能迅速回信，以免我挂念。

【评析】

自隋唐开设科举考试以来，知识分子中那些热衷于功名利禄的人，都把科举当成入仕的途径，而甘心受统治阶级的收买和笼络，即使老死科场也毫无怨恨。李鸿章在信中告诫两位弟弟对功名不要耿耿于怀，在八股文左右科场的清朝末年，能有这种认识，确属难能可贵。

学业才识不进则退

【原文】

学业才识，不日进，则日退。须随时随事留心著力为要。事无大小，均有一定当然之理。即事穷理，何处非学？昔人云：“此心如水，不流即腐。”此为无所用心一辈人说法。果能日日留心，则一日有一日之长进；事事留心，则一事有一事之长进。由此而日积月累，何患学业才识不能及人耶？作官能称职，大不容易。做一件好事，亦须几番盘根错节[1]，而后有成。昔人事业到手，即能处措裕如[2]，均由平常留心体验，能明其理，习于其事所致；未有当前遇事放过，而日后有成者也。弟于此层，最宜留意。

——节录自中国华侨出版社《李鸿章家书》

【注释】

[1] 盘根错节：树木的根干枝节盘曲交错，不易砍伐。多用以比喻事情繁难复杂，不易处理。

[2] 处措：处置；处理。裕如：从容不费力。

【译文】

学业才识，不一天天进步，就会一天天退步，必须随时随事加以留心，花上气力，这至为重要。事无大小，都有一定当然的道理。就一件事抓住不放，穷究它的道理，什么地方没有学问呢？古人说："人的心就如同水一样，不流动就会腐臭。"这些话是针对无所用心一班人所说的。如果真能做到日日留心，那么一天就有一天的长进；事事留心，那么一事就有一事的长进。由此而日积月累，又何必担扰学业才识不如别人呢！做官能称职，很不容易。做一件好事，也必须经过一些艰难挫折，然后才会成功。古人事业一到手，就能从容处理，毫不费力，这都是由于平常留心体验，对所处理的事了如指掌所致；从来没有遇上一件事轻易放过，而日后有所成就的。你对于这层道理，最应当加以留意。

【评析】

李鸿章在这封家信中告诫自己的弟弟，做任何事情，都必须经过一些艰难挫折，然后才能有所成就。那些舍不得花功夫、下气力，只图一蹴而就的人，是不可能在事业上取得成功的。今天，我们有一些人平常不肯吃苦努力，却企望自己的工作和学习取得好的成绩。读了这封家书，难道不应当很好地反省反省自己吗？

人应有强健之身体

【原文】

人虽有文章、名誉、金钱，而无强健之身体，亦何所用之？故养生之术，不可不注意也。养生非求不死，求暂时之康健而处安乐之境耳。常人不知养生，其最易致病而促寿者有十六条，愿我弟细阅之：

一、终年懒于洗浴，污垢堵塞，皮肤几无排泄之功用，肺于臂之负担较重。

二、每日晏起，一起身即以点心朝饭饱塞胃部。

三、一日三餐皆贪美味，食之过饱。《淮南子》曰[1]“五味乱口，使口损伤。”傅休奕曰[2]：“病从口入。”

四、一日三餐之前后，皆食点心及一切闲食，使胃肠无休息之时。《博志》曰[3]：“所食愈少，心愈开，年愈益；所食愈多，心愈塞，年愈损。”

五、每次食物均不细嚼，且咽下甚速，使胃作咀嚼之功。

六、晚餐甫毕，即就寝[4]，或就寝时饱食干点心。

七、深夜坐谈，或狂饮，或赌博，至来夜方就寝。

八、终日终夜紧闭卧室之窗门，凡灯火、衣服、便桶、便壶等发生之浊气及人体放出臭气，皆郁积于房内。

九、终日坐卧，不甚运动，不出门户，不见日光。

十、终日畏风，所呼吸者惟屋内之浊空气，卧时又以被覆其首。

十一、吸水烟、旱烟或鸦片，使内脏及血液皆染烟毒及鸦片者。

十二、饮酒狂醉，使心脏积多脂肪，以致疑心跳动，使脑积血，或脑出血。此外如肝、胃、肺、脏、血液，无不大受其损。

十三、终年饱食肉类，血内蕴毒既多，一日为外症或传染症所侵袭，则轻症变为重症而死。《吕氏春秋》曰[5]：“肥肉厚酒，务必自强。命曰：烂肠之食。”方今各派提倡素食者渐众，且集会素食者有之，吾弟慎勿轻信，迷于信佛也。

十四、看淫剧，犯手淫，以致神经衰弱。其馀有碍风化之事，悉能挑动色欲之端。

十五、宿娼买妾，无有不发生花柳者[6]。幸而免焉，则事过度；旦旦伐之，生健忘心跳、不消化等；继则阳萎、血薄、肺痨，而大命乃倾。

十六、大便闭结，往往三四日一次，甚有七八日一次、十馀日一次者。粪块压迫大肠，致真阳郁血而有痔疮之患[7]，粪毒亦吸入血内。

——节录自中国华侨出版社《李鸿章家书》

【注释】

[1]《淮南子》：书名。西汉淮南王刘安及其门客苏非、李尚、伍被等著，亦称《淮南鸿烈》。

[2] 傅休奕：傅玄，西晋哲学家、文学家。

[3]《博志》：书名，不详，疑为《博物志》之误。《博物志》，笔记，西晋张华撰，十卷，多取材于古书，分类记载异境奇物及古代琐闻杂事，也宣扬神仙方术。

[4] 甫：才；方。

[5]《吕氏春秋》：书名，亦称《吕览》。战国末秦相吕不韦集合门客共同编写，为杂家代表著作。

[6] 花柳：旧社会指娼妓，故称性病为“花柳病”。

[7] 真阳：中医学名词，即“肾阳”，指肾脏的阳气。

【译文】

一个人即使有学问、名誉和金钱，但没有强健的身体，又有什么用处呢？所以，对于养生之术，不可不加以注意。养生并不是求得长生不死，而是求得平时身体健康，并且处在安乐的环境之中罢了。一般人不知道养生，而最容易致病且减短寿命的原因有十六条，希望弟弟你仔细阅读它。

一是一年到头懒得洗澡，致使污垢堵塞全身，皮肤几乎丧失了排泄的功能，肺部对于手臂的负担也就较重。

二是每天起得很晚，一起床就用点心、吃早饭而饱塞胃部。

三是一天三餐都贪食美味，并且吃得过饱。《淮南子》说：“五味乱口，使口损伤。”傅玄也说：“病从口入。”

四是一天三餐饭前饭后，都吃点心和一切闲食，使肠胃没有休息的时候。《博志》上说：“所吃越少，心愈开朗，寿命愈长；所吃越多，心愈堵塞，寿命越短。”

五是每次吃东西，都不细嚼，并且咽下很快，使胃再去做咀嚼的功夫。

六是晚餐刚刚吃完就睡觉，或就寝时再吃干点心。

七是深夜坐谈，或狂饮，或赌博，直到第二天晚上才睡觉。

八是一天到晚紧闭卧室的门窗，凡灯火、衣服、便桶、便壶等发生的浊气，以及人体放出的臭气，都郁积在房内。

九是一天到晚不是坐着，就是睡觉，不运动又不出门户，不见日光。

十是整天怕风，所呼吸的只是屋内的浊空气，睡觉时又用被子蒙着头。

十一是吸水烟、旱烟或鸦片，使内脏和血液都染上烟毒和鸦片烟毒。

十二是饮酒狂醉，使心脏积多脂肪，导致疑心跳动，使大脑积血，或脑出血。此外，如肝、胃、肺、脏、血液，无不大受其损。

十三是一年到头饱食肉类，血液积毒已多，一旦被外症或传染症所侵袭，轻症就变成重症而死。《吕氏春秋》上说：“肥肉和浓酒，一定要控制自己少吃。科学告诉我们：这些是烂肠之食。”现在各派提倡吃素食的渐渐多了起来，并且还有集会吃素食的，你要谨慎，切莫轻信，不要迷于信佛。

十四是看淫剧，犯手淫，以致神经衰弱；其他有碍风俗教化的事情，都能挑动一个人的色欲。

十五是宿娼买妾，没有不发生性病的。侥幸能够避免性病，房事又过度，天天进行房事，产生健忘心跳、不消化等病，接着就阳萎、血薄、肺痨，而生命大受损伤。

十六是大便闭结，往往三四天一次，甚至有七八天一次、十多天一次的。粪块压迫大肠，导致肾阳积血而患上痔疮，粪毒也被吸入血内。

【评析】

这篇家训谈的是养生保健应注意的事项。信中谈到的不晚睡、不贪食、不吸烟毒、不赌博、不狂饮酒等，这些都是我们平常生活中应当努力做到的。

读书作文宜从记叙文开始

【原文】

文儿来禀询文学，今为汝告：文字为思想之代表，思想为文字之基础，故二者之研练，相为表里者也。且夫思想为事实之母，今日学者所积之思想，他日皆将见诸事实者也。思想有不宜于事实者，则立身处世，安保无自误、误人之虑？是以读文宜先读纪叙文字，作文亦宜先作纪叙文字，参以文家法律，而平日要宜随时留心事物之实际。如此循序奋进，虽愚必明，虽柔必强，可预决焉。读文之选择，既以真确为标准，则八股既行以后[1]，不如八股未行以前（更细别之：道、咸以前尚佳[2]，道、咸以后，乃每况愈下矣[3]）。唐宋以后，尤不如汉魏以前。盖古之文字于事实较切，后世之文字于事实多疏，不足为表示思想之模范，而汉唐以上文字抑又为本国人素所尊信，择其尤切于世者阐明之，于全国人精神之联贯大有关系也。读文之法，可择爱熟诵之。每季必以能背诵者若干篇为目的，则字句之如何联合、篇段之如何布置、行思坐思想，便可取象于收视反听之间。精神之研习既深，行文自极熟而流利，故高声朗诵与俯察沉吟种种功夫，万不可少也。所以须熟读者，以吾国人素无普及教育，言语与文字久离为二，非脑海中蓄有数百篇之佳文，三四千个可以分类（谓名、代、动、静、状、介、连、助、叹九类之文法）之字，心手必不能应（寻常人说话所用之字[4]，大约三千多，但无规律耳）。秉资虽有敏拙，习性虽有文野，而此熟读功夫，则不可少耳。

——节录自中国华侨出版社《李鸿章家书》

【注释】

［1］八股：即八股文。明清科举考试所规定的文体。每篇由破题、承题、起讲、入手、起股、中股、后股、束股八部分组成。自“起股”至“束股”这四段中，每段都有两股排比对偶的文字，合共八股，故叫“八股文”。

［2］道、咸：道，道光，清宣宗年号。咸，咸丰，清文宗年号。

［3］每况愈下：原作“每下愈况”，语出《庄子·知北游》。比喻越从低微的事物上推求，就越能看出道的真实情况。后用作“每况愈下”，义亦转变，表示情况越来越坏的意思。

［4］寻常：平常。

【译文】

文儿来信询问文学，现在我告诉你：文字为思想之代表，思想为文字之基础，因此二者的研究练习，互为表里。况且思想为事实之母，今日学者所积累的思想，有一天都将在事实中表现出来。思想有不适合于事实的，那么立身处世，怎么能保证没有不自误和不误人的顾虑呢？因此读文章应先读记叙文，作文也应当先作记叙文，再参照文家法则，而平时应当随时留心事物之实际，如此循序奋进，即使愚笨一定变得聪明，即使柔弱一定变得刚强，这是可以事先判决的。读文章时的选择，既然以真实为标准，那么八股文推行以后，不如八股文未推行以前（更详细地加以区别，道光、咸丰以前的文章还好，道光、咸丰以后，就越来越差了）。唐、宋以后的文章，尤其不如汉、魏以前。大概古代的文章，对于事实比较切合；后代的文章，对于事实多有疏忽，不足为表示思想的模范。而汉、唐以前的文章，又为本国人历来所尊信，选择其中最切合于世道的文章加以阐明，对于国人精神的联贯凝聚，大有关系。读文章的方法，可以选择自己喜爱的加以熟诵，每个季度一定要以能背诵若干篇为目的，那么字句怎样联合，篇段怎样布置，行思坐思想，就可以在收视反听之间得到一种作文的法式。精神的研究、练习已经深透，行文自然也就很熟练、流利了。所以高声朗诵和俯察沉吟种种功夫，是万万不可以缺少的。之所以必须熟读的原因，是因为我国人民平素没有普及教育，言语和文字久离为二，不是脑海中储藏有几百篇好文章、三四千个可以分类（指名词、代词、动词、静词、状词、介词、连词、助词、叹词九类之文法）的字，作文时心手就一定不能运用自如（普通人说话所用之字，大约三千多，但没有规律）。一个人的秉资虽然有聪敏与笨拙的区别，习性虽然有文雅与鄙野的区别，但这种熟读的功夫，对每个人都是不可缺少的。

【评析】

在此篇家训中，李鸿章告诫自己的儿子，无论读书作文，都应当从记叙文开始。他还强调，人的秉资虽有优劣之分，习性虽有文野之分，但熟读的功夫对每个人都是不可缺少的。这些对我们无疑有着一定的启迪意义。同时，篇中表现出的对八股文的蔑视态度，也是难能可贵的。

读古文要一气读完

【原文】

汝兄弟来禀，以读书不得其法，颇为怅恨[1]。要知读古文，须从头至尾，一气读完，万不可分段读。盖文贵气魄，忌散漫，分段读，势必失通篇精警处[2]，而淡然无味也。既知读法，则一面读，应一面想。如李华《吊古战场文》[3]、李陵《答苏武书》[4]，能想到一幅凄凉图画，满纸生风，汉皇负德，只字泪寄千行，而为之声泪俱下者[5]，可谓得读书之玄奥焉[6]。此层我与伯叔等时时论及，汝可翻阅长上之日记，就近请教四叔。汝兄弟家居，宜听诸长训言，读书写字，刻苦用功。我以身体不适，不能多及，他日当反复论之。

——节录自中国华侨出版社《李鸿章家书》

【注释】

[1] 怅恨：怅，失意。恨，遗憾。

[2] 精警：精深警辟。

[3] 李华：唐散文家，古文运动的先驱者，有《李遐叔文集》，《吊古战场文》为其代表作。作者在文中描绘出一幅阴森凄凉的古战场画面，表达了反对战争，主张实行仁义王道的思想。

[4] 李陵：汉名将李广孙，善骑射。汉武帝时，率兵出击匈奴贵族，兵败投降。世传李陵《答苏武书》系后人伪作。文中一方面描写了士卒的不怕牺牲，为国捐躯；一方面发泄了对朝廷的不满，抨击了当时黑暗的吏治。

[5] 声泪俱下：边诉说，边哭泣，形容极其悲恸。

[6] 玄奥：幽深奥妙。

【译文】

你们兄弟来信，谈到掌握不住读书的方法，感到失意和遗憾。要知道读古文，必须从头到尾，一气读完，千万不可以分段。因为文章贵气魄，忌散漫。分段读，势必失去通篇精深警辟的地方，也就感觉淡然无味。已经知道了读法，一边读，就应当一边想。如读李华《吊古战场文》、李陵《答苏武书》，就能想到一幅凄凉的图画，感觉满纸生风，汉皇负德，作者在每个字中寄托了自己的千行泪水，因而为之声泪俱下，这可以说是得到了读书的幽深奥妙之处了。对这个问题，我和你们的伯伯、叔叔时时谈论到，你们可以翻阅长辈的日记，就近向四叔请教。你们兄弟住家的时候，应当听从各位长辈的训言，读书写字，刻苦用功。我因为身体不舒服，不能多谈，以后一定反复论述。

【评析】

李鸿章告戒自己的儿子读书时，要一边读，一边想，不要让自己的脑子空下来。这是很有道理的，值得借鉴。

择师交友二者不可或缺

【原文】

顷见曾夫子涤笙书寄其世兄一笺[1]，亦颇可为吾儿训，录以转示：“凡做好人、做好官、做名将，俱要好师、好友、好榜样。”吾儿少蓄为官之志，颇好！惟行事尚未就于正轨，业师足为吾儿模范[2]，惟友朋辈尚嫌未足耳。师长常具畏惧之心，未敢朝亲夕近。虽有良师教训，难于转移学生性情。友朋等食则同席，出入同阶，惟有爱慕之心，不若师生间之敬惧而难于转移也。今尔友类都大家风气[3]，习俗殊生厌恶[4]，而有志为官者，亦所更忌者也。吾儿不可因恃父兄显贵而仗势欺人，尔知汝祖父穷乏之时，为人所凌暴，敢怒而不敢言，尔当念祖父之被困，而生反感焉。

——节录自中国华侨出版社《李鸿章家书》

【注释】

[1] 曾夫子涤笙：指李鸿章的老师曾国藩，字涤生。世兄：旧时有世

交之家，平辈相称为世兄。笺：精美的纸张，供题诗、写信用，此处指书信。

［2］业师：教过自己的老师。

［3］大家：旧时指高门贵族、大户人家。

［4］习俗：风俗习惯，此处作“一般人”解。

【译文】

不久前见到曾国藩老师寄给他儿子的一封书信，也很可以用来教训你。因此录下来转示给你：“凡做好人、好官、好名将，都要好师、好友、好榜样。”我儿从小就积聚有做官的志向，很好！只是做事还没有走上正轨，业师足够作为我儿的榜样，只是朋友辈还嫌不足罢了。向老师学习却常常怀着畏惧老师的心理，不敢早晚和老师亲近。即使有好的老师来教训，也很难改变学生的性情。朋友之间就不同，吃饭同一张桌子，出入同一个台阶，互相之间只有爱慕的心情，不像师生之间产生敬惧心理而难于改变性情。现在你交的朋友都带有贵族风气，一般人都特别感到厌恶，而有志于做官的人，就更应当对这类人有所顾忌了。我儿你不可以依恃父兄的显贵而仗势欺人，你应当知道你的祖父在贫穷困乏的时候，被别人欺凌敢怒而不敢言，你应当想起你祖父贫困时被人欺凌而对仗势欺人产生反感啊！

【评析】

李鸿章身居高位，能够在信中教育自己的儿子要选择良师，慎重交友，尤其不要靠父兄的显贵而仗势欺人。这一观点，确属难得。

应努力“学习西文”

【原文】

吾儿来禀，书法渐有进境，叙事亦有头绪[1]，甚喜！甚喜！惟求学须有恒心，不可因稍得门径[2]，以为已足。余近在上海设立外国语言馆，聘请外国知名之士为教授，专授外国语言。吾儿待国学稍有成就[3]，可来申学习西文[4]。余未读蟹行文字[5]，每与外人交涉，颇感困难。吾儿他日当尽力研求之。余前与四叔书，谓祖母年老，家事不可再使其烦心。吾儿在家，攻读之外，每日至四叔处请安，并讨论学问。虽微小之事，亦可与四叔商量也。四叔之训，不可违背。

——节录自中国华侨出版社《李鸿章家书》

【注释】

［1］头绪：条理。

［2］门径：原意为门前的小路，这里指进入某种境界的路子。

［3］国学：本国固有的学术文化。

［4］申：上海市的别称。

［5］蟹行文字：指外文。

【译文】

我儿你在来信中说，书法渐有进步，叙事也有条理，我感到非常高兴。只是求学必须有恒心，不可以因为稍微找到了一点路子，就认为已经足够了。我最近于上海设立外国语言馆，聘请外国知名之士为教授，专门讲授外国语言。我儿等到国学稍有成就，可以来上海学习西文。我没有学过外文，每次和外国人交涉，很感困难。我儿以后应当努力研究它。我前次写给你四叔信中，谈到你祖母年老，家事不可再使她烦心。我儿在家，攻读之外，每天要到四叔那里请安，并和四叔讨论学问。即使是微小的事情，也可以和四叔商量。四叔的教训，你不可以违背。

【评析】

李鸿章生活在晚清“西学东渐”的时代，能够认识到学习外国语言的必要性和重要性，因而勉励自己的儿子要在学好本国文化的基础上，努力学习和研究外国语言文字。这种见解，较之当时一般人确实要高出一筹。

“西人学求实济” 之法可为我用

【原文】

年来国势日非，吾等执政，虽竭力谋强盛，然未见效，深为可叹！国人思想受毒根深，忽然一旦变化，固非易事。然受外人之凌辱，国人未能反省，非愚且钝乎？受人凌辱之原因，莫外乎不谙世事[1]，默守陈法，藏身于文字之间，而卑视工商[2]。岂知世界文明，工商业较重于文字，窥东西各国之强盛[3]，无独不然。今当局者渐醒，于是有遣使出洋考察之议。然考察而未能仿行，等于不察；欲仿行而仍假手于外人[4]，等于不仿。故曾夫子涤笙等有上疏拟选聪颖子弟出洋习艺事[5]，各专所学，报效于国家也。或谓天津、上海、福州等处，已设局仿造轮船、枪炮、军火；京师设同文馆[6]，选满汉子弟，延请学者教授；又上海开广方言馆[7]，选文童肄业[8]。似中国已有基绪，无须远涉重洋。不知设局制造、开馆，所以图振奋之基也；远适肄业，集思广益，所以收远大之效也。西人学求实济，无论为士、为工、为兵，无不入塾读书，共明其理，习见其器，躬亲其事，各致其心思巧力，递相师授[9]，期于月异而岁不同[10]。中国欲取其长，一旦遽图尽购其器，不惟力有不逮，且此中奥妙[11]，苟非遍览久习，则本原无由洞澈[12]，曲折无以自明。古人谓学齐语者，须引而置之庄岳之间[13]。又曰：“百闻不如一见。”此物此志也。况诚得其法，归而触类引伸。今日所为孜孜以求者[14]，不更扩充于无穷耶？余然曾夫子之说[15]，附其后，因疏圣上，并筹办法。吾儿身体不佳，宜自保重。每日工作，宜有定时，弗过度。余年老力衰，耳眼不灵，疏忽之处颇多，可恨可恨[16]！

——节录自中国华侨出版社《李鸿章家书》

【注释】

［1］谙：熟悉。

［2］卑视：鄙视；轻视

［3］窥：观察；考察。

［4］假手：利用他人为自己做事。

［5］颖：才能出众。聪颖：聪明；聪敏。

［6］京师：首都的旧称。同文馆：亦称“京师同文馆”。清末培养译员的学校。同治元年（1862）在北京成立，附属于总理各国事务衙门。先后开设英文、法文、俄文、德文、日文、算学等馆。

［7］广方言馆：同治二年（1863）由时任江苏巡抚李鸿章仿照北京同文馆例，经满清中央朝廷批准，在上海设立外国语文学堂，称“广方言馆”，亦称“上海同文馆”。招收十四岁以下文童入馆，学习外国语文及自然科学，三年毕业后分派从事洋务工作。

［8］文童：亦称儒童，明清科举制度中童生的别称。对武童而言，表明文武考试体系之不同。

［9］递：顺次；一个接一个。

［10］期：希望。

［11］奥妙：室内的深暗角落，西南隅曰奥，东南隅曰空，引申为指事物的深奥微妙之处。

［12］本原：根源。洞澈：透彻了解。

［13］庄岳：春秋齐国临淄城内的街里名。

［14］孜孜：努力不懈。

［15］然：赞同。

［16］恨：遗憾。

【译文】

近年来国势一天不如一天，我们这些当权的人虽然尽力谋求强盛，但是没有见效，深深感到叹惜。国人思想受旧学毒害根深蒂固，忽然一旦发生变化，本来不是容易的事情；但受外国人凌辱，国人不能反省，难道不是很愚笨并且很顽钝的吗？受人凌辱的原因，不外乎不熟悉外部世界大势，默守陈规旧法，藏身在文字之间，而鄙视工商业对国家强盛所起的作用。人们哪里知道在世界文明中，工商业较重于语言文字，考察东西各国之强盛的原因，没有不是这样的。现在当局者渐渐醒悟，于是有派遣使者出洋考察的提议。但是只考察而没有能够仿照实行，等于没有考察；打算仿照实行但仍然借助于外国人，等于没有仿照。因此曾国藩老师领衔上奏朝廷，打算选派聪敏秀颖子弟出洋肄业，使他们各专所学，以报效于国家。有人认为天津、上海、福州等地，已设局仿造轮船、枪炮、军火；首都已设同文馆，选收满族和汉族子弟，延请学者教授；又上海开广方言馆，选文童肄业。好像中国已有基础，不须远涉重洋。这些人不知道设局制造和开馆，是为了图取国家振兴的基础；远涉重洋留学肄业，集思广益，是为了收取远大的效果。西学讲求实际效用，西人无论为士、做工或当兵，没有不进学校读书的。他们都明白自己所从事的事业，由于熟知所学专业，所以都表现出各自的才干，亲自从事各自的事业，每个人都努力献出自己的心思巧力，互相进行传授学习，希望每月、每年都有所长进。中国要想取其所长，如果一味追求购买西人器械，这不仅在财力上有所不及，而且对其中的奥妙，如果不经过广泛的阅览和长久的学习，那么对西方长技的根源也就没有办法做到透彻了解，曲折深奥之处也就无法自我明了。古人说过，学齐国语言，必须置身于齐国的临淄之间。古人又说："百闻不如一见。"此物此志啊！况且确实能够得到西人之法，回国后加以触类旁通，今天努力不殆所求取的东西，不是会更加扩充到无穷无尽的地步吗？我赞成曾国藩老师的观点，附和在他后面，于是一起上疏皇上，并筹划办法。我儿身体不好，应当自己保重。每天的工作，应当有定时，不要过度。我年老体衰，耳朵和眼睛都不灵便，疏忽的地方很多，真是感到遗憾。

【评析】

李鸿章这篇家训从开办洋务的角度，强调了实践的重要性，确有可取之处。同时，他还对那些不谙世事、默守陈法，藏身于文字之间的人进行了批评，也是值得肯定的。但是，李鸿章因缺乏对西方文化的全面了解，误以为工商业是西方强盛的主要原因。所以，他不可能从政治制度、人心风俗的角度主张学习效法。

身病 "而心志则不能病"

【原文】

汝今多病，我不忍以学业督汝。然病者身也，而心志则不能病也。当病之时，宜息养其身，而不可灰颓其志气[1]。且安知夫病之久而不愈乎？夫病同而病之者异。古人有咏病鹤者、有咏病马者，鹤与马虽病，而其凌云之气[2]、追风逐电之心故在也。鸡犬岂必不病，而古人无咏之者，彼即不病，固无望其高远耳[3]。余向者抱病，志气不少衰，而病且等于无病，何也？立心坚确，阴阳亦退而听命也[4]。勖哉吾侄[5]，敬听我言[6]！

——节录自中国华侨出版社《李鸿章家书》

【注释】

［1］灰颓：沮丧；颓唐。

［2］凌云：直上云霄。

［3］固：本来。

［4］阴阳：中国哲学的一对范畴。古代思想家常用它来解释万物化生，凡天地、日月、昼夜、男女以至腑脏、气血皆分属阴阳。

［5］勖（xù）：勉励。

［6］敬：戒慎；不怠慢。

【译文】

你现在身体多病，我不忍心拿学业来督促你。但是生病的只是身体，一个人的心志就不能病。一个人当生病的时候，应当休息、保养自己的身体，却不可以颓丧他的志气，况且又怎么知道生病久了而不会痊愈呢？生的病相同，但得病的人与物却不同。古人有咏病鹤的、有咏病马的，鹤与马即使病了，但是它们那种直上云霄的气概、追风逐电的心志仍然还在。鸡和狗难道一定就不病吗？古人却没有歌咏它们的。鸡和狗就算不得病，本来就没有谁企望它们能够高飞远跑的。我以前得病，志气不少衰退，病了等于没有病。这是为什么呢？心志坚定不移，阴阳也退下去听从你的驱使了。努力吧！我的侄儿，你一定要慎重地听从我的话呀。

【评析】

在这篇家训中，李鸿章告诫自己的侄儿，身体得了病，心志却不能病。这里说的是精神状态起作用的道理，是有一定科学依据的。

张之洞家训

【撰主简介】

张之洞（1837—1909），清直隶南皮（今属河北）人。字孝达，又字香涛，号无竟居士，晚号壶公抱冰。清同治年间进士。历任翰林院编修、侍讲，山西巡抚，两广、湖广、两江总督，督办商务大臣、协办大学士，体仁阁大学士，军机大臣等要职。1879年，因激烈反对崇厚与俄国签订的《里瓦几亚条约》而崭露头角。1884年中法战争期间，他升任两广总督，积极主战，与彭玉麟等实力筹划广东、福建等地海防，并起任冯子材等在广西边境击败法军。他曾积极倡办洋务，在筹议海防时，主张购船、筹款、练将、设船厂、造炮台、大治水师。在湖广、两江总督任上，他开办了汉阳铁厂、湖北枪炮厂；设织布、纺纱、缫丝、制麻四局；创办两湖书院；筹办芦汉铁路；购进新式后膛炮、改筑西式炮台、练江南自强军等，成为后期洋务派的重要代表人物。1894年中日《马关条约》议订时，他上疏反对，提出变通陈法、力除积弊的主张，并曾捐金而列名北京强学会，但又与维新派有着原则性分歧。1894年，他撰成《劝学篇》一书，提出“旧学为体，新学为用”。1900年义和团运勃兴起时，他力主镇压，并与两江总督刘坤一订立东南互保协议，镇压两湖反洋教斗争和唐才常自立军起事。在清末新政期间，他多次提出各种方案，并同顽固守旧势力进行了一定的斗争，其洋务思想又有一定发展。如在1901年，他与刘坤一联衔会奏变法条陈，强调办学首重师范；国民生计莫要于农商实业。1908年督办粤汉铁路，次年病逝。谥“文襄”。

当努力学业并磨练身心

【原文】

吾儿知悉：汝出门去国，已半月馀矣。为父未尝一日忘汝。父母爱子，无微不至。其言恨不一日离汝，然必令汝出门者，盖欲汝用功上进，为后日国家干城之器[1]、有用之才耳。

方今国是扰攘[2]，外寇纷来，边境屡失，腹地亦危。振兴之道，第一即在治国。治国之道不一，而练兵实为首端。汝自幼即好弄[3]，在书房中，一遇先生外出，即跳掷嬉笑，无所不为。今幸科举早废，否则汝亦终以一秀才老其身[4]，决不能折桂探杏[5]，为金马玉堂中人物也[6]。故学校肇开，即送汝入校。当时诸前辈犹多不以然。然余固深知汝之性情，知决非科甲中人[7]，故排万难以送汝入校。果也除体操外，绝无寸进。余少年登科，自负清流[8]。而汝若此，真令余愤愧欲死。然世事多艰，习武亦佳，因送汝东渡，入日本士官学校肄业，不与汝之性情相违。汝今既入此，应努力上进，尽得其奥[9]。勿惮劳，勿恃贵，勇猛刚毅，务必养成一军人资格。汝之前途，正亦未有限量。国家正在用武之秋[10]。汝纵患不能自立，勿患人之不已知。志之志之[11]，勿忘！勿忘！

抑余又有诫汝者，汝随余在两湖，固总督大人之贵介子也[12]，无人不恭待汝。今则去国万里矣。汝平日所挟以傲人者，将不复可挟[13]。万一不幸肇祸，反足贻堂上以忧。汝此后当自视为贫民，为贱卒，苦身戮力[14]，以从事于所学。不特得学问上之益[15]，且可借是磨练身心。即后日得余之庇，毕业而后，得一官一职，亦可深知在下者之苦，而不致予智自雄[16]。

余五旬外之人也，服官一品[17]，名满天下，然犹兢兢也[18]，常自恐惧，不敢放恣[19]。汝随余久，当必亲炙之[20]，勿自以为贵介子弟，而漫不经心。此则非天之所望于尔也，汝其慎之。

寒暖更宜自己留意，尤戒有狭邪赌博等行为[21]。即幸不被人知悉，亦耗费精神，抛荒学业。万一被人发觉，甚或为日本官吏拘捕，则余之面目，将何所在？汝固不足惜，而余则何如？更宜力除，至嘱！至嘱！

余身体甚佳，家中大小亦均平安，不必系念。汝尽心求学，勿妄外骛[22]。汝苟竿头日上[23]，余亦心广体胖矣。

——节录自岳麓书社 1999 年版《清十大名人家书・张之洞家书》

【注释】

[1] 干城：干，盾。城，城郭。喻捍卫者或御敌立功的将领。

[2] 国是：国家大计，此处同国事。扰攘：混乱；纷乱。

[3] 好弄：喜欢玩乐。

[4] 秀才：此处专指入县学之生员。

[5] 折桂：指登科。探杏：指中举。此处指中举为进士。

[6] 金马玉堂：指汉代金马门和玉堂殿，后以此称翰林院。

[7] 科甲：原指科举，此处谓由举人及进士而入仕。

[8] 清流：指负有时望清高的士大夫。

[9] 奥：奥义、奥旨，即含义、要旨。

[10] 用武：使用武力；用兵；施展才能。秋：时机。

[11] 志：铭记。

[12] 贵介：显贵。

[13] 挟：夹持；拥有。此处作依仗讲。

[14] 苦身：劳苦其身。戮力：勉力；努力。

[15] 特：但；只。不特：不但；不只。

[16] 予智自雄：妄自夸大。

[17] 一品：清代官级，文官自正一品、从一品至正九品从九品，凡十八级。一品乃最高等级。

[18] 兢兢：小心谨慎的样子。

[19] 放恣：骄横纵肆。

[20] 亲炙：亲承教化。

[21] 狭邪：原谓小街曲巷，后指娼妓住处。

[22] 外骛（wù）：心思在外，指用心不专，追求外在的东西。

[23] 苟：假如。竿头日上：指不断上进。

【译文】

我儿应知道，你离开家门、离开国门，已经半月多了。为父的不曾有一天忘记你。父母之爱子女，可以说是无微不至。他们常说，恨不得一天也不离开你们。然而，我一定要送你出国门的原因，不外乎想让你用功读书，以求上进，日后成为国家的栋梁之材，成为一个有用之人。

当今国事纷乱，外敌接踵而至，边境之地不断丧失，内地也在危险之中。振兴国家的办法，第一条就是要治理好国家。而治国之道多种多样，但把军队训练好，实在是首要的事情。你从小就好玩乐，在书房里，一遇上老师出外，就跳跳蹦蹦，丢这掷那，嬉笑不已，什么事都干得出来。幸而今天早已废除了科举，否则你到老充其量也只是一个秀才而已，绝不可能中举，成为进士，点中状元探花，成为皇帝身边或翰林院里的人物。所以，新式学校开始创办之时，我就把你送去读书。当时，许多老前辈都对我的决定很不以为然。不过，我素来深知你的性情，知道你不属科举而找出路之人。因此，我排除万难也要把你送进学校。果不出我所料，除体操课外，你的各科成绩毫无进步。我少年时即科场得意，以有时望的清高的士大夫而自负于人。可你却是这样一塌糊涂，真叫我又气愤、又惭愧，在人前恨不得一死了之。但回过头来想想，现今世事艰难，学武也会有出息的。因而送你东渡大海，进日本士官学校学习，这个专业不会与你的性情相抵触。现在，你既已入校，就应当努力上进，掌握军事学的全部知识。不要怕辛苦劳累，不要以显贵子弟而自恃，要勇猛、刚毅，一定要培养出一种军人的资格来，你的前途，真是不可限量。因为，眼下正是国家不断用兵之时。虽然你可以担心自己不能自立，却不必顾虑别人不了解你的才干。切记切记，勿忘勿忘！

不过，我还要告诫你的是，你曾随我在两湖生活过，你作为总督大人这样显贵官员的儿子，没有人不对你表示恭敬之意。而现今，你已离开祖国有万里之遥，你平时所赖以自傲于人的条件，已不再可以依仗了。万一你不幸而闯了祸，反倒会给父母双亲造成忧患、麻烦。你此后应当把自己看作是一介贫民，是一个低贱的士兵，劳苦其身，尽力学习，把心力放到所学的课程上。那末，你不仅会在学问上收益不少，而且可由此而磨练自己的身心。即使今后得到我的庇护，毕业后得到一官半职，也可因此而深知社会下层人民的痛苦，不至于妄自尊大。

我已是五十开外之人，官居一品，名满天下，但我仍旧是兢兢业业，经常自觉恐惧，不敢有半点放肆。你在我身边为时不短，必当亲承教化，从我身上学到一些东西吧。万勿自以为是显贵子弟，而漫不经心。这可不是上天所期望于你的呵！对此，你可要谨慎小心！

你还须自己照顾自己，随时留意天气冷暖。特别要防止有嫖娼、赌博行为发生。这些事，即使有幸而不被别人知晓，但也将导致耗费精神，抛弃了学业。万一被别人发现，甚至于有可能被日本官吏拘捕，那我这副老面孔，将放到哪里去呢？对此，你可能算不了什么，而我将怎么办呢？所以，这类行为必须尽力排除。这是我要特别叮嘱于你的。

我身体很好。家里人也都平安无事。你不必挂念。你只要一心求学，切勿三心二意，假如能不断上进，出人头地，我也就心宽体胖了。

【评析】

张之洞从儿子的具体情况出发，突破常情，大胆送他进新式学堂，出洋留学，学习军事，可见这位封建官僚其思想之趋时，并不一味守旧。同时，他再三告诫其子要刻苦求学，切勿沾染恶习，尤其要放下显贵子弟的架子，以等同于贫民、贱卒的身分去了解、体验下层生活，将不仅有益于学业，更可磨练身心的观点，都说明其教子之道高人一筹。

节俭是求学与做人的本分

【原文】

示谕吾儿知悉。来信均悉。兹再汇汝日本洋五百元，汝收到后，即复我一言，以免悬念。

儿自去国至今，为时不过四月，何携去千金，业皆散尽[1]？是甚可怪。

汝此去，为求学也。求学宜先刻苦，又不必交友酬应[2]。即稍事阔绰[3]，不必与寒酸子弟相等[4]，然千金之资，亦足用一年而有馀。何四月未满，即已告罄。汝果用在何处乎？为父非吝此区区[5]，汝苟在理应用者，虽每日百金，力亦足以供汝，特汝不应若是耳。求学之时，即若是其奢华无度，到学成问世，将何以继？况汝如此浪费，必非只饮食之豪、起居之阔[6]，必另有所销耗[7]。一方之所销耗，则于学业一途必有所弃。否则用功尚不逮，何有多大光阴供汝浪费？故为父于此，即可断汝决非真肯用功者，否则必不若是也。

且汝亦尝读《孟子》乎？大有为者，必先苦其心志[8]，劳其筋骨，饿其体肤，空乏其身，困心衡虑之后[9]，而始能作。吾儿恃有汝父庇荫，固不需此，然亦当稍知稼穑之艰难[10]，尽其求学之本分。非然者，即学成归国，亦必无一事能为，民情不知，世事不晓，晋帝之何不食肉糜[11]，其病即在此也。况汝军人也，军人应较常人吃苦尤甚，所以备僇力王家之用[12]。今尔若此，岂军人之所应为。余今而后恐无望于汝矣。

余固未尝一日履日本者也[13]，即后日得有机会东渡，亦必不能知其民间状况。非不欲知也，身分所在，欲知之而不得。然闻人言，一学生之在东者[14]，每月有三十金，即足维持。即饮食起居，稍顺适者[15]，每月亦无过五十金。今汝倍之可也，亦何至千金之赀，不及四月而消亡殆尽？是必所用者，有不尽可告人之处。用钱事小，而因之怠弃学业，损耗精力，虚縻光阴[16]，则固甚大也。

余前曾致函戒汝，须努力用功。言犹在耳，何竟忘之！虽然，成事不说[17]，来者可追。而今而后，速收尔邪心，努力求学，非遇星期，不必出校。即星期出校，亦不得擅宿在外。庶几开支可省，不必节俭而自节俭，学业不荒，不欲努力而自努力。光阴可贵，求学不易。儿究非十五六之青年，此中甘苦，应自知之。毋负老人训也。

儿近日身体如何？宜时时留意。父身体甚佳。家中大小，亦皆安康。汝勿念！

——节录自岳麓书社 1999 年版《清十大名人家书·张之洞家书》

【注释】

［1］业：既然；已经。

［2］酬应：酬对应答。

［3］阔：富贵豪奢。绰：宽裕。

［4］寒酸：形容穷书生贫窘之态。

［5］区区：小；少。

［6］阔：奢侈。

［7］销耗：同“消耗”。

［8］必先苦其心志：出自《孟子·告子下》。苦：指磨练。心志：思想、志气。

［9］“困心衡虑”：语出《孟子·告子下》：“困于心，衡于虑，而后作。”指心意困苦，思虑阻塞。意谓尽心竭虑，经过痛苦的思虑。

［10］稼穑：种谷曰稼，收获曰穑。泛指农业劳动。

［11］肉糜：肉粥。《晋书·惠帝纪》：“及天下荒乱，百姓饿死，帝曰：‘何不食肉糜？’”

［12］僇（lù）：通“戮”。僇力：尽力。

［13］履：踏；踩。

［14］在东：指在日本。

［15］顺适：顺从；适合；适应。

［16］糜：通靡，作浪费讲。虚糜：白白地浪费。

［17］成事不说：已成的事。《论语·八佾》：“成事不说，遂事不谏，既往不咎。”

【译文】

写此信好让吾儿得知：来信都已收到。现再汇给你日本货币五百元，你收到后，立刻回我一信，以免挂念。

你自从出国到今天，时间只不过四个月，为什么带去的千两银子，就已经全部用完了呢？这件事实在令人奇怪。

你去日本，是为了求取学问。求学就应该先学会刻苦生活，在那边又不必交朋结友应酬。哪怕是稍微阔绰、富裕一点，也不必像那些家境贫穷的书生一样生活，那一千多两银钱，也够你用上一年还有结馀。为何四个月不到，就已用得一干二净了呢？你到底把钱用到什么地方去了呀？我并非吝惜这为数不多的千两银钱，假如你钱花得在理、应该花，哪怕是每天要用百两之多，我也有力量保证供你所需。但只是你不该这样做。求学期间，就像这样奢华、毫无节制，到读完书、走上社会，你又将变成什么样子呢？何况你这样浪费钱财，一定不只是吃喝方面奢侈而已，必定另有花销。在别的方面既有所消耗，那你在学业上就一定有所舍弃。否则，用功读书尚感觉赶不上别人，哪有多少时间让你浪费！所以，我凭这一点就可以推断，你一定不是那种真正肯下苦功夫读书的人。否则，你一定不会是这个样子。

你也曾读过《孟子》这本书吧。这位贤人说过：大有作为之人，一定要先刻苦磨练自己的思想志向，锻炼其身体，让身体经受得住忍饥挨饿的考验，还要让他一贫如洗，无牵无挂，并在殚精竭虑、经过痛苦的思索之后，才能有所作为。你仗恃有我的荫庇，固然不需要这样做，但也应当多少了解一下农家的艰辛，尽到自己求学的本分嘛。你做不到这一点，哪怕是学成回国，也一定一件事也干不了。不了解民情，不了解世事，晋惠帝所说的“为什么不吃肉粥”的历史笑话，他的毛病正出在这些问题上。再说，你是一名军人。而军人就应当比平常人更能吃苦，以此而随时准备着尽全力为皇上效劳。像你现在这个样子，哪点是军人所应该做的呢？我从今以后恐怕是要对你表示失望了。

我确实不曾到过日本，即使今后得到机会，也能够东渡日本，但我也一定不能够获知日本民间的状况。不是我不想知道，而是因为我的身分所在，想了解却办不到。不过，我曾听人说过，一个学生在日本生活，每月有三十两银子，便够他维持了。即或是食住稍方便、舒适者，每月开销也不会超过五十两。你现在每月一百两也就罢了，何至于千两巨资，不到四个月便挥霍得一干二净呢？一定是所开销的地方，有不可告人之处。花钱事小，因乱花钱而耽误学业、损耗精力、虚度光阴，这才是大事！

此前，我曾写信告诫于你，要你努力用功。话还在耳边，你怎么就忘了呢？虽然如此，过去的事就不提它了，来日方长，还有机会。从今以后，赶快收敛节制你那邪恶之心，努力求学。不是星期天，就不必离校外出。即或是星期天外出，也不许擅自在外留宿。倘若如此，开销可大大减省，不待节俭就可节俭；学业不致荒废，不想努力而也就努力起来了。光阴极可珍贵，求学机会难得。你毕竟不是十五六岁之青年人，这里面的甘苦，我不说你也该明白。不要辜负老父我的教诲呀！

你近来身体如何呀？应当随时留心。我身体很好。家中大人小孩，也都安康。你不必挂念！

【评析】

从古到今，官宦子弟居尊养优，往往形成骄奢淫逸、挥霍无度的坏习气。张之洞深知其子之为人，知他也难例外，从而不放松教育、管束。由千金巨资不及四月便耗尽一事，严促儿子引起警觉，进而从光阴宝贵、求学不易、稼穑艰难、军人天职等方面晓以利害、加以劝导，还对症下药采取措施，如星期日少外出，更禁外宿，等等。语气严肃，针对性强。